W0376453

Lambacher Schweizer 8

Mathematik für Gymnasien – G9

Lösungen

Niedersachsen

bearbeitet von
Marina Gress

Ernst Klett Verlag
Stuttgart · Leipzig

Inhalt

* Dieser Inhalt geht über das Kerncurriculum hinaus.

I Terme und Gleichungen

Seite 5

Ganz New York ist auf der Suche
Da Maria vor einer bestimmten Zeit so alt war, wie es Anna jetzt ist, ist Anna jünger als Maria.
Mit x wird das Alter von Maria zu dem Zeitpunkt bezeichnet, an dem Anna 12 war. Heute ist Anna x Jahre alt und Maria 24. Da sich der Altersunterschied nicht verändert, muss $24 - x = x - 12$ gelten. Durch Ausprobieren erhält man die Lösung $x = 18$.
Anna ist also 18 Jahre alt. Als Maria 18 Jahre alt war, war Anna erst 12 Jahre alt, also halb so alt wie Maria heute.

Lösungshinweise zu den Erkundungen

Seite 6

Rechenregeln erkunden und anwenden
„Rechne geschickt" – ein Spiel
- Bei den einzelnen Aufgaben der drei Karten ist die Anwendung verschiedener Rechenregeln hilfreich, zum Beispiel: Vertauschen der Reihenfolge von zwei Zahlen, die addiert oder multipliziert werden, Ausklammern eines gemeinsamen Faktors, Auflösen von Klammern etc.
  Karte 1:
  (1) Lösung: 530 (2) Lösung: 200
  (3) Lösung: 48 900
  Karte 2:
  (1) Lösung: 213,5 (2) Lösung: 1
  (3) Lösung: 351
  Karte 3:
  (1) Lösung: 41 (2) Lösung: 150
  (3) Lösung: 1
- individuelle Lösung
- individuelle Lösung

Spielanalyse
- Diese Rechenregel gilt für die Addition und die Multiplikation, aber nicht für die Subtraktion und die Division.
- Weitere Rechenregeln:
  - Stehen zwei Zahlen, die addiert werden, innerhalb einer Klammer und wird außerhalb der Klammer eine weitere Zahl dazuaddiert, kann man die Klammer auch umsetzen.
    Allgemein: $(a + b) + c = a + (b + c)$
    Diese Regel gilt auch für die Multiplikation, also: $(a \cdot b) \cdot c = a \cdot (b \cdot c)$.
  - Ausmultiplizieren: Wird die Summe von zwei Zahlen mit einer dritten Zahl multipliziert, so kann jede der beiden Zahlen getrennt mit der dritten Zahl multipliziert werden und die zwei Produkte werden addiert.
    Allgemein: $(a + b) \cdot c = a \cdot c + b \cdot c$ oder $c \cdot (a + b) = c \cdot a + c \cdot b$
    Für die Division gilt eine ähnliche Regel: $(a + b) : c = a : c + b : c$.
  - Ausklammern: Werden zwei Zahlen jede für sich mit einer dritten Zahl multipliziert und dann addiert, so kann die Summe der zwei Zahlen in eine Klammer gesetzt und die dritte Zahl ausgeklammert werden.
    Allgemein: $a \cdot c + b \cdot c = c \cdot (a + b)$
- individuelle Lösung

Seite 7

Knackt die Box
Forschungsauftrag 1: Boxen füllen
- Durch Ausprobieren kann man ermitteln, dass in jeder blauen Box jeweils 2 Hölzchen liegen müssen. Um weitere Boxen zu füllen, kann man so vorgehen, dass die Boxen in gewünschter Anzahl zunächst leer aufgestellt werden, um sie dann anschließend mit Hölzchen zu füllen bzw. abschließend fehlende Hölzchen auf den beiden Seiten des Gleichheitszeichens zu ergänzen.
- individuelle Lösung

Forschungsauftrag 2: Boxen und Gleichungen
- (1) $3 \cdot h = 3 + 2 \cdot h$
  oder $h + h + h = 2 + h + 1 + h$
  (2) $h + 7 = 3 \cdot h + 3$
  oder $2 + h + 5 = h + 3 + 2 \cdot h$
  (3) $4 \cdot h = 2 \cdot h + 6$
  oder $2 \cdot h + h + h = h + 3 + h + 3$
  (4) $2 \cdot h + 7 = 3 \cdot h + 1$
  oder $h + 7 + h = 2 \cdot h + 1 + h$
  Begründungen:
  Durch Abzählen der einzelnen Boxen- und Hölzchenanzahlen kann man die Gleichungen leicht zuordnen.
- Ergebnisse:
  (1) 3 Hölzchen pro Box
  (2) 2 Hölzchen pro Box
  (3) 3 Hölzchen pro Box
  (4) 6 Hölzchen pro Box
- Bei der Boxengleichung im Forschungsauftrag 1 muss die Gleichung dann $2 \cdot h + 5 = 3 \cdot h + 3$ lauten.
- individuelle Lösung

Forschungsauftrag 3: Boxenfolgen legen
- Die Ausgangssituation wird nochmals dargestellt. Im 1. Schritt wird auf beiden Seiten des Gleichheitszeichens jeweils ein Hölzchen entfernt. Im 2. Schritt wird auf beiden Seiten des Gleichheitszeichens jeweils eine Box entfernt. Man kann diese Handlungen jeweils durchführen, weil man auf beiden Seiten des Gleichheitszeichens das Gleiche durchführt – an der Gleichheit ändert sich nichts. Im 2. Schritt ist daher gleichzeitig das Ergebnis angegeben (4 Hölzchen).

- Boxenfolge für den Forschungsauftrag 1:

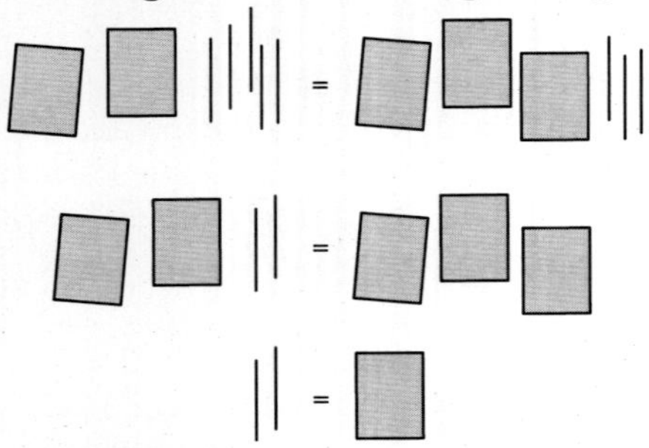

Also sind in einer Box 2 Hölzchen.
Boxenfolge für den Forschungsauftrag 2:
(1)

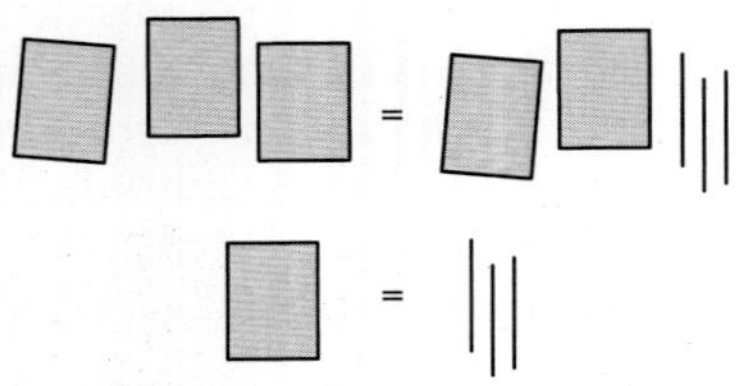

Also sind in einer Box 3 Hölzchen.
(2)

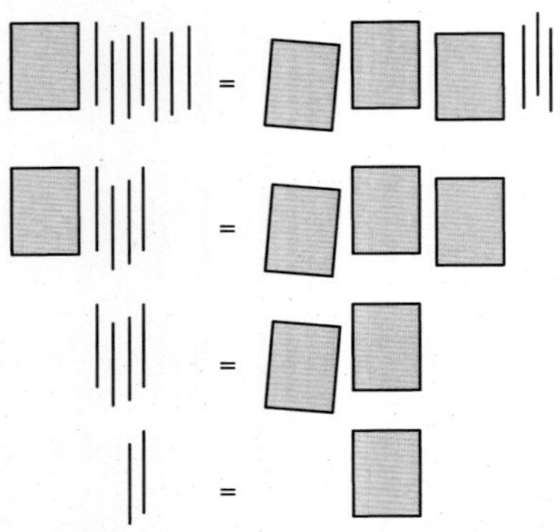

Also sind in einer Box 2 Hölzchen.
(3)

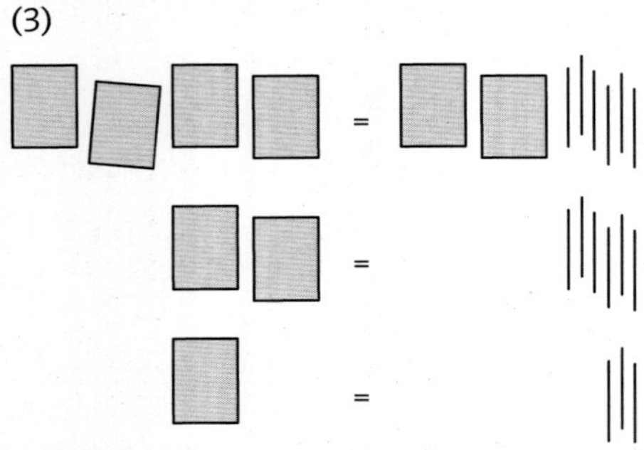

Also sind in einer Box 3 Hölzchen.
(4)

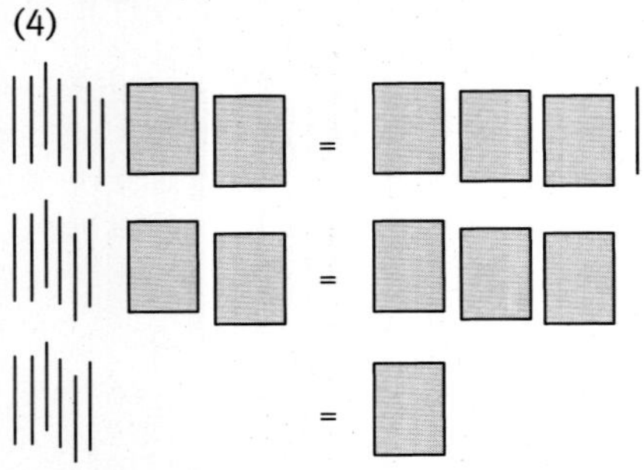

Also sind in einer Box 6 Hölzchen.

- Wenn man die Idee der Boxenfolgen auf Gleichungen überträgt, ergeben sich folgende Gleichungsfolgen, indem man die Bilder einfach in Gleichungen überführt:
Forschungsauftrag 1:
$2 \cdot h + 5 = 3 \cdot h + 3$
$2 \cdot h + 2 = 3 \cdot h$
$2 = h$
Forschungsauftrag 2:
(1) $3 \cdot h = 2 \cdot h + 3$
$h = 3$
(2) $h + 7 = 3 \cdot h + 3$
$h + 4 = 3 \cdot h$
$4 = 2 \cdot h$
$2 = h$
(3) $4 \cdot h = 2 \cdot h + 6$
$2 \cdot h = 6$
$h = 3$
(4) $7 + 2 \cdot h = 3 \cdot h + 1$
$6 + 2 \cdot h = 3 \cdot h$
$6 = h$
Forschungsauftrag 3:
$2 \cdot h + 1 = h + 5$ (Ausgangssituation)
$2 \cdot h = h + 4$ (1. Schritt)
$h = 4$ (2. Schritt)
- individuelle Lösung

1 Terme

Seite 8

Einstiegsaufgabe
Das erste Quadratmuster hat eine Seitenlänge von 2 Punkten, das zweite Quadratmuster eine Seitenlänge von 3 Punkten, das dritte Muster eine Seitenlänge von 4 Punkten …; jedes weitere Muster hat eine Seitenlänge, die jeweils um einen Punkt länger ist.
Da jedes Quadratmuster vier Seiten hat, kommen jeweils 4 Punkte hinzu.

Figur	Anzahl der Punkte
1	4
2	8
3	12
4	16
5	20
6	24
…	…

Seite 10

1 a) Beispiele:
Gedachte Zahl: 5
Ergebnis: $7 \cdot 5 + 12 = 47$
Gedachte Zahl: −4
Ergebnis: $7 \cdot (-4) + 12 = -16$
Term: $7 \cdot x + 12$
b) Beispiele:
Gedachte Zahl: 5
Ergebnis: $5 \cdot 3{,}5 - 9{,}25 = 8{,}25$
Gedachte Zahl: −4
Ergebnis: $(-4) \cdot 3{,}5 - 9{,}25 = -23{,}25$
Term: $x \cdot 3{,}5 - 9{,}25$

c) Beispiele:
Gedachte Zahl: 5
Ergebnis: $5:10 + 2 \cdot 5 = 10{,}5$
Gedachte Zahl: -4
Ergebnis: $(-4):10 + 2 \cdot (-4) = -8{,}4$
Term: $x:10 + 2 \cdot x$

2

Term	6	4	−3	$\frac{4}{5}$
$3x - 5$	$3 \cdot 6 - 5 = 13$	$3 \cdot 4 - 5 = 7$	$3 \cdot (-3) - 5 = -14$	$3 \cdot \frac{4}{5} - 5 = -\frac{13}{5}$
$4 + 5x$	$4 + 5 \cdot 6 = 34$	$4 + 5 \cdot 4 = 24$	$4 + 5 \cdot (-3) = -11$	$4 + 5 \cdot \frac{4}{5} = 8$
$(-0{,}5)x + 3$	$(-0{,}5) \cdot 6 + 3 = 0$	$(-0{,}5) \cdot 4 + 3 = 1$	$(-0{,}5) \cdot (-3) + 3 = 4{,}5$	$(-0{,}5) \cdot \frac{4}{5} + 3 = \frac{13}{5}$

3

	Term	a = 3, b = 5	a = 5, b = 1
a)	$3a - 2b + a$	$3 \cdot 3 - 2 \cdot 5 + 3 = 2$	$3 \cdot 5 - 2 \cdot 1 + 5 = 18$
b)	$4a - a^2 + 10b$	$4 \cdot 3 - 3^2 + 10 \cdot 5 = 53$	$4 \cdot 5 - 5^2 + 10 \cdot 1 = 5$
c)	$(a + b)(a - b)$	$(3 + 5)(3 - 5) = -16$	$(5 + 1)(5 - 1) = 24$
d)	$a^2 - b^2$	$3^2 - 5^2 = -16$	$5^2 - 1^2 = 24$

4

	Term	3	12	−7	0,8
a)	$3x - 7$	2	29	−28	−4,6
b)	$4(x - 3) + 5$	5	41	−35	−3,8
c)	$(-2)x + 3x$	3	12	−7	0,8
d)	$4x - 5(x + 1)$	−8	−17	2	−5,8

5 a)

Muster	x	gezählte Perlenanzahl	$4x + 2$
	1	6	$4 \cdot 1 + 2 = 6$
	2	10	$4 \cdot 2 + 2 = 10$
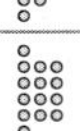	3	14	$4 \cdot 3 + 2 = 14$
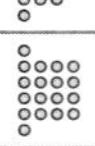	4	18	$4 \cdot 4 + 2 = 18$
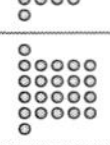	5	22	$4 \cdot 5 + 2 = 22$
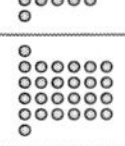	6	26	$4 \cdot 6 + 2 = 26$

b) In jeder Perlenreihe hat Katharina 4 Perlen gezählt, also sind es $4 \cdot x$ Perlen. Dazu kommen die beiden Perlen oben und unten in der ersten Reihe. Insgesamt sind es $4 \cdot x + 2$ Perlen.
c) Wenn $x = 1$ ist, so stimmt zwar die Perlenanzahl $3 \cdot 1 + 3 = 6$, für $x = 2$ ist aber $3 \cdot 2 + 3 = 9$, während die Perlenanzahl 10 ist. Somit kann man mit dem Term $3x + 3$ die Perlenanzahl nicht berechnen.

6 a)

x (Anzahl der Stockwerke)	Anzahl der Bauklötze
3	$4 \cdot 3 + 8 = 20$
5	$4 \cdot 5 + 8 = 28$
7	$4 \cdot 7 + 8 = 36$
16	$4 \cdot 16 + 8 = 72$

b) Für den Sockel benötigt Fabian 8 Klötze, je 4 Klötze braucht er für jedes Stockwerk. Insgesamt sind es also bei x Stockwerken $4x + 8$ Klötze.

7 a) Term für den Umfang des blauen Rechtecks bei Länge x: $2x + 10$
b) Term für die Zahl x mit 3 multiplizieren und 4 addieren: $x \cdot 3 + 4$
c) Term für das Gewicht von Florians Kirschen (in kg) nach x Stunden: $3 + 4x$
d) Term für die Perlenanzahl der Rakete bei x Perlenreihen: $3x + 12$
e) Term für den Flächeninhalt des roten Rechtecks mit Länge x: $2x$

Seite 11

8 a) individuelle Lösung, zum Beispiel:

Muster	x	gezählte Streichhölzer	$7 + 5(x - 1)$
	1	7	$7 + 5 \cdot (1 - 1) = 7$
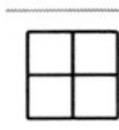	2	12	$7 + 5 \cdot (2 - 1) = 12$
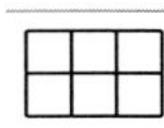	3	17	$7 + 5 \cdot (3 - 1) = 17$
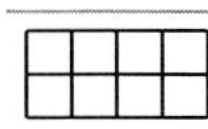	4	22	$7 + 5 \cdot (4 - 1) = 22$

b) Für die ersten beiden Quadrate (in der Aufgabe rot) braucht Theo 7 Streichhölzer. Wenn er danach zwei weitere Quadrate an sein Muster anhängt, so braucht er 5 weitere Streichhölzer. Also braucht er insgesamt $7 + 5(x - 1)$ Streichhölzer.
c) $2 + 5x$: Der Term beschreibt die Anzahl der Streichhölzer korrekt. Die 2 steht für die beiden Streichhölzer ganz links. Für jede zusätzliche Reihe von zwei Quadraten kommen 5 Streichhölzer dazu, also $2 + 5x$.
$4 + 3x$: Der Term beschreibt die Anzahl der Streichhölzer nicht korrekt. Der Term nimmt für $x = 2$ den Wert 10 an, es sind aber 12 Streichhölzer.
$3x + 2(x + 1)$: Der Term beschreibt die Anzahl der Streichhölzer korrekt. Bei x Reihen hat man $3x$ waagerecht liegende Streichhölzer (3 waagerechte Reihen) und $2(x + 1)$ senkrecht liegende Streichhölzer.

9 a) Beispiele:
Anzahl Tage: 4
Gewicht (in g): $500 + 4 \cdot 70 = 780$
Anzahl Tage: 12
Gewicht (in g): $500 + 12 \cdot 70 = 1340$
Term: $500 + x \cdot 70$ (Gewicht nach x Tagen in g)

b) Beispiele:
Kubikmeter Gas: 40
Gesamtpreis (in €): $12{,}35 + 40 \cdot 1{,}35 = 66{,}35$
Kubikmeter Gas: 24,4
Gesamtpreis (in €): $12{,}35 + 24{,}4 \cdot 1{,}35 = 45{,}29$
Term: $12{,}35 + x \cdot 1{,}35$ (Gesamtpreis in € beim Verbrauch von x Kubikmetern Gas)
c) Beispiele:
Zeit (in s): 6
Entfernung (in km): $6:3 = 2$
Zeit (in s): 10,5
Entfernung (in km): $10{,}5:3 = 3{,}5$
Term: $x:3$ (Entfernung in km bei x Sekunden)

10 a) Term: $0{,}21 \cdot x + 9$
Situation: Betrag einer monatlichen Telefonrechnung in € bei x telefonierten Einheiten. Jede Einheit kostet dabei 0,21€, die Grundgebühr für den Anschluss beträgt 9€.
b) Term: $2 \cdot x + 8$
Situation: Umfang eines Rechtecks in cm mit Länge x und Breite 4 cm
c) Term: $9 + 2 \cdot x$
Situation: Zahlenrätsel (Multipliziere 2 mit einer gedachten Zahl und addiere das Ergebnis zu 9.)

14 x: Anzahl der (angefangenen) Gesprächsminuten pro Monat
y: Anzahl der verschickten SMS pro Monat
Term, der die monatlichen Handykosten (in €) angibt:
$0{,}11x + 0{,}09y + 9{,}95$

Seite 12

15 a) Umfang (in m): $2x + 2y$
Flächeninhalt (in m²): $x \cdot y$
für $x = 7$ und $y = 9$: Umfang: 32 m, Flächeninhalt: 63 m²
b) Umfang (in m):
$15 + 20 + (15 - y) + x + y + (20 - x) = 70$
(Der Umfang ist von der Länge von x bzw. y unabhängig.)
Flächeninhalt: $20 \cdot 15 - x \cdot y = 300 - x \cdot y$
für $x = 7$ und $y = 9$: Umfang: 70 m, Fläche: 237 m²
c) Umfang (in m): $18 + 20 + 18 + 20 + 2x = 76 + 2x$
Flächeninhalt: $20 \cdot 18 - x \cdot y = 360 - x \cdot y$
für $x = 7$ und $y = 9$: Umfang: 90 m, Fläche: 297 m²

16 a) Umfang: $12x$, Flächeninhalt: $5x^2$
b) Umfang: $4\frac{2}{3} \cdot x$, Flächeninhalt: $6 \cdot \left(\frac{1}{3}x\right)^2 = \frac{2}{3}x^2$
c) Umfang: $6x$, Flächeninhalt: $6 \cdot \left(\frac{1}{2}x\right)^2 = 1\frac{1}{2} \cdot x^2$

Seite 13

17 C2: Hier steht der Wert des Terms $3x - 2y$ für $x = 5$ und $y = 8$:
$3 \cdot 5 - 2 \cdot 8 = -1$; die Eingabe im Programm war richtig.
Der Eintrag lautet: *= 3*A2–2*B2.*
C3: Hier steht der Wert des Terms $3x - 2y$ für $x = 2$ und $y = -4$:
$3 \cdot 2 - 2 \cdot (-4) = 14$; die Eingabe im Programm war richtig. Der Eintrag lautet: *= 3*A3–2*B3.*

18 mögliche Form des Terms: $a \cdot x + b$
Das Einsetzen von $x = 0$ liefert: $a \cdot 0 + b = -7$, also $b = -7$.
Das Einsetzen von $x = 1$ liefert: $a \cdot 1 - 7 = -4$, also $a = 3$.
Wenn die Annahme stimmt, so müsste der Term $3x - 7$ lauten. Es muss noch geprüft werden, ob auch die restlichen Bedingungen erfüllt werden:
$x = 2$: $3 \cdot 2 - 7 = -1$ (richtig),
$x = 3$: $3 \cdot 3 - 7 = 2$ (richtig),
$x = 5$: $3 \cdot 5 - 7 = 8$ (richtig).
Der Term lautet somit $3x - 7$.

19 x: Anzahl der Gesprächsminuten pro Monat
y: Anzahl der SMS pro Monat
Der Term zur Berechnung der monatlichen Handy-Gesamtkosten (in €) lautet: $0{,}15x + 0{,}11y + 7{,}95$.
Der Wert des Terms gibt die monatlichen Kosten in € an.
Tabelle: individuelle Lösung, zum Beispiel:

C2 | fx =0,15*A2+0,11*B2+7,95

	A	B	C	D
1	x	y	0,15x+0,11y+7,95	
2	50	25	18,2	
3	75	30	22,5	
4	60	55	23	
5				

20 Der Term gibt den Eintrittspreis, der jeweils gezahlt werden muss, an.
a) Der Eintritt kostet 9€ für Kinder und 4€ für Erwachsene, also $a = 9$ und $b = 4$.
b) Gezahlt haben 203 Kinder und 43 Erwachsene, also $k = 203$ und $e = 43$.
c) Der Eintritt für Erwachsene beträgt das Doppelte des Eintrittes für Kinder, also $b = 2 \cdot a$.

21 a) Sei b die Breite der quadratischen Pflastersteine (in cm) und A die Anzahl der benötigten Steine.
Dann ist $A = (480:b) \cdot (480:b)$, denn die Anzahl der Steine pro Reihe ergibt sich aus dem Term $480:b$ (beide Angaben in cm) und im quadratischen Hof gibt es ebenfalls $480:b$ Reihen.
b) $b = 4$: $A = (480:4) \cdot (480:4) = 14\,400$;
also werden 14 400 Pflastersteine benötigt.
$b = 5$: $A = (480:5)^2 = 9216$;
also werden 9216 Pflastersteine benötigt.
$b = 6$: $A = (480:6)^2 = 6400$;
also werden 6400 Pflastersteine benötigt.
$b = 8$: $A = (480:8)^2 = 3600$;
also werden 3600 Pflastersteine benötigt.
c) Sei P der Preis für alle Steine (in €) und p der Preis pro Stein (in €).
Dann ist $P = A \cdot p$.
$b = 4$: $P = 14\,400 \cdot 0{,}05 = 720$;
also beträgt der Preis für alle Steine 720€.
$b = 5$: $P = 9216 \cdot 0{,}08 = 737{,}28$;
also beträgt der Preis für alle Steine 737,28€.
$b = 6$: $P = 6400 \cdot 0{,}12 = 768$;
also beträgt der Preis für alle Steine 768€.
$b = 8$: $P = 3600 \cdot 0{,}21 = 756$;
also beträgt der Preis für alle Steine 756€.
Mögliche Antworten:
- Ich würde die Steine mit der Breite 4 cm kaufen, da sie insgesamt am günstigsten sind.

- Ich würde die großen Steine kaufen (b = 8), weil ich sie am hübschesten finde und sie auch nicht am teuersten sind.
- Ich würde die großen Steine kaufen (b = 8), weil sie am schnellsten verlegt sind.

22 a) Festbetrag für die Reparaturkosten: 20 €
Kosten pro Viertelstunde: 11 €
b) Bei 75 € hat der Installateur 5 Viertelstunden, also 1 Stunde und 15 Minuten gearbeitet. Bei 350 € sind es 30 Viertelstunden, also 7,5 Stunden und bei 295 € sind es 25 Viertelstunden, also 6 Stunden und 15 Minuten gewesen.

2 Wertgleiche Terme – Termumformungen

Seite 14

Einstiegsaufgabe
$x^2 - (x-2)^2$ zeigt die Berechnung auf der oberen Zeile rechts: Aus der Anzahl der Punkte des vollen Quadrats wird die Anzahl der Punkte des inneren Quadrats abgezogen, dessen Seitenlänge um 2 Punkte kürzer ist.
$2 \cdot (x + (x-2))$ zeigt die Berechnung unten in der Mitte: Die senkrechte Seite ist um zwei Punkte kürzer als die waagerechte; die Summe der beiden wird verdoppelt.
$4 \cdot x - 4$ entspricht dem Muster unten links: Die Anzahl der Punkte einer Seite wird mal vier genommen und die vier Eckpunkte, die man dadurch doppelt gezählt hat, werden abgezogen.
$x + x + (x-2) + (x-2)$ entspricht dem Muster oben links: Die waagerechten Seiten haben je x Punkte und die senkrechten jeweils zwei Punkte weniger.
$4 \cdot (x-1)$ entspricht dem zweiten Quadratmuster von links auf der oberen Zeile: Man rechnet viermal die Punktzahl einer Seite um 1 vermindert.
$4 \cdot (x-2) + 4$ entspricht dem dritten Quadratmuster von links auf der oberen Zeile: Man rechnet viermal die „innere" Punktanzahl einer Seite (d.h. Punktanzahl −2) und addiert die vier Eckpunkte dazu.

Seite 16

1 a)

	$5 \cdot x - 1$	$7 \cdot x - 1 - 3 \cdot x$	$-x + 6 \cdot x - 1$
3	14	11	14
15	74	59	74
−5	−26	−21	−26
−7	−36	−29	−36

	$1 + 4 \cdot x - 2$	$(x-1) + 4 \cdot x$	$4 \cdot x + 1$
3	11	14	13
15	59	74	61
−5	−21	−26	−19
−7	−29	−36	−27

b) $5 \cdot x - 1 = -x + 6 \cdot x - 1 = (x-1) + 4 \cdot x$ (Alle drei Terme sind wertgleich.)
Begründung: $-x + 6 \cdot x - 1 = 5 \cdot x - 1$
$(x-1) + 4 \cdot x = x + 4 \cdot x - 1 = 5 \cdot x - 1$
$7 \cdot x - 1 - 3 \cdot x = 1 + 4 \cdot x - 2$ (Die beiden Terme sind wertgleich.)
Begründung: $7 \cdot x - 1 - 3 \cdot x = 7 \cdot x - 3 \cdot x - 1 = 4 \cdot x - 1$
$1 + 4 \cdot x - 2 = 4 \cdot x + 1 - 2 = 4 \cdot x - 1$

2 a) 4s b) 5x c) 5t d) −5d
e) 0 f) k g) 6b h) 19f
i) 30g j) 3,6s k) 3,2t l) 20,3y

3 a) 9x; also 18; 27; −36 bzw. −45
b) 12x; also 24; 36; −48 bzw. −60
c) 3,8x; also 7,6; 11,4; −15,2 bzw. −19
d) −1,04x; also −2,08; −3,12; 4,16 bzw. 5,2
e) $\frac{7}{3}x$; also $\frac{14}{3} = 4\frac{2}{3}$; $\frac{21}{3} = 7$; $-\frac{28}{3} = -9\frac{1}{3}$ bzw. $-\frac{35}{3} = -11\frac{2}{3}$
f) $\frac{13}{12}x$; also $\frac{26}{12} = 2\frac{1}{6}$; $\frac{39}{12} = 3\frac{1}{4}$; $-\frac{52}{12} = -4\frac{1}{3}$ bzw. $-\frac{65}{12} = -5\frac{5}{12}$
g) $-\frac{11}{16}x$; also $-\frac{22}{16} = -1\frac{3}{8}$; $-\frac{33}{16} = -2\frac{1}{16}$; $\frac{44}{16} = 2\frac{3}{4}$ bzw. $\frac{55}{16} = 3\frac{7}{16}$
h) $\frac{5}{12}x$; also $\frac{10}{12} = \frac{5}{6}$; $\frac{15}{12} = 1\frac{1}{4}$; $-\frac{20}{12} = -1\frac{2}{3}$ bzw. $-\frac{25}{12} = -2\frac{1}{12}$

4 a) 7d b) 1000x c) 11f d) 0
e) −x f) 0 g) $\frac{11}{9}x$ h) $\frac{13}{6}x$

5 a) $5 \cdot s + 6 = s \cdot 5 + 6$ oder $5 \cdot s + 6 = 6 + 5 \cdot s$
b) $c \cdot 9 = 9 \cdot c$
c) $3 \cdot t - 9 = t \cdot 3 - 9$ oder $3 \cdot t - 9 = -9 + 3 \cdot t$
d) $2 \cdot (3 \cdot x) = (2 \cdot 3) \cdot x$
e) $2 + (3 \cdot x + 4) = (2 + 3 \cdot x) + 4$
f) $(d \cdot 3) \cdot 6 = d \cdot (3 \cdot 6)$

6 a) 4d + 20 b) 6x + 12 c) 2s − 12
d) 24t − 60 e) 3 + 18x f) −z − 2
g) −6 + 15k h) 5x + 10

7 a) 0; also jeweils 0
b) −20n; also −30; 40; 60 bzw. −120
c) 2,83n; also 4,245; −5,66; −8,49 bzw. 16,98
d) −13n; also −19,5; 26; 39 bzw. −78
e) 5n; also 7,5; −10; −15 bzw. 30
f) −36n; also −54; 72; 108 bzw. −216
g) 16n; also 24; −32; −48 bzw. 96
h) 16n, also wie bei Teilaufgabe g)
i) 1,25n; also 1,875; −2,5; −3,75 bzw. 7,5
j) $\frac{2}{9}n + \frac{53}{15}$; also $\frac{58}{15}$; $\frac{139}{45}$; $\frac{43}{15}$ bzw. $\frac{73}{15}$
k) −10; also auch für alle Einsetzungen −10
l) −5n; also −7,5; 10; 15 bzw. −30

8 a)

	$5 \cdot d - 3 \cdot d - 1$	$3 \cdot d + (1 - d)$	$d + 2 \cdot d + 3$
1	1	3	6
8	15	17	27
22	43	45	69
60	119	121	183

	$(1 - d) + 4 \cdot d$	$2d - 1$	$6 \cdot d$
1	4	1	6
8	25	15	48
22	67	43	132
60	181	119	360

b) $5 \cdot d - 3 \cdot d - 1 = 2d - 1$, da man beide Terme durch Umformen ineinander überführen kann. Die anderen Terme sind jeweils nicht wertgleich, wie man an den Einsetzungen der Tabelle sieht.
c) Bei d Quadraten sind
$4 + (d - 1) \cdot 3 = 3d + 1 = (1 - d) + 4d$ Streichhölzer notwendig.
Für das erste Quadrat braucht man 4 und für jedes weitere Quadrat 3 Streichhölzer.
d) Weil es keine negative Anzahl von Quadraten gibt, kann man für d keine negativen Zahlen einsetzen.

Seite 17

9 a) $4 \cdot (5 + x) + 3 \cdot (2x - 4)$
$= 20 + 4 \cdot x + 6 \cdot x - 12$ — Distributivgesetz
$= 4x + 6x + 20 - 12$ — Kommutativgesetz
$= 10x + 8$
b) $7 \cdot (n - 2) + 5(1 + 2n)$
$= 7n - 14 + 5 + 10n$ — Distributivgesetz
$= 7n + 10n - 14 + 5$ — Kommutativgesetz
$= 17n - 9$
c) $5 \cdot (d + 3) + 4(2 - 2d)$
$= 5d + 15 + 8 - 8d$ — Distributivgesetz
$= 5d - 8d + 15 + 8$ — Kommutativgesetz
$= -3d + 23$
d) $-5 \cdot (4 + 2v) + 1{,}5 \cdot (2 - 4v)$
$= -20 - 10v + 3 - 6v$ — Distributivgesetz
$= -10v - 6v - 20 + 3$ — Kommutativgesetz
$= -16v - 17$
e) $-\frac{3}{5} \cdot \left(\frac{5}{2} \cdot x + 1\right) + \frac{1}{4} \cdot \left(\frac{3}{2} - 4x\right)$
$= -\frac{3}{2}x - \frac{3}{5} + \frac{3}{8} - x$ — Distributivgesetz
$= -\frac{3}{2}x - x - \frac{3}{5} + \frac{3}{8}$ — Kommutativgesetz
$= -2\frac{1}{2}x - \frac{9}{40}$
f) $-\frac{5}{6}\left(\frac{3}{4}b - \frac{4}{9}\right) - \left(-\frac{3}{7}\right) \cdot \left(14 - \frac{7}{9}b\right)$
$= -\frac{5}{8}b + \frac{10}{27} + 6 - \frac{1}{3}b$ — Distributivgesetz
$= -\frac{5}{8}b - \frac{1}{3}b + \frac{10}{27} + 6$ — Kommutativgesetz
$= -\frac{23}{24}b + 6\frac{10}{27}$

10 a) $(3 \cdot n + 5) + 10 \cdot n = 3n + 5 + 10n$
$= 3n + 10n + 5$
$= 13n + 5$
b) $7 + x \cdot 2 + 15 - x = 7 + 2x + 15 - x$
$= 2x - x + 7 + 15$
$= x + 22$
$2 \cdot (-x) + 22 + 3 \cdot x = -2x + 22 + 3x$
$= 3x - 2x + 22$
$= x + 22$
Also sind beide Terme wertgleich.
c) $7 \cdot s - (3 - 2 \cdot s) = 7s - 3 + 2s = 7s + 2s - 3$
$= 9s - 3$
d) $5 \cdot x + 3 - 9 \cdot x = 5x - 9x + 3 = -4x + 3$
e) $2 \cdot (5 - 2 \cdot d) - 13 = 10 - 4d - 13 = -4d + 10 - 13$
$= -4d - 3$
$4 \cdot (1 - d) - 7 = 4 - 4d - 7 = -4d + 4 - 7 = -4d - 3$
Also sind beide Terme wertgleich.
f) $(3v + 5) \cdot 5 - v = 15v + 25 - v = 15v - v + 25$
$= 14v + 25$
$32 + 7 \cdot (2v - 1) = 32 + 14v - 7 = 14v + 32 - 7$
$= 14v + 25$
Also sind beide Terme wertgleich.

11 a) $2 + d \cdot 4 = 2 + 4d = 4d + 2$. Also sind beide Terme wertgleich.
b) $2 \cdot (1 + 2x) = 2 + 4x$ ist nicht wertgleich zu $4 + 4x$.
c) $s \cdot 7 - 27 = 7s - 27$ ist nicht wertgleich zu $27 - 7s = -7s + 27$.
d) $5a - 55 = 5 \cdot (a - 11)$. Also sind beide Terme wertgleich.
e) $3 \cdot (0{,}5 + 2t) = 1{,}5 + 6t$ ist nicht wertgleich zu $6t + 2{,}5$.
f) $5 \cdot x + 2{,}5 = 5 \cdot (x + 0{,}5) = (x + 0{,}5) \cdot 5$. Also sind beide Terme wertgleich.

12 $2 \cdot x + 5 - 3 \cdot x = 2x + 5 - 3x$
$= 5 - x$
$3 - x + 2 = 5 - x$
Die beiden Terme sind also wertgleich.

16 a) $4x + (2x - 5) = 4x + 2x - 5 = 6x - 5$
b) $9v - (2 - 5v) + 10 = 9v - 2 + 5v + 10 = 14v + 8$
c) $-(7 - 6x) + 4x + 5 = -7 + 6x + 4x + 5 = 10x - 2$
d) $(-10) \cdot d - (7 + 7d) \cdot 2 = -10d - 14 - 14d$
$= -24d - 14$
e) $5a + [3a - (4a + 1)] = 5a + [3a - 4a - 1] = 4a - 1$
f) $[(7x - 4) - (5x + 8)] + 9 = [7x - 4 - 5x - 8] + 9$
$= 2x - 3$

17 Wert des Terms für $x = 2$: $4 \cdot 2 + 3 = 11$
Es gibt viele Lösungen. Mögliche Antworten:
$5x + 1$, denn $5 \cdot 2 + 1 = 11$
$6x - 1$, denn $6 \cdot 2 - 1 = 11$
$2x + 7$, denn $2 \cdot 2 + 7 = 11$ etc.

18 a)

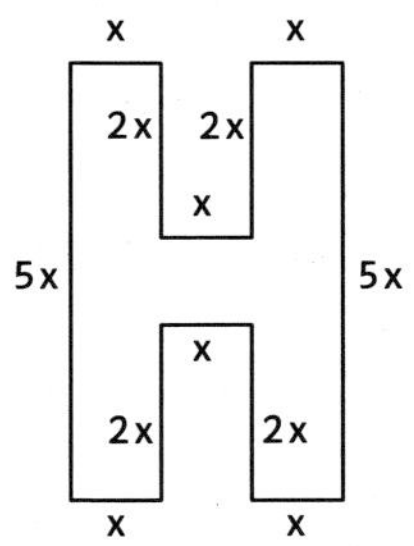

Horst fasst von oben bis zur Mitte zusammen, dann von unten bis zur Mitte. Am Schluss addiert er die beiden langen Seitenstücke.

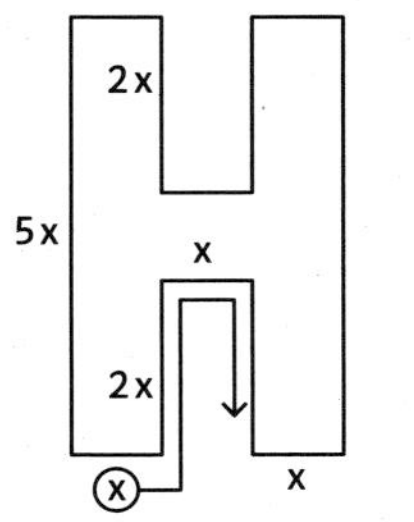

Helmut geht reihum:
Er beginnt links unten und addiert alle Teilstücke.

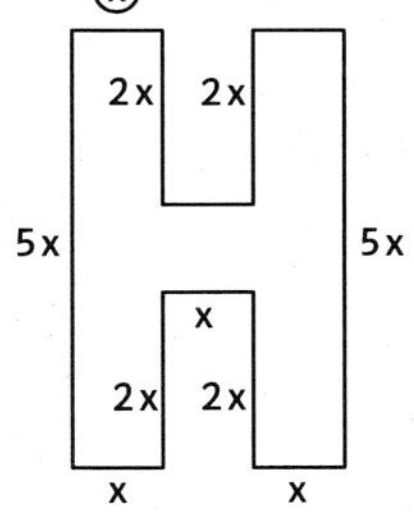

Außer bei den Stücken der Länge x fasst Hanna immer die Stücke einer Länge zusammen.
$2 \cdot (3 \cdot x)$
$4 \cdot (2 \cdot x)$
$2 \cdot (5 \cdot x)$

b) Horst
$2 \cdot x + 2 \cdot 2 \cdot x + x + 2 \cdot x + 2 \cdot 2 \cdot x + x + 2 \cdot 5 \cdot x$
$= 2x + 4x + x + 2x + 4x + x + 10x$
$= 24x$
Helmut
$x + 2 \cdot x + x + 2 \cdot x + x + 5 \cdot x + x + 2 \cdot x + x + 2 \cdot x + x$
$+ 5 \cdot x$
$= x + 2x + x + 2x + x + 5x + x + 2x + x + 2x + x + 5x$
$= 24x$
Hanna
$2 \cdot (3 \cdot x) + 4 \cdot 2 \cdot x + 2 \cdot 5 \cdot x = 6x + 8x + 10x = 24x$
Alle drei Terme kann man zu $24x$ umformen, weshalb sie wertgleich sind.
c) Mit dem einfacheren Term $24x$ kann man die Drahtlänge für jedes x sehr schnell berechnen.

Seite 18

19 a) Sei r die Anzahl der gelaufenen Runden, S das Sponsorengeld von Susanne (in €) und V das Sponsorengeld des Vaters (in €). Dann sind
$S = 9 + 5 \cdot r$ und
$V = 7 + 4 \cdot r$.
b) $r = 4$: $S = 9 + 5 \cdot 4 = 29$, also 29 €
$r = 5$: $S = 9 + 5 \cdot 5 = 34$, also 34 €
$r = 9$: $S = 9 + 5 \cdot 9 = 54$, also 54 €
$r = 4$: $V = 7 + 4 \cdot 4 = 23$, also 23 €
$r = 5$: $V = 7 + 4 \cdot 5 = 27$, also 27 €
$r = 9$: $V = 7 + 4 \cdot 9 = 43$, also 43 €
c) Zusammen erhalten sie pro Runde $(S + V)$:
$9 + 5 \cdot r + 7 + 4 \cdot r = 16 + 9 \cdot r$.
$r = 7$: $16 + 9 \cdot 7 = 79$. Beide zusammen erlaufen bei 7 Runden ein Sponsorengeld von 79 €.
d) Ja, sie hat recht, weil man beide Terme (wie in c)) addieren kann zu $16 + 9 \cdot r$.
e) individuelle Lösung, zum Beispiel:
- $10 + 3 \cdot r$ beschreibt das Sponsorengeld, das Lisa erhält: für die Teilnahme erhält sie 10 € und für jede gelaufene Runde 3 €.
- $10 + 3 \cdot r$ beschreibt das Sponsorengeld, das Peter und Heidi zusammen erlaufen: Peter bekommt für die Teilnahme 4 € und für jede gelaufene Runde weitere 2 €. Heidi erhält für die Teilnahme 6 € und für jede Runde 1 €.

20 a) Sei l die Kantenlänge des Quadrats (in m) und f der Flächeninhalt des Quadrats (in m²). Weiter soll H die Kosten (in €) für die Holzleisten pro Leinwand und S die Kosten (in €) für den Stoff pro Leinwand beschreiben.
Dann sind
$H = 4 \cdot l \cdot 2 = 8 \cdot l$ und
$S = f \cdot 4 = l^2 \cdot 4$.
b) Für $l = 0{,}4$ ist $f = 0{,}16$, also $H = 8 \cdot 0{,}4 = 3{,}2$ und $S = 4 \cdot 0{,}16 = 0{,}64$.
Für die Holzleisten muss Tom 3,20 € und für den Stoff 0,64 € pro Leinwand, insgesamt also 15,36 € bezahlen.
Für $l = 0{,}8$ ist $f = 0{,}64$, also $H = 8 \cdot 0{,}8 = 6{,}4$ und $S = 4 \cdot 0{,}64 = 2{,}56$.
Holzleisten: 6,40 €
Stoff: 2,56 €,
insgesamt also 35,84 €
Für $l = 1$ ist $f = 1$, also $H = 8 \cdot 1 = 8$ und $S = 4 \cdot 1 = 4$.
Holzleisten: 8 €
Stoff: 4 €,
insgesamt also 48 €
c) Tom benötigt von dem Stoff mehr, als er berechnet hat, weil dieser um die Leisten gelegt und dort angeklebt wird. Die größeren Mengen ergeben dann einen höheren Preis.

21 a) $4 \cdot s + s - s$, $s \cdot 4$ und $2 + s \cdot 1 + 3s - 2$ sind wertgleich, denn alle drei Terme kann man zu $4s$ vereinfachen.
$3s + 4 - s$ und $-1 - 5s + 5 + 7s$ sind wertgleich, denn beide Terme kann man zu $2s + 4$ vereinfachen.
$3 \cdot s - 5$ und $-8 + s + 1 + 2s + 2$ sind wertgleich, da der zweite Term ebenfalls zu $3 \cdot s - 5$ umgeformt werden kann.
$4s - 5 + s$ ist zu keinem anderen Term wertgleich.
b) $3x + 1 - x$, $x + 1 + x$ und $0{,}8 + 2{,}1 + x \cdot 2 - 1{,}9$ sind wertgleich, denn alle drei Terme kann man zu $2x + 1$ vereinfachen.
$x + x + x + 5$ und $\frac{5}{2} \cdot x + 7{,}3 + 0{,}5x - 2{,}3$ sind wertgleich, denn beide Terme lassen sich zu $3x + 5$ vereinfachen.
$x + 10 + x - 5 + 2x$, $4x + 5$ und $-2 \cdot x + 3 + 6x + 2$ sind wertgleich, denn alle Terme lassen sich zu $4x + 5$ umformen.

22 a) $n = 2$ b) $n = 0{,}5$ c) $n = 8$ d) $n = 6$
e) $n = 20$ f) $n = 40$ g) $n = 8$ h) $n = 5$

23 Beispiel für den Term $n + (-3) \cdot n + n \cdot 2$:
Zuerst wird die Schreibweise vereinfacht. $(-3) \cdot n$ ist wertgleich mit $-3 \cdot n$ und $n \cdot 2$ kann man als $2 \cdot n$ schreiben. Daraus ergibt sich der Term $n - 3 \cdot n + 2 \cdot n$. Zusammengefasst ergibt das 0.

Seite 19

24 a) Mit den Termen $3 \cdot (2n - 3)$, $3 \cdot (2n - 1) - 3 \cdot 2$ und $3 \cdot 2(n - 1) - 3 \cdot 1$ kann die Anzahl der Platten bestimmt werden.
Begründung: Der Weg wird in drei gleich lange Teilstücke unterteilt. Es wird zuerst nur ein Teilstück betrachtet.

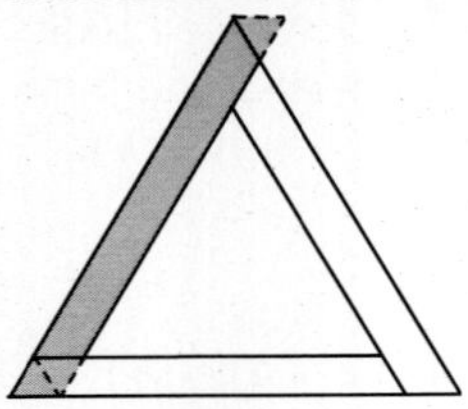

$3 \cdot (2n - 3)$
$2n$ ist grau
3 Dreiecke zu viel

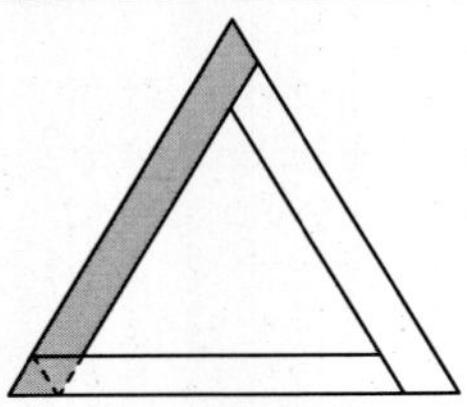

$3 \cdot (2n - 1) - 3 \cdot 2$
$2n - 1$ grau
2 Dreiecke zu viel

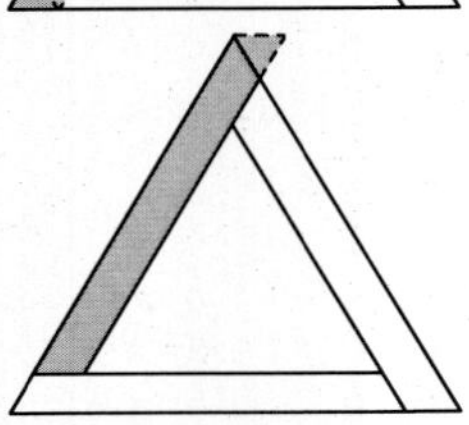

$3 \cdot 2(n - 1) - 3 \cdot 1$
$2(n - 1)$ grau
1 Dreieck zu viel

b) $3 \cdot (2n - 3) = 6n - 9$
$3 \cdot (2n - 1) - 3 \cdot 2 = 6n - 3 - 6 = 6n - 9$
$3 \cdot 2(n - 1) - 3 \cdot 1 = 6n - 6 - 3 = 6n - 9$
Damit sind alle drei Terme wertgleich.
c) Kantenlänge der Platten: 2 m
$50 : 2 = 25$. Entlang einer Grundseite der Pyramide (also auf der Innenseite des Weges) können 25 Platten anliegen. Damit liegen an einer Außenseite des Weges 28 Platten an.
Also ist $n = 28$. Dann ist $6 \cdot n - 9 = 6 \cdot 28 - 9 = 159$.
Man benötigt 159 Platten.
Kantenlänge: 2,50 m
$50 : 2{,}5 = 20$. Also liegen 23 Platten $(20 + 3 = 23)$ an einer Außenseite des Weges an.
Mit $n = 23$ ergibt sich $6 \cdot n - 9 = 129$.
Man benötigt 129 Platten.

25 Länge des Drahtes:
$10 + 3x + 2 + 9 + x + 1 + x + 3x + 2 = 8x + 24$

26 individuelle Lösung, zum Beispiel:

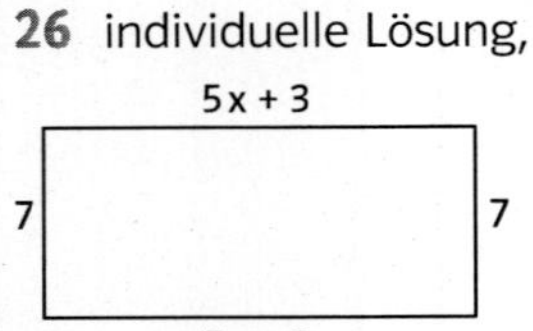

27 a) $5z + 3z = 8z$
b) $2z + 4 = 2(z + 2)$
c) $0{,}5z + 7 = 0{,}5(z + 14)$
d) $(z + 8) \cdot 3 - 20 = z \cdot 3 + 24 - 20 = 3z + 4$

28 a) mögliche Beispiele:
$5 + 6 + 7 = 18$ ist durch 3 teilbar
$4 + 5 + 6 = 15$ ist durch 3 teilbar
$21 + 22 + 23 = 66$ ist durch 3 teilbar
Das erfolgreiche Ausprobieren an zufällig ausgewählten Zahlenbeispielen garantiert nicht, dass Karins Behauptung immer zutrifft. Da man nicht alle existierenden ganzen Zahlen ausprobieren kann, ist Karins Behauptung nicht begründet.
b) Sei n die erste der drei aufeinanderfolgenden Zahlen. Dann ist die Summe $n + (n + 1) + (n + 2)$;
vereinfacht ergibt sich $n + n + n + 1 + 2 = 3 \cdot (n + 1)$.
Dividiert man die Summe durch 3, so erhält man die mittlere Zahl $n + 1$. Die Summe ist also durch 3 teilbar.

29 Sei n die Zahl, dann wird die Summe durch den Term $(n + 5) + 4 \cdot n$ beschrieben. Vereinfacht ergibt sich $5 \cdot n + 5 = 5 \cdot (n + 1)$.
$5 \cdot (n + 1)$ ist durch 5 teilbar. Man erhält bei der Division durch 5 den Term $n + 1$.

3 Multiplizieren von Summen mit Summen – Binomische Formeln

Seite 20

Einstiegsaufgabe
Länge der Koppel: x, Breite der Koppel: y
Friederikes Behauptung: $(x + 20) \cdot (y + 10) = x \cdot y + 200$
Friederike täuscht sich, denn es ist:
$(x + 20) \cdot (y + 10) = x \cdot y + 10x + 20y + 200 \neq x \cdot y + 200$
(außer wenn $x = y = 0$ gilt, Friederikes Pferd vorher also gar keine Koppel hatte).

Seite 21

1 a) $3x^2 + 16x + 5$
b) $2s^2 - 5s - 12$
c) $12a^2 + 13a - 35$
d) $b^2 - 8b + 15$
e) $ab + 8a + 7b + 56$
f) $3sv + 6v + 15s + 30$
g) $5q + 30 + pq + 6p$
h) $20t + 120 + 5rt + 30r$

2 a) $2ab + 16ac + b^2 + 8bc$
b) $2sv + 7v + 10sw + 35w$
c) $4q + 20p - 6pq - 30p^2$
d) $5x^2 - 27xy - 18y^2$
e) $2bc - b^2$
f) $ab - a^2 + b^2$
g) $c^2 - 10c + 25$
h) $8a^2 - 84a + 244$
Prüfen durch Einsetzen von Zahlenbeispielen:
individuelle Lösung, zum Beispiel für Teilaufgabe a)
$a = 2$, $b = 3$, $c = 4$:
$(2 \cdot 2 + 3) \cdot (3 + 8 \cdot 4) = 245$
$2 \cdot 2 \cdot 3 + 16 \cdot 2 \cdot 4 + 3^2 + 8 \cdot 3 \cdot 4 = 245$

3 a) $q^2 + 2qr + r^2$ b) $d^2 + 2de + e^2$
c) $g^2 - 2gh + h^2$ d) $w^2 - 2wv + v^2$
e) $x^2 + 18x + 81$ f) $a^2 - 12a + 36$
g) $x^2 - 16x + 64$ h) $y^2 + 32y + 256$
i) $4x^2 + 8x + 4$ j) $25x^2 - 100x + 100$
k) $4x^2 + 12xy + 9y^2$ l) $9a^2 - 3ay + 0{,}25y^2$
m) $4x^2 - x + \frac{1}{16}$ n) $\frac{1}{9}x^2 + \frac{4}{15}x + \frac{4}{25}$
o) $\frac{1}{36}x^2 + \frac{1}{9}x + \frac{1}{9}$ p) $\frac{9}{16}x^2 - \frac{3}{14}x + \frac{1}{49}$

4 a) $x^2 - y^2$ b) $a^2 - c^2$ c) $x^2 - 4$ d) $4x^2 - 9$
e) $\frac{1}{4}x^2 - 1$ f) $\frac{4}{9} - 16x^2$ g) $x^2 - 1$ h) $\frac{49}{25} - \frac{25}{49}x^2$

5 a) $a^2 + 6a + 9$
b) $36 + 12a + a^2$
c) $b^2 - 6b + 9$
d) $s^2 - 2sk + k^2$
e) $4x^2 + 20x + 25$
f) $49 - 42x + 9x^2$
g) $x^2 - 9$
h) $4x^2 - 36$

6 a) $(a + b)^2 = a^2 + b^2 + \mathbf{2ab}$
b) $(a - b)^2 = a^2 \mathbf{+} b^2 \mathbf{- 2ab}$
c) $(a - b)^2 = a^2 + b^2 \mathbf{- 2ab}$
d) $(a + b)(a - b) = a^2 \mathbf{-} b^2$

Seite 22

7 a) $(x + 4) \cdot (\mathbf{y} + 6) = xy + \mathbf{6x} + \mathbf{4y} + \mathbf{24}$
b) $(d - e) \cdot (a + \mathbf{z}) = da + \mathbf{dz} + (\mathbf{-ea}) - ez$
c) $(x + 5) \cdot (\mathbf{x + 5}) = x^2 + \mathbf{10x} + 25$
d) $(z + 2) \cdot (y - \mathbf{2x}) = -4x + (\mathbf{-2xz}) + \mathbf{yz} + 2y$

10 I) Hier wurde nicht richtig ausmultipliziert.
Korrektur:
$(x + 4)(x + 7) = x^2 + 4x + 7x + 28$
$= x^2 + 11x + 28$
II) Hier wurden zwar alle Zahlen miteinander multipliziert, dabei wurde aber das negative Vorzeichen bei der −7 missachtet.
Korrektur:
$(3a + b)(2b - 7) = 3a \cdot 2b + b \cdot 2b - 3a \cdot 7 - b \cdot 7$
$= 6ab + 2b^2 - 21a - 7b$
III) Hier wurde die letzte Multiplikation falsch ausgeführt. Es ist $(-4) \cdot (-7) = +28$.
Korrektur:
$(5x - 4y)(3x - 7y) = 15x^2 - 12xy - 35xy + 28y^2$
$= 15x^2 - 47xy + 28y^2$
IV) Der erste Schritt ist vollständig richtig. Beim zweiten Ausmultiplizieren wurden wieder Fehler bei den Vorzeichen gemacht.
Korrektur:
$(-x - 4)(x + 7) = -x \cdot (x + 7) - 4 \cdot (x + 7)$
$= -x^2 - 7x - 4x - 28$
$= -x^2 - 11x - 28$
V) Hier wurde aus $(4t) \cdot (4t)$ fälschlicherweise $4t^2$ berechnet. Man muss aber 4 ebenfalls quadrieren; ebenso gilt $(2s) \cdot (2s) = 4s^2$.
Korrektur: $(2s + 4t)^2 = 4s^2 + 16st + 16t^2$

11 a) Fig. 1 beschreibt den Term $4p - 4$, weil mit dem Term $4p$ die Anzahl der Pfähle auf jeder Zaunseite gezählt wird, wobei die Eckpfähle doppelt gezählt werden. Deshalb müssen sie wieder abgezogen werden. Fig. 2 beschreibt den Term $p^2 - (p - 2)^2$. Mit p^2 werden alle abgebildeten Punkte (Pfähle) gezählt. Dies gleicht einem mit Punkten ausgefüllten Quadrat. Das innere kleinere Quadrat muss nun abgezogen werden: Die Seitenlänge dieses kleineren Quadrats ist $(p - 2)$. Daher ergibt sich der gesamte Term.
b) $p^2 - (p - 2)^2 = p^2 - (p^2 - 4p + 4)$
$= p^2 - p^2 + 4p - 4 = 4p - 4$
Für $p = 3$ ist $A = 4 \cdot 3 - 4 = 8$. Man benötigt 8 Pfähle.
Für $p = 5$ ist $A = 4 \cdot 5 - 4 = 16$. Man benötigt 16 Pfähle.
Für $p = 25$ ist $A = 4 \cdot 25 - 4 = 96$. Man benötigt 96 Pfähle.
Für $p = 46$ ist $A = 4 \cdot 46 - 4 = 180$. Man benötigt 180 Pfähle.

12 Man kann die binomischen Formeln anwenden und das Produkt damit schreiben.
Beispiel:
$(10 + 5)(10 + 5) = 10^2 + 2 \cdot 10 \cdot 5 + 5^2 = 100 + 100 + 25$
Wenn man die Quadratzahlen von 1^2 bis 9^2 auswendig kennt, braucht man kein Produkt auszurechnen, sondern kann eine Summe berechnen, um z. B. 15^2 auszurechnen.
Man könnte auch
$15 \cdot 15 = (20 - 5) \cdot (20 - 5) = 400 - 200 + 25 = 225$
rechnen. Um z. B. 19^2 oder 28^2 zu berechnen, ist dies möglicherweise einfacher.
Fortsetzung der Reihe:
$14^2 = (10 + 4)(10 + 4) = 10^2 + 2 \cdot 10 \cdot 4 + 4^2$
$= 100 + 80 + 16 = 196$
$15^2 = (10 + 5)(10 + 5) = 10^2 + 2 \cdot 10 \cdot 5 + 5^2$
$= 100 + 100 + 25 = 225$
$16^2 = (10 + 6)(10 + 6) = 10^2 + 2 \cdot 10 \cdot 6 + 6^2$
$= 100 + 120 + 36 = 256$
$17^2 = (10 + 7)(10 + 7) = 10^2 + 2 \cdot 10 \cdot 7 + 7^2$
$= 100 + 140 + 49 = 289$
$18^2 = (10 + 8)(10 + 8) = 10^2 + 2 \cdot 10 \cdot 8 + 8^2$
$= 100 + 160 + 64 = 324$
$19^2 = (10 + 9)(10 + 9) = 10^2 + 2 \cdot 10 \cdot 9 + 9^2$
$= 100 + 180 + 81 = 361$
…
Alternative Möglichkeit:
$19^2 = (20 - 1)(20 - 1) = 20^2 - 2 \cdot 20 \cdot 1 + 1^2$
$= 400 - 40 + 1 = 361$
…

13 a) (1) $31^2 = (30 + 1)^2 = 30^2 + 2 \cdot 30 \cdot 1 + 1^2 = 961$
(2) $44^2 = (40 + 4)^2 = 40^2 + 2 \cdot 40 \cdot 4 + 4^2$
$= 1600 + 320 + 16 = 1936$
(3) $29^2 = (30 - 1)^2 = 30^2 - 2 \cdot 30 \cdot 1 + 1^2 = 841$
(4) $58^2 = (60 - 2)^2 = 60^2 - 2 \cdot 60 \cdot 2 + 2^2$
$= 3600 - 240 + 4 = 3364$
(5) $65^2 = (60 + 5)^2 = 60^2 + 2 \cdot 60 \cdot 5 + 5^2$
$= 3600 + 600 + 25 = 4225$
(6) $17 \cdot 23 = (20 - 3)(20 + 3) = 20^2 - 3^2 = 391$
(7) $38 \cdot 42 = (40 - 2)(40 + 2) = 40^2 - 2^2 = 1596$
(8) $54 \cdot 46 = (50 + 4)(50 - 4) = 50^2 - 4^2$
$= 2500 - 16 = 2484$
b) individuelle Lösung

14 a) Hier ist $x^2 = a^2$, $4 \cdot x = 2 \cdot a \cdot b$ und $4 = b^2$.
Daraus ergibt sich: $a = x$ und $b = 2$.
also: $x^2 + 4x + 4 = (x + 2)^2$
b) $x^2 - 6x + 9$: Es handelt sich um die zweite binomische Formel: $x^2 = a^2$, $-6x = -2 \cdot a \cdot b$ und $9 = b^2$.
Daraus ergibt sich: $a = x$ und $b = 3$.
also: $x^2 - 6x + 9 = (x - 3)^2$
$x^2 - 64$: Hier handelt es sich um die dritte binomische Formel: $x^2 = a^2$ und $-64 = -b^2$.
Daraus ergibt sich: $a = x$ und $b = 8$.
also: $x^2 - 64 = (x - 8)(x + 8)$

4 Gleichungen

Seite 23

Einstiegsaufgabe
gesuchte Zahl: x
Maria schreibt $x \cdot x - 16 = x \cdot (x - 2)$.
Vereinfachen: $x^2 - 16 = x^2 - 2x$
Durch Vergleichen sieht man, dass $-16 = -2x$ gelten muss. Durch Ausprobieren erhält man $x = 8$.
Überprüfen: $8^2 - 16 = 48$ und $8^2 - 2 \cdot 8 = 48$
Die gesuchte Zahl ist also 8.

Seite 24

1 a) probieren:

x	1,5x + 7
3	11,5
5	14,5
4	13

Lösung:
x = 4

vorwärts:

rückwärts:

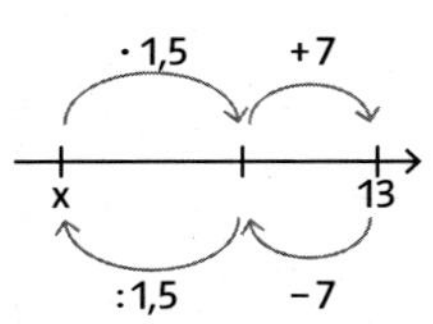

b) probieren:

x	1,6x − 3,2
5	4,8
10	12,8
7	8

Lösung:
x = 7

vorwärts:

rückwärts:

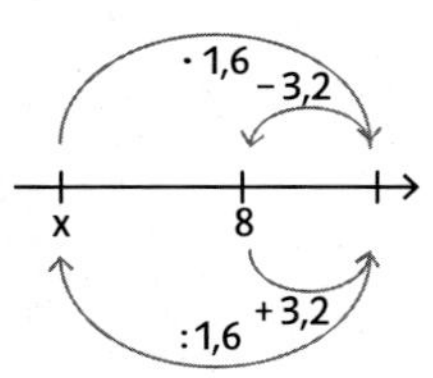

c) probieren:

x	−3,4 + 4,2x
5	17,6
10	38,6
6	21,8

Lösung:
x = 6

vorwärts:

rückwärts:

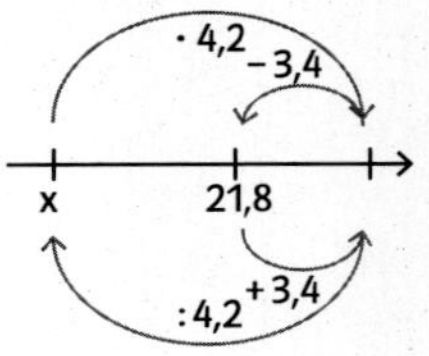

d) probieren:

x	2 · (x + 1)
5	12
4	10

Lösung:
x = 4

vorwärts:

rückwärts:

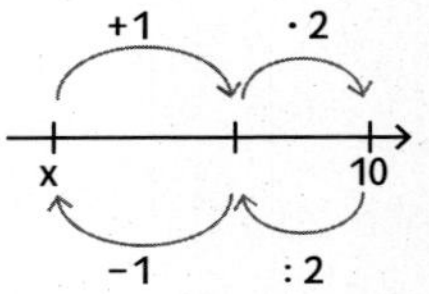

2 a) $b = 2$ b) $g = 8$ c) $d = 8$ d) $x = -5$
e) $v = 0{,}5$ f) $c = 4$ g) $t = 8$ h) $m = 4$
i) $a = \frac{1}{7}$ j) $x = 9$ k) $x = 4$ l) $x = 8$

3 a) Gleichung: $1{,}5x - 33 = 12$
Einsetzung: $x = 30$
b) Gleichung: $2{,}35x - 33{,}59 = 12$
Einsetzung: $x = 19{,}4$
c) Gleichung: $x \cdot 5{,}4 - 8{,}52 = 12$
Einsetzung: $x = 3{,}8$
d) Gleichung: $-55{,}2 + 140x = 12$
Einsetzung: $x = 0{,}48$

4

x	−7	−6	−5	−4	−3	−2	−1	0
7 + 5x	−28	−23	−18	−13	−8	−3	2	7
2x + 25	11	13	15	17	19	21	23	25

x	1	2	3	4	5	6	7
7 + 5x	12	17	22	27	32	37	42
2x + 25	27	29	31	33	35	37	39

a) $x = 5$ b) $x = -6$ c) $x = -6$ d) $x = 6$

5
a) $4x + 1 = 9$
$x = 2$
b) $4n - 5 = 5$
$x = 2{,}5$
c) $6d + 12 = 0$
$d = -2$
d) $4x + 4 = 5$
$x = 0{,}25$

Seite 25

6 a) Gleichung: $2x + 5 = 43$; Lösung: $x = 19$
Rike hat sich 19 gedacht. Jakob kann das herausfinden, indem er die Gleichung $2x + 5 = 43$ löst, z.B. durch Rückwärtsrechnen: $43 - 5 = 38$; $38 : 2 = 19$.
b) individuelle Lösung

7 Term: $116 + 7x$ (Gewicht in kg nach x Wochen)
Gleichung: $116 + 7x = 200$
Lösungsweg (rückwärts rechnen): $200 - 116 = 84$;
$84 : 7 = 12$
Ergebnis: Chandra wird 12 Wochen nach der Geburt 200 kg wiegen.

8 a) Gleichung: $3x + 8 = 26$
Lösung: $x = 6$
b) Gleichung: $8x - 17 = 79$
Lösung: $x = 12$

12 a) $L = \{-4; 4\}$ b) $L = \{-7; 7\}$ c) $L = \{-6; 6\}$
d) $L = \{\ \}$ e) $L = \{-3; 3\}$ f) $L = \{-10; 10\}$
g) $L = \{-4; 8\}$ h) $L = \{-8; 2\}$

13 Term: $23 + 3x$ (Anzahl der Perlen bei x Perlenreihen)
Gleichung: $23 + 3x = 200$
Lösungsweg (rückwärts rechnen): $200 - 23 = 177$;
$177 : 3 = 59$
Ergebnis: Der Körper der Perlenschlange kann aus bis zu 59 Reihen bestehen.

14 Term: $16 + 4x$ (Anzahl der Würfel bei x Stockwerken)
Gleichung: $16 + 4x = 140$
Lösungsweg (rückwärts rechnen): $140 - 16 = 124$;
$124 : 4 = 31$
Ergebnis: Man kann mit 140 Würfeln den Turm 31 Stockwerke hoch bauen.

15 a) Sei p der Preis für einen DVD-Rohling. Dann ist $6 \cdot p + 11 = 20$. Durch Ausprobieren oder Rückwärtsrechnen erhält man $p = 1{,}5$, denn
$6 \cdot 1{,}5 + 11 = 9 + 11 = 20$ (Probe). Ein DVD-Rohling kostet demnach 1,50 €.
b) individuelle Lösung, zum Beispiel:
Im Supermarkt zahlt Anna für 13 Tafeln Schokolade 6,37 €. Wie teuer ist eine Tafel Schokolade?
Lösung: Sei p der Preis für eine Tafel Schokolade.
Dann ist $13 \cdot p = 6{,}37$, also $p = 0{,}49$. Dann kostet eine Tafel Schokolade 0,49 €.

16 a) 10 Sekunden ≙ 2 Liter
1,5 Stunden = 90 Minuten = 5400 Sekunden
5400 Sekunden ≙ $2 \cdot \frac{5400}{10}$ Liter = 1080 Liter
Felix verbraucht jeden Abend ca. 1080 Liter Wasser.
b) 1000 Liter = $1\,m^3$, denn
$1\,m^3 = 1\,m \cdot 1\,m \cdot 1\,m = 10\,dm \cdot 10\,dm \cdot 10\,dm$
$= 1000\,dm^3 = 1000$ Liter
Damit kosten 1000 Liter Wasser 1,15 €.
c) 1000 Liter ≙ 1,15 €
1080 Liter ≙ 1,15 € · 1,08 = 1,242 € ≈ 1,24 €
Die abendliche Bewässerung kostet demnach 1,24 €.
d) Sei z die Bewässerungsdauer in Sekunden.
Dann wurden $2 \cdot \frac{z}{10}$ Liter verbraucht (siehe a)).
Die Kosten kann man dann mit dem Term
$1{,}15 \cdot \left(2 \cdot \frac{z}{10}\right) : 1000$ berechnen (siehe c)).
Da 6,90 € bezahlt werden, muss man die Gleichung
$1{,}15 \cdot \left(2 \cdot \frac{z}{10}\right) : 1000 = 6{,}9$ lösen.
Zuerst vereinfacht man die linke Seite der Gleichung zu $0{,}000\,23 \cdot z = 6{,}9$. Durch Ausprobieren oder Rückwärtsrechnen erhält man $z = 30\,000$.
Die Bewässerungszeit ist demnach
30 000 Sekunden = 500 Minuten = $8\frac{1}{3}$ Stunden lang.
(Auch der Dreisatz kann als Lösungsweg verwendet werden.)
e) Im Schlauch befinden sich
$0{,}000\,25 \cdot 25\,m^3 = 0{,}00\,625\,m^3$ Wasser.
Dieses Wasser kostet
0,006 25 · 1,15 € ≈ 0,0072 € = 0,72 Cent.

5 Lösen von Gleichungen durch Äquivalenzumformungen

Seite 26

Einstiegsaufgabe
Anzahl der Hölzchen in einer Schachtel: x
Gleichung: $3 \cdot x + 2 = x + 8$
Die Gleichung kann nicht durch Rückwärtsrechnen gelöst werden, weil die Variable x auf beiden Seiten der Gleichung vorkommt.
Lösen durch passendes Wegnehmen:
1. Auf beiden Seiten werden 2 Hölzchen weggenommen. Die Gleichung lautet nun: $3 \cdot x = x + 6$.
2. Auf jeder Seite wird eine ganze Schachtel weggenommen. Die Gleichung lautet nun: $2 \cdot x = 6$.
3. Es ist nun leicht zu sehen, dass $x = 3$ sein muss. Somit befinden sich je drei Hölzchen in einer Schachtel.

Seite 28

1

linke Seite	rechte Seite
7 Dosen und 2 Gewichte	3 Dosen und 10 Gewichte
Nach Abräumen von 3 Dosen und 2 Gewichten bleiben übrig:	
4 Dosen	8 Gewichte
4 Dosen	8 kg

also: 1 Dose wiegt 2 kg.

2 a) $8b = 3b + 5 \quad | -3b$
$\Leftrightarrow \quad 5b = 5$
Beide Gleichungen sind zueinander äquivalent.
b) $7x - 2 = 3 - x \quad | +x$
$\Leftrightarrow \quad 8x - 2 = 3 \quad | +2$
$\Leftrightarrow \quad 8x = 5$
Beide Gleichungen sind zueinander äquivalent.
c) $5d + 10 = 2d + 16 \quad | -10$
$\Leftrightarrow \quad 5d = 2d + 6 \quad | -2d$
$\Leftrightarrow \quad 3d = 6 \quad | :3$
$\Leftrightarrow \quad d = 2$
Beide Gleichungen sind zueinander äquivalent.

d) $6n - 6 = 3 - 3n \quad |+3n$
$\Leftrightarrow 9n - 6 = 3 \quad |+6$
$\Leftrightarrow 9n = 9 \quad |:9$
$\Leftrightarrow n = 1$

$6n = 6 \quad |:6$
$\Leftrightarrow n = 1$
Damit sind beide Gleichungen zueinander äquivalent.

e) $15 - 3x = 0 \quad |:3$
$\Leftrightarrow 5 - x = 0$

$2x = 5 + x \quad |-2x$
$\Leftrightarrow 0 = 5 - x$
$\Leftrightarrow 5 - x = 0$
Also sind beide Gleichungen zueinander äquivalent.

f) $2d + 3 - d = -5d \quad$ |Vereinfachen
$\Leftrightarrow d + 3 = -5d \quad |+5d$
$\Leftrightarrow 6d + 3 = 0$

$d + 4 = -2 - 11d \quad |+11d$
$\Leftrightarrow 12d + 4 = -2 \quad |+2$
$\Leftrightarrow 12d + 6 = 0 \quad |:2$
$\Leftrightarrow 6d + 3 = 0$
Also sind beide Gleichungen zueinander äquivalent.

3 a)
$5x - 10 = 25 \quad |+10$
$\Leftrightarrow 5x = 35 \quad |:5$
$\Leftrightarrow x = 7$
Probe:
$5 \cdot 7 - 10 = 25$
$\Leftrightarrow 25 = 25$

x	5x − 10
1	−5
10	40
9	35
8	30
7	25

b) $4k + 12 = 62 \quad |-12$
$\Leftrightarrow 4k = 50 \quad |:4$
$\Leftrightarrow k = 12{,}5$
Probe:
$4 \cdot 12{,}5 + 12 = 62$
$\Leftrightarrow 50 + 12 = 62$
$\Leftrightarrow 62 = 62$

k	4k + 12
1	16
10	52
13	64
12	60
12,5	62

c) $3{,}4t + 83 = 100 \quad |-83$
$\Leftrightarrow 3{,}4t = 17 \quad |:3{,}4$
$\Leftrightarrow t = 5$
Probe:
$3{,}4 \cdot 5 + 83 = 100$
$\Leftrightarrow 17 + 83 = 100$
$\Leftrightarrow 100 = 100$

t	3,4t + 83
1	86,4
10	117
5	100

d) $8b + 12 = 12 \quad |-12$
$\Leftrightarrow 8b = 0 \quad |:8$
$\Leftrightarrow b = 0$
Probe:
$8 \cdot 0 + 12 = 12$
$\Leftrightarrow 12 = 12$

b	8b + 12
1	20
0	12

e) $5{,}5p + 10 = 26{,}5 \quad |-10$
$\Leftrightarrow 5{,}5p = 16{,}5 \quad |:5{,}5$
$\Leftrightarrow p = 3$
Probe:
$5{,}5 \cdot 3 + 10 = 26{,}5$
$\Leftrightarrow 26{,}5 = 26{,}5$

p	5,5p + 10
1	15,5
10	65
2	21
3	26,5

f) $5 - 2{,}5y = 7{,}5 \quad |-5$
$\Leftrightarrow -2{,}5y = 2{,}5 \quad |:(-2{,}5)$
$\Leftrightarrow y = -1$
Probe:
$5 - 2{,}5 \cdot (-1) = 7{,}5$
$\Leftrightarrow 5 + 2{,}5 = 7{,}5$
$\Leftrightarrow 7{,}5 = 7{,}5$

y	5 − 2,5y
1	2,5
2	0
−1	7,5

g) $0{,}1g + 8 = 18 \quad |-8$
$\Leftrightarrow 0{,}1g = 10 \quad |\cdot 10$
$\Leftrightarrow g = 100$
Probe:
$0{,}1 \cdot 100 + 8 = 18$
$\Leftrightarrow 10 + 8 = 18$
$\Leftrightarrow 18 = 18$

g	0,1g + 8
1	8,1
10	9
100	18

h) $d \cdot (-3) = 15 \quad |:(-3)$
$\Leftrightarrow d = -5$
Probe:
$(-5) \cdot (-3) = 15$
$\Leftrightarrow 15 = 15$

d	d · (−3)
1	−3
5	−15
−5	15

i) $\frac{1}{2}a + 6 = 13 \quad |-6$
$\Leftrightarrow \frac{1}{2}a = 7 \quad |\cdot 2$
$\Leftrightarrow a = 14$
Probe:
$\frac{1}{2} \cdot 14 + 6 = 13$
$\Leftrightarrow 7 + 6 = 13$
$\Leftrightarrow 13 = 13$

a	$\frac{1}{2}a + 6$
1	6,5
10	11
11	11,5
15	13,5
14	13

j) $\frac{1}{4} - x = \frac{3}{4} \quad |-\frac{1}{4}$
$\Leftrightarrow -x = \frac{2}{4} \quad |\cdot(-1)$
$\Leftrightarrow x = -\frac{1}{2}$
Probe:
$\frac{1}{4} - \left(-\frac{1}{2}\right) = \frac{3}{4}$
$\Leftrightarrow \frac{1}{4} + \frac{1}{2} = \frac{3}{4}$
$\Leftrightarrow \frac{3}{4} = \frac{3}{4}$

x	$\frac{1}{4} - x$
1	$-\frac{3}{4}$
$-\frac{1}{2}$	$\frac{3}{4}$

k) $\frac{3}{4} = \frac{1}{4}b + 3 \quad |\cdot 4$
$\Leftrightarrow 3 = b + 12 \quad |-12$
$\Leftrightarrow -9 = b$
Probe:
$\frac{3}{4} = \frac{1}{4} \cdot (-9) + 3$
$\Leftrightarrow \frac{3}{4} = -2\frac{1}{4} + 3$
$\Leftrightarrow \frac{3}{4} = \frac{3}{4}$

b	$\frac{1}{4}b + 3$
1	3,25
−1	$2\frac{3}{4}$
−10	0,5
−8	1
−9	$\frac{3}{4}$

l) $7 - \frac{1}{2}x = 1 \quad |-7$
$\Leftrightarrow -\frac{1}{2}x = -6 \quad |\cdot(-2)$
$\Leftrightarrow x = 12$
Probe:
$7 - \frac{1}{2} \cdot 12 = 1$
$\Leftrightarrow 7 - 6 = 1$
$\Leftrightarrow 1 = 1$

x	$7 - \frac{1}{2}x$
1	6,5
10	2
11	1,5
12	1

Es gibt Aufgaben, bei denen das systematische Probieren schneller geht, meistens wenn die Lösung ganzzahlig ist. Ist dies nicht der Fall, führen die Äquivalenzumformungen häufig schneller zur Lösung.

4 a) $9b + 3 = 7b + 11 \quad |-7b$
$\Leftrightarrow 2b + 3 = 11 \quad |-3$
$\Leftrightarrow 2b = 8 \quad |:2$
$\Leftrightarrow b = 4$

b) $5 + 7x = 45 + 3x \quad |-3x$
$\Leftrightarrow 5 + 4x = 45 \quad |-5$
$\Leftrightarrow 4x = 40 \quad |:4$
$\Leftrightarrow x = 10$

c) $5d + 4 = 4 + d \quad |-d$
$\Leftrightarrow 4d + 4 = 4 \quad |-4$
$\Leftrightarrow 4d = 0 \quad |:4$
$\Leftrightarrow d = 0$

d) $16v + 7 = 15v + 1 \quad |-15v$
$\Leftrightarrow v + 7 = 1 \quad |-7$
$\Leftrightarrow v = -6$

e) $8n - 15 = 3n \quad |-3n$
$\Leftrightarrow 5n - 15 = 0 \quad |+15$
$\Leftrightarrow 5n = 15 \quad |:5$
$\Leftrightarrow n = 3$

f) $12k = 15k - 60 \quad |-15k$
$\Leftrightarrow -3k = -60 \quad |:(-3)$
$\Leftrightarrow k = 20$

g) $5{,}5 + 3t = t - 2{,}5 \quad |-t$
$\Leftrightarrow 5{,}5 + 2t = -2{,}5 \quad |-5{,}5$
$\Leftrightarrow 2t = -8 \quad |:2$
$\Leftrightarrow t = -4$

h) $5{,}5z = -9 + 4{,}5z \quad |-4{,}5z$
$\Leftrightarrow z = -9$

i) $\frac{1}{2}a + 6 = 13 - a \quad |+a$
$\Leftrightarrow \frac{3}{2}a + 6 = 13 \quad |-6$
$\Leftrightarrow \frac{3}{2}a = 7 \quad |\cdot\frac{2}{3}$
$\Leftrightarrow a = \frac{14}{3} = 4\frac{2}{3}$

j) $6 - \frac{1}{2}x = 1 + 2x \quad |+\frac{1}{2}x$
$\Leftrightarrow 6 = 1 + 2\frac{1}{2}\cdot x \quad |-1$
$\Leftrightarrow 5 = \frac{5}{2}x \quad |\cdot\frac{2}{5}$
$\Leftrightarrow 2 = x$

k) $\frac{3}{4}b = \frac{1}{4}b + 3 \quad |-\frac{1}{4}b$
$\Leftrightarrow \frac{1}{2}b = 3 \quad |\cdot 2$
$\Leftrightarrow b = 6$

l) $\left(-\frac{1}{4}\right)\cdot x = \frac{3}{4}x - 1 \quad |+\frac{1}{4}x$
$\Leftrightarrow 0 = x - 1 \quad |+1$
$\Leftrightarrow 1 = x$

Probe zum Beispiel für a):
$9\cdot 4 + 3 = 7\cdot 4 + 11$
$\Leftrightarrow 36 + 3 = 28 + 11$
$\Leftrightarrow 39 = 39$

Durch die Einsetzung $b = 4$ wird die Gleichung zur wahren Aussage. Bei den anderen Teilaufgaben geht man analog vor.
Man kann diese Gleichungen nicht durch Rückwärtsrechnen lösen, weil auf beiden Seiten des Gleichheitszeichens eine Variable steht.

5

$2b - 3 = 3b + 1$	Lösung: $b = -4$
$10 - n = 23$	Lösung: $n = -13$
$6d + 2\cdot(d - 13) = d\cdot 5 - 5$	Lösung: $d = 7$
$5\cdot(b + 3) = 25$	Lösung: $b = 2$
$8 + 0{,}5x = 2{,}5x$	Lösung: $x = 4$
$(v - 5)\cdot 3 + 5v + 3 = 4v$	Lösung: $v = 3$
$\frac{4}{7}b = -8$	Lösung: $b = -14$
$x:8 = 5$	Lösung: $x = 40$
$2\cdot(x + 1) = 10$	Lösung: $x = 4$
$3{,}5\cdot(x + 1) = 10{,}5$	Lösung: $x = 2$
$\left(-\frac{3}{4} + k\right)\cdot 2 + \frac{5}{4} = \frac{1}{4}$	Lösung: $k = \frac{1}{4} = 0{,}25$

6 a) $15 = 3x \quad |-3x$
$\Leftrightarrow 15 - 3x = 0 \quad |-15$
$\Leftrightarrow -3x = -15 \quad |:(-3)$
$\Leftrightarrow x = 5$
b) $15 = 3x \quad |:3$
$\Leftrightarrow 5 = x$
Karl wollte, dass das x auf der linken Seite des Gleichheitszeichens steht, damit er am Ende die Lösung „x = …“ schreiben kann. Die ersten beiden Umformungen hätte man auch umgehen können, indem man die Terme auf den beiden Seiten des Gleichheitszeichens der Gleichung vertauscht: $15 = 3x$ und $3x = 15$ sind zueinander äquivalent. Nun muss man auch nicht durch eine negative Zahl dividieren, um x auszurechnen.

Seite 29

7 a) Beide erhalten die Lösung $t = 6$.
b) Wenn man beim Rechnen mit Brüchen Schwierigkeiten hat, wäre der rechte Weg einfacher, weil man hier das Rechnen mit Brüchen umgeht.
c) individuelle Lösung, zum Beispiel:
1. Weg: $2 + \frac{1}{3}x = \frac{2}{3}x + 4 \quad |-\frac{1}{3}x$
$\Leftrightarrow 2 = \frac{1}{3}x + 4 \quad |-4$
$\Leftrightarrow -2 = \frac{1}{3}x \quad |\cdot 3$
$\Leftrightarrow -6 = x$
2. Weg: $2 + \frac{1}{3}x = \frac{2}{3}x + 4 \quad |-\frac{2}{3}x$
$\Leftrightarrow 2 - \frac{1}{3}x = 4 \quad |-2$
$\Leftrightarrow -\frac{1}{3}x = 2 \quad |\cdot(-3)$
$\Leftrightarrow x = -6$
3. Weg: $2 + \frac{1}{3}x = \frac{2}{3}x + 4 \quad |\cdot 3$
$\Leftrightarrow 6 + x = 2x + 12 \quad |-x$
$\Leftrightarrow 6 = x + 12 \quad |-12$
$\Leftrightarrow -6 = x$

Bei allen drei Wegen benötigt man drei Rechenschritte. Beim 3. Weg umgeht man die Bruchrechnung, indem beide Seiten der Gleichung mit 3 multipliziert werden und anschließend auf beiden Seiten ausmultipliziert wird.

8 a) $32x + 43 - 20x = -25 - 45x + 30$ |Vereinfachen
$\Leftrightarrow 12x + 43 = -45x + 5$ |+45x
$\Leftrightarrow 57x + 43 = 5$ |−43
$\Leftrightarrow 57x = -38$ |:57
$\Leftrightarrow x = -\frac{38}{57} = -\frac{2}{3}$
Probe:
lS: $32 \cdot \left(-\frac{38}{57}\right) + 43 - 20 \cdot \left(-\frac{38}{57}\right) = -21\frac{1}{3} + 43 + 13\frac{1}{3} = 35$
rS: $-25 - 45 \cdot \left(-\frac{38}{57}\right) + 30 = 5 + 30 = 35$

b) $12 - 9b + 15 - 5b = 14 - 8b + 6$ |Vereinfachen
$\Leftrightarrow 27 - 14b = 20 - 8b$ |+14b
$\Leftrightarrow 27 = 20 + 6b$ |−20
$\Leftrightarrow 7 = 6b$ |:6
$\Leftrightarrow \frac{7}{6} = b$
Probe:
lS: $12 - 9 \cdot \frac{7}{6} + 15 - 5 \cdot \frac{7}{6} = 10\frac{2}{3}$
rS: $14 - 8 \cdot \frac{7}{6} + 6 = 10\frac{2}{3}$

c) $-41 + 26t = 2t + 20t - 53 + 72$ |Vereinfachen
$\Leftrightarrow -41 + 26t = 22t + 19$ |−22t
$\Leftrightarrow -41 + 4t = 19$ |+41
$\Leftrightarrow 4t = 60$ |:4
$\Leftrightarrow t = 15$
Probe:
lS: $-41 + 26 \cdot 15 = 349$
rS: $2 \cdot 15 + 20 \cdot 15 - 53 + 72 = 349$

d) $4f + 49 - 13f - 78 + 23f = 0$ |Vereinfachen
$\Leftrightarrow 14f - 29 = 0$ |+29
$\Leftrightarrow 14f = 29$ |:14
$\Leftrightarrow f = \frac{29}{14} = 2\frac{1}{14}$
Probe:
$4 \cdot \frac{29}{14} + 49 - 13 \cdot \frac{29}{14} - 78 + 23 \cdot \frac{29}{14} = 0$

e) $3 \cdot (a - 4) + 3 \cdot (4 - a) + 2a - 1 = 3$ |Ausmultiplizieren
$\Leftrightarrow 3a - 12 + 12 - 3a + 2a - 1 = 3$ |Vereinfachen
$\Leftrightarrow 2a - 1 = 3$ |+1
$\Leftrightarrow 2a = 4$ |:2
$\Leftrightarrow a = 2$
Probe:
$3 \cdot (2 - 4) + 3 \cdot (4 - 2) + 2 \cdot 2 - 1 = -6 + 6 + 4 - 1 = 3$

f) $13 \cdot (s - 5) - 4 \cdot (s - 1) + s = 5$ |Ausmultiplizieren
$\Leftrightarrow 13s - 65 - 4s + 4 + s = 5$ |Vereinfachen
$\Leftrightarrow 10s - 61 = 5$ |+ 61
$\Leftrightarrow 10s = 66$ |:10
$\Leftrightarrow s = \frac{66}{10} = 6\frac{3}{5}$
Probe:
$13 \cdot \left(\frac{33}{5} - 5\right) - 4\left(\frac{33}{5} - 1\right) + \frac{33}{5} = 13 \cdot \left(\frac{8}{5}\right) - 4 \cdot \left(\frac{28}{5}\right) + \frac{33}{5}$
$= \frac{104}{5} - \frac{112}{5} + \frac{33}{5} = 5$

g) $3 \cdot (2x - 5) + 6 = 5 \cdot (3 - 5x) + 6x$ |Ausmultiplizieren
$\Leftrightarrow 6x - 15 + 6 = 15 - 25x + 6x$ |Vereinfachen
$\Leftrightarrow 6x - 9 = 15 - 19x$ |+19x
$\Leftrightarrow 25x - 9 = 15$ |+9
$\Leftrightarrow 25x = 24$ |:25
$\Leftrightarrow x = \frac{24}{25}$
Probe:
lS: $3 \cdot \left(2 \cdot \frac{24}{25} - 5\right) + 6 = -3{,}24$
rS: $5 \cdot \left(3 - 5 \cdot \frac{24}{25}\right) + 6 \cdot \frac{24}{25} = -3{,}24$

h) $4 \cdot (v + 3) - 5 \cdot (3v - 8)$
$= 12 - 2 \cdot (3v + 1)$ |Ausmultiplizieren
$\Leftrightarrow 4v + 12 - 15v + 40 = 12 - 6v - 2$ |Vereinfachen
$\Leftrightarrow -11v + 52 = 10 - 6v$ |+6v
$\Leftrightarrow -5v + 52 = 10$ |−52
$\Leftrightarrow -5v = -42$ |:(−5)
$\Leftrightarrow v = \frac{42}{5} = 8\frac{2}{5} = 8{,}4$
Probe:
lS: $4 \cdot (8{,}4 + 3) - 5 \cdot (3 \cdot 8{,}4 - 8) = -40{,}4$
rS: $12 - 2 \cdot (3 \cdot 8{,}4 + 1) = -40{,}4$

11 Die Rechnung wird ohne Einheiten vorgenommen; im Ergebnis wird die Eineit ergänzt.
a) $4x = 50$, also $x = 12{,}5\,m$
b) $2x + 2(x + 3) = 4x + 6 = 50$, also $x = 11\,m$
c) $2(x + 1) + 2x + 2 = 4x + 4 = 50$, also $x = 11{,}5\,m$
d) $2x + x + 1 + 3 = 3x + 4 = 50$, also $x \approx 15{,}33\,m$

12
a) $x + 6 + x + 4 = x + 4 + x + x + x$ |Vereinfachen
$\Leftrightarrow 2x + 10 = 4x + 4$ |−2x
$\Leftrightarrow 10 = 2x + 4$ |−4
$\Leftrightarrow 6 = 2x$ |:2
$\Leftrightarrow 3 = x$
Die Seitenlänge x beträgt 3 Längeneinheiten.
b) $5 + x + 5 + x =$
$x + 2x - 1 + x + 2 + x + 3 + 4$ |Vereinfachen
$\Leftrightarrow 2x + 10 = 5x + 8$ |−2x
$\Leftrightarrow 10 = 3x + 8$ |−8
$\Leftrightarrow 2 = 3x$ |:3
$\Leftrightarrow \frac{2}{3} = x$
Die Seitenlänge x beträgt $\frac{2}{3}$ Längeneinheiten.

13 a) $2x + 3 = 7$ |−3
$\Leftrightarrow 2x = 4$ |:2
$\Leftrightarrow x = 2$
Probe: $2 \cdot 2 + 3 = 7$

$3x - 7 = x + 1$ |+7
$\Leftrightarrow 3x = x + 8$ |−x
$\Leftrightarrow 2x = 8$ |:2
$\Leftrightarrow x = 4$
Probe: $3 \cdot 4 - 7 = 5 = 4 + 1$
Der Fehler von Rolf lag darin, dass er mit 0 multipliziert hat.
b) Die Behauptung ist wahr, denn jeder Term, der mit null multipliziert wird, ergibt null. Demnach erhält man mithilfe dieser Umformung nicht die Lösungen einer Gleichung. Daher ist diese Umformung auch keine Äquivalenzumformung.

Seite 30

14 individuelle Lösungen, zum Beispiel:

$\frac{1}{2}$: $20 = 5(3{,}5 + x)$ oder
$\frac{1}{2}x = \frac{1}{4}$

$-\frac{3}{4}$: $(4x + 2) \cdot 3 = -3$ oder
$x + 6 + x = 4{,}5$

4: $2x + 3 = 11$ oder
$(x - 2) \cdot 5 = 10$

7: $x \cdot 10 - 15 = x + 48$ oder
$(2 - x) \cdot 3 = -22 + x$

−5: $2(x + 3) = -4$ oder
$24 = -4x + 4$

−2: $3(x + 5) + 1 = -5x$ oder
$\frac{1}{2}x = -1$

3,5: $x + 2x = 14 - x$ oder
$4(x - 0{,}5) = 12$

−1,7: $10(-x) = 17$ oder
$x + x = -3{,}4$

25: $4x = 100$ oder
$3x + 10 = x + 60$

2,55: $100x = 255$ oder
$10x + 0{,}5 = 26$

8: $3x = 2x + 8$ oder
$x + 7 + x = 30 - x + 1$

11,5: $10x + 5 = 120$ oder
$24 = x \cdot 2 + 1$

−12: $-10x = 120$ oder
$x + 30 = 2x + 42$

15 a) Im ersten Schritt muss 12 subtrahiert werden.
Richtig ist:

$12 + 2b = 22 \quad |-12$
$\Leftrightarrow \quad 2b = 10 \quad |:2$
$\Leftrightarrow \quad b = 5$

b) Im zweiten Schritt muss man d auf beiden Seiten subtrahieren und nicht durch d dividieren. Die Division durch d führt hier zu einem falschen Ergebnis, da die Gleichung die Lösung $d = 0$ hat. Eine Division durch d ist also genauso wie die Division durch null nicht zulässig.

$2d + 3 = d + 3 \quad |-3$
$\Leftrightarrow \quad 2d = d \quad |-d$
$\Leftrightarrow \quad d = 0$

c) Im ersten Schritt wurde falsch ausmultipliziert und im letzten Schritt wurde x auf der linken Seite der Gleichung falsch subtrahiert.

$-2(x + 3) = x \quad$ |Vereinfachen
$\Leftrightarrow \quad -2x - 6 = x \quad |+6$
$\Leftrightarrow \quad -2x = x + 6 \quad |-x$
$\Leftrightarrow \quad -3x = 6 \quad |:(-3)$
$\Leftrightarrow \quad x = -2$

d) Im ersten Schritt wurde auf der rechten Seite falsch ausmultipliziert und die Äquivalenzumformungen im zweiten Schritt wurden falsch durchgeführt:

$3(2 - s) = 2s - (s + 6) \quad$ |Vereinfachen
$\Leftrightarrow \quad 6 - 3s = s - 6 \quad |+6+3s$
$\Leftrightarrow \quad 12 = 4s \quad |:4$
$\Leftrightarrow \quad 3 = s$

16 Gleichsetzen zweier Termsummen, die nur eine Variable enthalten:

$4a + 18 + 2a = 2a + 14 + 6a$
$a = 2$

Ermitteln der Summe:
$4 \cdot 2 + 18 + 2 \cdot 2 = 30$

Ermitteln von c:
$4c + 5a + 2a = 30 \quad$ |Einsetzen von a
$\Leftrightarrow \quad 4c + 5 \cdot 2 + 2 \cdot 2 = 30$
$\Leftrightarrow \quad c = 4$

Ermitteln von b:
$4a + 2b + 8 + 4c = 30 \quad$ |Einsetzen von a und c
$\Leftrightarrow \quad 4 \cdot 2 + 2b + 8 + 4 \cdot 4 = 30$
$\Leftrightarrow \quad b = -1$

17 a) und b)
h ist die Anzahl der Hölzer in einer blauen Box.
Situation A:
$4h + 1 = 2h + 4$, also $h = \frac{3}{2}$. Demnach liegen in einer blauen Box drei halbe Hölzchen.
Situation B:
$h + 5 = 4h + 2$, also $h = 1$. Demnach liegt in jeder blauen Box ein ganzes Hölzchen.
Man kann die Lösungen auch zunächst durch Ausprobieren erhalten.
c) individuelle Lösung

18 Für $x = 2$ ist $(x - 2) = 0$.
Die Division durch $(x - 2)$ ist keine Äquivalenzumformung, da man nicht durch null dividieren kann.

*6 Ungleichungen und Lösen von Ungleichungen

Seite 31

Einstiegsaufgabe
Anzahl der Gesprächsminuten: x
Kosten Hans: $0{,}05x + 8{,}95$
Kosten Maria: $0{,}14x$
Gesucht ist x, sodass gilt: $0{,}05x + 8{,}95 > 0{,}14x$.
Lösen der Ungleichung:

$0{,}05x + 8{,}95 > 0{,}14x \quad |-0{,}05x$
$\Leftrightarrow \quad 8{,}95 > 0{,}09x \quad |:0{,}09$
$\Leftrightarrow \quad 99{,}\overline{4} > x$

Marias Vertrag ist also günstiger, wenn sie höchstens 99 Minuten telefoniert (d.h. für $0 \leq x \leq 99$).

Seite 32

1 a) $b + 15 < 20 \quad |-15$
$\Leftrightarrow \quad b < 5$

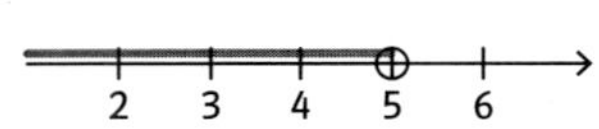

b) $56 > c - 13 \quad |+13$
$\Leftrightarrow \quad 69 > c$

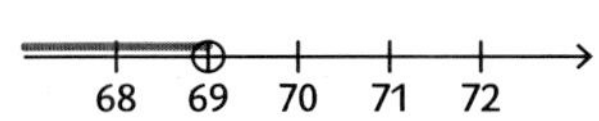

c) $3{,}5t + 16 < 86 \quad |-16$
$\Leftrightarrow \quad 3{,}5t < 70 \quad |:3{,}5$
$\Leftrightarrow \quad t < 20$

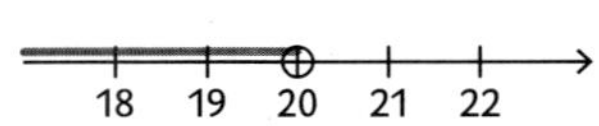

d) $-2{,}6x + 7{,}2 > x \quad |+2{,}6x$
$\Leftrightarrow \quad 7{,}2 > 3{,}6x \quad |:3{,}6$
$\Leftrightarrow \quad 2 > x$

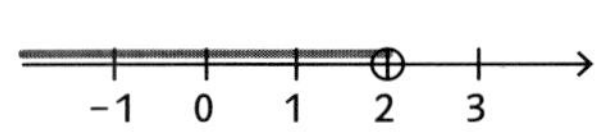

e) $8d + 3 < 6d + 7 \quad |-6d$

$\Leftrightarrow 2d + 3 < 7 \quad | -3$

$\Leftrightarrow 2d < 4 \quad | :2$

$\Leftrightarrow d < 2$

f) $12f > 15f - 12 \quad | -15f$

$\Leftrightarrow -3f > -12 \quad | :(-3)$

$\Leftrightarrow f < 4$

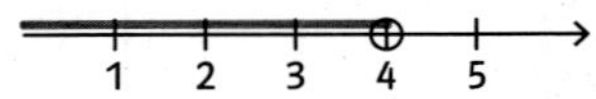

g) $5{,}5 - 4k > k + 2{,}5 \quad | -k$

$\Leftrightarrow 5{,}5 - 5k > 2{,}5 \quad | -5{,}5$

$\Leftrightarrow -5k > -3 \quad | :(-5)$

$\Leftrightarrow k < 0{,}6$

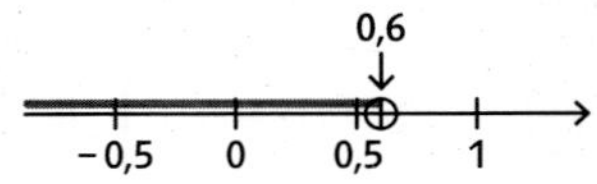

h) $-1{,}5 - 4{,}5x > 1{,}5 \quad | +1{,}5$

$\Leftrightarrow -4{,}5x > 3 \quad | :(-4{,}5)$

$\Leftrightarrow x < -\frac{3}{4{,}5}$

$\Leftrightarrow x < -\frac{6}{9}$

$\Leftrightarrow x < -\frac{2}{3}$

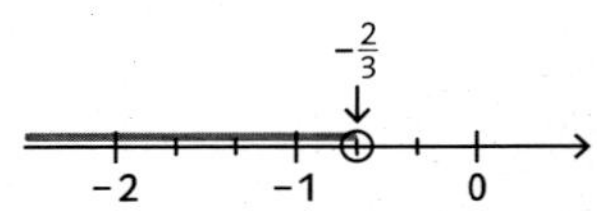

2

a) $22v + 21 - 20v < -15 + 20 - 5v \quad |$ Vereinfachen

$\Leftrightarrow 2v + 21 < 5 - 5v \quad | +5v - 21$

$\Leftrightarrow 7v < -16 \quad | :7$

$\Leftrightarrow v < -\frac{16}{7}$

b) $-3 - 6x \leqq 12x - 24x - 23 - 32 \quad |$ Vereinfachen

$\Leftrightarrow -3 - 6x \leqq -12x - 55 \quad | +12x + 3$

$\Leftrightarrow 6x \leqq -52 \quad | :6$

$\Leftrightarrow x \leqq -\frac{52}{6} = -\frac{26}{3} = -8\frac{2}{3}$

c) $5 \cdot (2d + 3) \geqq 27 - 3d - 2 \cdot (1 + d) \quad |$ Ausmultiplizieren

$\Leftrightarrow 10d + 15 \geqq 27 - 3d - 2 - 2d \quad |$ Vereinfachen

$\Leftrightarrow 10d + 15 \geqq 25 - 5d \quad | +5d - 15$

$\Leftrightarrow 15d \geqq 10 \quad | :15$

$\Leftrightarrow d \geqq \frac{10}{15} = \frac{2}{3}$

d) $16 \cdot (10 - 11x) < (-2 + 20x) \cdot 7 \quad |$ Ausmultiplizieren

$\Leftrightarrow 160 - 176x < -14 + 140x \quad | +176x + 14$

$\Leftrightarrow 174 < 316x \quad | :316$

$\Leftrightarrow \frac{174}{316} < x$

$\Leftrightarrow \frac{87}{158} < x$

e) $2 \cdot (x - 3) + 3 \cdot (3 - x) \geqq x - 10 \quad |$ Ausmultiplizieren

$\Leftrightarrow 2x - 6 + 9 - 3x \geqq x - 10 \quad |$ Vereinfachen

$\Leftrightarrow -x + 3 \geqq x - 10 \quad | +x + 10$

$\Leftrightarrow 13 \geqq 2x \quad | :2$

$\Leftrightarrow 6{,}5 \geqq x$

f)

$-3 \cdot (2 + 9t) \geqq 8t + 3 \cdot (t + 27 - 2t) \quad |$ Ausmultiplizieren

$\Leftrightarrow -6 - 27t \geqq 8t + 3t + 81 - 6t \quad |$ Vereinfachen

$\Leftrightarrow -6 - 27t \geqq 5t + 81 \quad | +27t - 81$

$\Leftrightarrow -87 \geqq 32t \quad | :32$

$\Leftrightarrow -\frac{87}{32} \geqq t$

$\Leftrightarrow -2\frac{23}{32} \geqq t$

3 a) $4x > 50 \quad | :4$

$\Leftrightarrow x > 12{,}5$

x muss länger als 12,5 m sein.

b) $2x + 2(x + 4) > 50 \quad |$ Ausmultiplizieren

$\Leftrightarrow 2x + 2x + 8 > 50 \quad |$ Vereinfachen

$\Leftrightarrow 4x + 8 > 50 \quad | -8$

$\Leftrightarrow 4x > 42 \quad | :4$

$\Leftrightarrow x > 10{,}5$

x muss länger als 10,5 m sein.

c) $2x + 2 \cdot (x + 2) + 2 \cdot 2 > 50 \quad |$ Ausmultiplizieren

$\Leftrightarrow 2x + 2x + 4 + 4 > 50 \quad |$ Vereinfachen

$\Leftrightarrow 4x + 8 > 50 \quad | -8$

$\Leftrightarrow 4x > 42 \quad | :4$

$\Leftrightarrow x > 10{,}5$

x muss länger als 10,5 m sein.

d) $x + 1 + 2x + 2 > 50 \quad |$ Vereinfachen

$\Leftrightarrow 3x + 3 > 50 \quad | -3$

$\Leftrightarrow 3x > 47 \quad | :3$

$\Leftrightarrow x > 15\frac{2}{3}$

x muss länger als etwa 15,67 m sein.

Seite 33

4

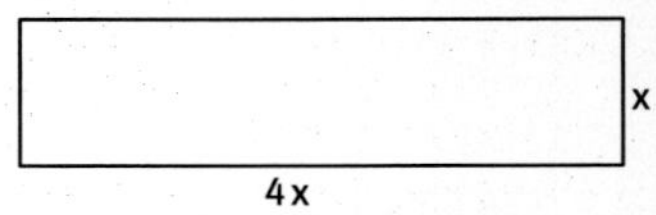

$U = 2x + 2 \cdot 4x$

$= 10x$

$10x \leqq 26 \quad | :10$

$\Leftrightarrow x \leqq 2{,}6$

Die eine Seite beträgt höchstens 2,6 cm und die andere höchstens 10,4 cm.

7 a) 75 steht für das Gewicht von Fritz (75 kg). Jede Kiste wiegt 14 kg, deshalb wiegen k Kisten $k \cdot 14$ kg. Da der Fahrstuhl maximal 650 kg tragen kann, muss die Summe aller Gewichte kleiner oder gleich 650 kg sein.

b) $75 + k \cdot 14 \leqq 650 \quad | -75$

$\Leftrightarrow k \cdot 14 \leqq 575 \quad | :14$

$\Leftrightarrow k \leqq 41{,}07\ldots$

Demnach kann Fritz höchstens 41 Kisten transportieren.

c) Es sind nur natürliche Zahlen als Lösungen sinnvoll.

8 a) Die Kosten werden durch den Term $525 + 1 \cdot c$ beschrieben (rechte Seite der Ungleichung): Tonstudiokosten (525 €) und Kosten pro kopierte CD (1 €).

b) $8c > 525 + c \quad | -c$

$\Leftrightarrow 7c > 525 \quad | :7$

$\Leftrightarrow c > 75$

c) Tara muss mindestens 76 CDs verkaufen, damit ihre Einnahmen größer sind als ihre Ausgaben.

d) Der Gewinn ist gegeben durch die Einnahmen abzüglich der Kosten, also:

Gewinn $= 8 \cdot c - (525 + c) = 8 \cdot c - 525 - c$.

Man erhält die Ungleichung:

$8c - 525 - c > 10\,000 \quad | +525$

$\Leftrightarrow 7c > 10\,525 \quad | :7$

$\Leftrightarrow c > 1503{,}57\ldots$

Tara muss also mindestens 1504 CDs verkaufen, um mehr als 10 000 € zu verdienen.

9 Mit h wird die Anzahl der Kilowattstunden bezeichnet.
a) „Normaltarif“:
Kosten pro Monat: $8{,}70 + 0{,}2040\,h$
„Singletarif“:
Kosten pro Monat: $\frac{87{,}60}{12} + 0{,}2535\,h$
Mit $h = 206\,\text{kWh}$ folgt:
Kosten pro Monat beim „Normaltarif“:
$8{,}70 + 0{,}204 \cdot 206 = 50{,}724$;
Kosten pro Monat beim „Singletarif“:
$\frac{87{,}6}{12} + 0{,}2535 \cdot 206 = 59{,}521$.
Beim „Normaltarif“ zahlen also Janinas Eltern 50,72 € und beim „Singletarif“ 59,52 €.
b) $8{,}7 + 0{,}204\,h > 7{,}3 + 0{,}2535\,h \quad | -7{,}3$
$\Leftrightarrow \quad 1{,}4 + 0{,}204\,h > 0{,}2535\,h \quad | -0{,}204\,h$
$\Leftrightarrow \quad 1{,}4 > 0{,}0495\,h \quad | :0{,}0495$
$\Leftrightarrow \quad 28{,}\overline{28} > h$
Bis etwa 28,28 kWh ist also der „Singletarif“ günstiger als der „Normaltarif“.

Vertiefen und Vernetzen

Seite 34

1 a) $x + \mathbf{18} = 23$ b) $\mathbf{21} + 3v = 12$
c) $\mathbf{9} + v = 0$ d) $4a + 2 = \mathbf{a - 6}$

2 a ist die Anzahl der Jahre, bis die Mutter doppelt so alt ist wie ihre Tochter Susanne.
Dann ist $(13 + a) \cdot 2 = 45 + a$, denn in a Jahren ist Susanne $13 + a$ und ihre Mutter $45 + a$ Jahre alt. Dann soll Susannes Mutter doppelt so alt sein wie Susanne.
Auflösen der Gleichung ergibt:
$(13 + a) \cdot 2 = 45 + a \quad |$ Ausmultiplizieren
$\Leftrightarrow \quad 26 + 2a = 45 + a \quad | -a - 26$
$\Leftrightarrow \quad a = 19$
In 19 Jahren ist Susanne 32 und ihre Mutter 64 Jahre alt, demnach ist die Forderung erfüllt.

3 g ist das Gewicht des Fisches in Pfund und a der Anteil des Mittelstückes des Fisches in Prozent.
Die Aufgabe kann über den Anteil a gelöst werden (linke Spalte; Gewicht ≙ 1) oder über eine Gleichung mit dem unbekannten g (rechte Spalte).
$\frac{1}{3} + \frac{1}{4} + a = 1$, also $a = \frac{5}{12}$ oder $\frac{1}{3}g + \frac{1}{4}g + 10 = g$
also: $\frac{5}{12} \triangleq 10$ Pfund $\quad \Leftrightarrow \quad \frac{7}{12}g + 10 = g$
$1 \triangleq 24$ Pfund $= g \quad \Leftrightarrow \quad 10 = \frac{5}{12}g$
$\Leftrightarrow 24 = g$
Der Fisch wiegt demnach insgesamt 24 Pfund.

4 a) Es ist die Gleichung $45t = 30$ zu lösen, wobei t die Variable für die gefahrene Zeit in Stunden ist. Es ist dann $t = \frac{30}{45} = \frac{2}{3}$. Die Fahrtzeit beträgt also $\frac{2}{3}\,h = 40\,\text{min}$. Zusammen mit der Pause benötigen sie 60 min.

b) Hin- und Rückfahrt: $2 \cdot 30\,\text{km} = 60\,\text{km}$
Der Verbrauch ergibt sich anteilig mit:
100 km ≙ 3 l,
60 km ≙ 1,8 l.
Daraus ergeben sich Mischbenzinkosten von
$1{,}8 \cdot 1{,}17\,€ = 3{,}06\,€$.

5 a)

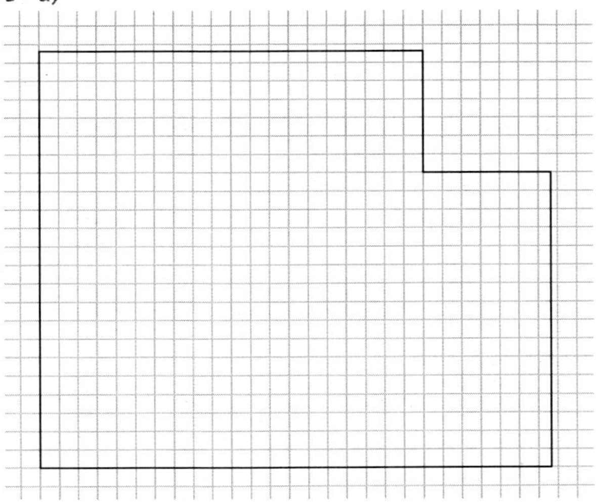

b) Umfang:
$11{,}4\,m + 9{,}9\,m + 4{,}3\,m + 3{,}4\,m + 7{,}1\,m + 13{,}3\,m = 49{,}4\,m$
c) $11{,}4 + 9{,}9 + 4{,}3 + (x - 9{,}9) + 7{,}1 + x = 2x + 22{,}8$
(Umfang in m bei Seitenlänge x in m)
d) Gleichung: $2x + 22{,}8 = 52$
Lösung:
$2x + 22{,}8 = 52 \quad | -22{,}8$
$\Leftrightarrow \quad 2x = 29{,}2 \quad | :2$
$\Leftrightarrow \quad x = 14{,}6$
Ergebnis: Bei einem Umfang von 52 m ist das Grundstück 14,6 m lang.
e) $13{,}3 \cdot 7{,}1\,m^2 + 4{,}3 \cdot 9{,}9\,m^2 = 137\,m^2$ oder
$11{,}4 \cdot 13{,}3\,m^2 - 4{,}3 \cdot 3{,}4\,m^2 = 137\,m^2$
f) $x \cdot 7{,}1 + 4{,}3 \cdot 9{,}9 = 7{,}1x + 42{,}57$ (Flächeninhalt in m^2 bei Seitenlänge x in m)
g) Judith: (3); Judith berechnet erst den Gesamtflächeninhalt $11{,}4 \cdot x$ und zieht dann den Flächeninhalt des Rechtecks rechts oben ab.
Pia: (4); Pia berechnet den Flächeninhalt der drei Rechtecke links oben $(9{,}9 \cdot 4{,}3)$, links unten $(9{,}9 \cdot 7{,}1)$ und rechts $(7{,}1 \cdot (x - 9{,}9))$ separat und addiert dann ihre Flächeninhalte.
Katharina: (1); Katharina berechnet zunächst den Flächeninhalt des linken Rechtecks $(11{,}4 \cdot 9{,}9)$, dann den des rechten $(7{,}1 \cdot (x - 9{,}9))$.
Lukas: (2); Lukas berechnet zunächst den Flächeninhalt des oberen Rechtecks $(9{,}9 \cdot 4{,}3)$, dann den des unteren $(x \cdot 7{,}1)$.

6 Länge einer Grundkante: x; Höhe des Quaders: 3x
Gleichung: $8x + 4 \cdot 3x = 5$ (in m).
$8x + 12x = 5 \quad |$ Vereinfachen
$\Leftrightarrow \quad 20x = 5 \quad | :20$
$\Leftrightarrow \quad x = \frac{1}{4} = 0{,}25$
Eine Kante der quadratischen Basis ist also 25 cm lang.
Die Drahtstücke sind 8-mal 25 cm und 4-mal 75 cm lang.

7 a)
- Insgesamt hat Kira 300 Würstchen.
- 100 Würstchen wurden zu je 0,40 € verkauft, also wurden $100 \cdot 0{,}4\,€ = 40\,€$ eingenommen.
- Kiras Kosten wären beglichen worden, wenn 300 Würstchen zu je 1 € verkauft worden wären. Also betragen die Kosten $300 \cdot 1\,€ = 300\,€$.

b) Aus a) ergibt sich die Gleichung $300 = 40 + 200\,p$, wobei p der neue Preis der Würstchen ist.
Auflösen nach p ergibt:

$$
\begin{aligned}
& 300 = 40 + 200\,p && |-40 \\
\Leftrightarrow\ & 260 = 200\,p && |:200 \\
\Leftrightarrow\ & p = 1{,}3 &&
\end{aligned}
$$

Die restlichen 200 Würstchen müssen demnach für je 1,30 € verkauft werden, um die Kosten noch abzudecken.

Seite 35

8 a) $3z + 15 = 8z$
Auflösen nach z ergibt:

$$
\begin{aligned}
& 3z + 15 = 8z && |-3z \\
\Leftrightarrow\ & 15 = 5z && |:5 \\
\Leftrightarrow\ & 3 = z &&
\end{aligned}
$$

Die gesuchte Zahl ist 3.

b) $n + (n + 1) + (n + 2) < 96$, wobei n die erste der aufeinanderfolgenden natürlichen Zahlen ist.

$$
\begin{aligned}
\text{also: } & 3n + 3 < 96 && |:3 \\
\Leftrightarrow\ & n + 1 < 32 && |-1 \\
\Leftrightarrow\ & n < 31 &&
\end{aligned}
$$

Die kleinste der drei aufeinanderfolgenden natürlichen Zahlen darf höchstens 30 sein, damit die Summe kleiner als 96 ist.

c) Sei z die kleinere der beiden Zahlen. Dann ist $z + 70$ die größere Zahl.

$$
\begin{aligned}
& 3 \cdot (z + 70) < 5 \cdot z && |\text{Ausmultiplizieren} \\
\Leftrightarrow\ & 3z + 210 < 5z && |-3z \\
\Leftrightarrow\ & 210 < 2z && |:2 \\
\Leftrightarrow\ & 105 < z &&
\end{aligned}
$$

Die kleinere Zahl z muss größer als 105 sein, also beispielsweise 106. Die größere Zahl ist dann jeweils um 70 größer.

kleine Zahl	größere Zahl
106	176
107	177
120	190
⋮	⋮

9 Fläche des ursprünglichen Rechtecks: $6a$ (in cm²)
Fläche des veränderten Rechtecks: $2(a + 9)$
Da der Flächeninhalt gleich bleibt, gilt:
$6a = 2(a + 9)$.
Lösen der Gleichung:

$$
\begin{aligned}
& 6a = 2(a + 9) && |\text{ Ausmultiplizieren} \\
\Leftrightarrow\ & 6a = 2a + 18 && |-2a \\
\Leftrightarrow\ & 4a = 18 && |:4 \\
\Leftrightarrow\ & a = 4{,}5 &&
\end{aligned}
$$

Die zweite Seite des Rechtecks ist 4,5 cm lang.

10 Kantenlänge des Würfels (in cm): s
Wird das Paket wie in der Abbildung geschnürt, so wird pro Würfelseite eine Schnur der Länge 2s benötigt.
Es gilt also $6 \cdot 2s + 30 = 510$.
Lösung:

$$
\begin{aligned}
& 12s + 30 = 510 && |-30 \\
\Leftrightarrow\ & 12s = 480 && |:12 \\
\Leftrightarrow\ & s = 40 &&
\end{aligned}
$$

Die Kanten des Würfels sind 40 cm lang.

11 Wenn α der Winkel zu Sinas Anteil im Kreisdiagramm ist, so gehört zu Johannes der Winkel 2α, zu Jelena der Winkel 3α und zu Ida der Winkel 4α. Zusammen ergibt dies $\alpha + 2\alpha + 3\alpha + 4\alpha = 360°$.
Zusammmenfassen und Auflösen nach α:

$$
\begin{aligned}
& 10\alpha = 360° && |:10 \\
\Leftrightarrow\ & \alpha = 36° &&
\end{aligned}
$$

Somit gehört zu Sina der Winkel 36°. Damit ist Johannes' Anteil 72°, Jelenas 108° und Idas 144° groß.

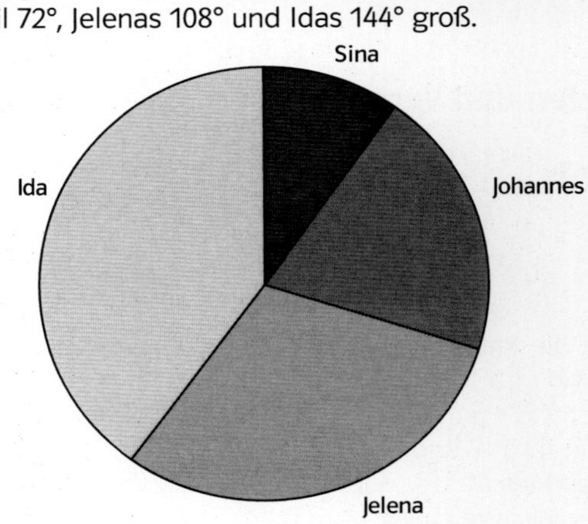

12 a) $3{,}2 \cdot 30 \cdot 25\,m^3 + 20 \cdot 25 \cdot 0{,}8\,m^3 = 2800\,m^3$
b) $x \cdot 30 \cdot 25 + 20 \cdot 25 \cdot 0{,}8 = 750x + 400$
(Rauminhalt des Beckens in m³)
c) Gleichung: $750x + 400 = 2000$
(2000 Kubikmeter entsprechen 2 000 000 l)
Auflösen nach x:

$$
\begin{aligned}
& 750x + 400 = 2000 && |-400 \\
\Leftrightarrow\ & 750x = 1600 && |:750 \\
\Leftrightarrow\ & x \approx 2{,}13 &&
\end{aligned}
$$

Damit 2 Millionen Liter Wasser ins Schwimmerbecken passen, muss es ca. 2,13 m tief werden.

d)
$$
\begin{aligned}
& 2 \cdot 30 \cdot x + 2 \cdot 0{,}8 \cdot 20 + 0{,}8 \cdot 25 + 25 \cdot x + 30 \cdot 25 \\
& + 25 \cdot (x - 0{,}8) + 20 \cdot 25 \\
& = 50 \cdot 25 + 2 \cdot 25 \cdot x + 2 \cdot 30 \cdot x + 2 \cdot 0{,}8 \cdot 20 \\
& = 110x + 1282
\end{aligned}
$$

(Fläche in m² bei Tiefe x des Schwimmerbeckens in m).

e) Für 1000 € kann man 160 Liter Farbe kaufen ($1000 : 6{,}25 = 160$). Diese reicht für 1600 m².
Gleichung: $110x + 1282 = 1600$
Lösung:

$$
\begin{aligned}
& 110x + 1282 = 1600 && |-1282 \\
\Leftrightarrow\ & 110x = 318 && |:110 \\
\Leftrightarrow\ & x \approx 2{,}89 &&
\end{aligned}
$$

Das Schwimmerbecken darf höchstens 2,89 m tief werden.

13 a) $0{,}95\,€ + 36 \cdot 0{,}10\,€ = 4{,}55\,€$
b) Von 14 Fotos wurde kein Papierbild erstellt, denn wenn von x Fotos ein Abzug gemacht wurde, kann man folgende Gleichung aufstellen:
$4 \cdot 0{,}95 + x \cdot 0{,}15 = 23{,}3$ | Vereinfachen
$\Leftrightarrow 3{,}8 + 0{,}15x = 23{,}3$ | −3,8
$\Leftrightarrow 0{,}15x = 19{,}5$ | :0,15
$\Leftrightarrow x = 130$
Da auf den vier Speicherkarten insgesamt $4 \cdot 36 = 144$ Fotos gespeichert waren, ergibt sich eine Differenz von $144 - 130 = 14$.
c) Kosten pro Bild (in €): p
Gleichung: $2 \cdot 0{,}95 + 2 \cdot 36p = 12{,}70$
Auflösen nach p liefert $p = 0{,}15$.
Klaus hat das Format 10 × 15 cm gewählt.

Seite 36

14 a)
- Der Vater fährt mit 1300 m pro Minute. Sei t die Anzahl der Minuten, dann legt der Vater in t Minuten 1300t Meter Wegstrecke zurück.
- Phillip legt in t Minuten 85t Meter Wegstrecke zurück.
- Beide zusammen sollen 12 km = 12 000 m zurücklegen.
  also: $1300t + 85t = 12\,000$ | Vereinfachen
  $\Leftrightarrow 1385t = 12\,000$ | :1385
  $\Leftrightarrow t \approx 8{,}66$

Beide treffen sich nach ca. 8,66 Minuten (8 Minuten 40 Sekunden).
b) Phillip hat nach ca. 8,66 Minuten
$85 \cdot 8{,}66 = 736{,}1$ Meter zurückgelegt.
Es ist $\frac{736{,}1}{12\,000} \approx 0{,}0613$. Also ist Phillip ca. 6,13 % des Gesamtweges marschiert.
c) Es ist zu prüfen, ob $1300\,\frac{\text{m}}{\text{min}} = 78\,\frac{\text{km}}{\text{h}}$ gilt.
1 km = 1000 m
1 h = 60 min
also: $78\,\frac{\text{km}}{\text{h}} = 78 \cdot \frac{1000\,\text{m}}{60\,\text{min}} = 1300\,\frac{\text{m}}{\text{min}}$
Der Vater ist also tatsächlich mit einer Geschwindigkeit von $78\,\frac{\text{km}}{\text{h}}$ gefahren.

15 a)
- Aus dem Wasserhahn kommen in 1,5 Minuten (dies sind 90 Sekunden) 10 l Wasser, also $\frac{10}{90}$ l pro Sekunde.
- Durch den Abfluss laufen in 55 Sekunden 10 l Wasser, also $\frac{10}{55}$ l pro Sekunde.
- Wenn das Becken halb gefüllt ist, fasst es 5 l Wasser.
- Der Term $\frac{10}{55} \cdot t - \frac{10}{90} \cdot t$ beschreibt, wie viele Liter Wasser pro Sekunde effektiv ablaufen, wenn der Wasserhahn geöffnet ist (t beschreibt dabei die Zeit in Sekunden).
- Die Gleichung $\frac{10}{55} \cdot t - \frac{10}{90} \cdot t = 5$ beschreibt nun, nach wie vielen Sekunden 5 l Wasser effektiv abgelaufen sind.

b) $\frac{10}{55} \cdot t - \frac{10}{90} \cdot t = 5$ | Vereinfachen
$\Leftrightarrow 0{,}\overline{07} \cdot t = 5$ | $:0{,}\overline{07}$
$\Leftrightarrow t \approx 70{,}71$
Der Messwert und der berechnete Wert stimmen gut überein. Die Differenz ergibt sich aus experimentellen Ungenauigkeiten.
c) Die Ungleichung $\frac{10}{55} \cdot t - \frac{10}{90} \cdot t \geqq 5$ beschreibt, nach wie vielen Sekunden 5 l oder mehr abgelaufen sind.

16 a) $[(4z + 14) \cdot 2 - z] : 7 = z + 4$ | ·7
$\Leftrightarrow (4z + 14) \cdot 2 - z = 7 \cdot z + 28$ | Ausmultiplizieren
$\Leftrightarrow 8z + 28 - z = 7z + 28$ | Vereinfachen
$\Leftrightarrow 7z + 28 = 7z + 28$ | −28
$\Leftrightarrow 7z = 7z$ | :7
$\Leftrightarrow z = z$
Diese Gleichung ist für alle Zahlen erfüllt, denn $z = z$ gilt immer. Also gilt $L = \mathbb{Q}$.
b)
- das Vierfache einer Zahl: $4z$
- addiere dann 14: $4z + 14$
- verdoppele das Ergebnis: $(4z + 14) \cdot 2$
- ziehe die gedachte Zahl wieder ab: $(4z + 14) \cdot 2 - z$
- teile durch 7: $[(4z + 14) \cdot 2 - z] : 7$

c) $[(4z + 14) \cdot 2 - z] : 7$ (durch Termumformungen)
$= [8z + 28 - z] : 7$
$= [7z + 28] : 7$
$= z + 4$
d) Auf der linken Seite der Gleichung (die auszuführende Rechenvorschrift) steht ein komplex erscheinender Term. Wenn man diesen vereinfacht, erhält man den Term $z + 4$. Beide Terme sind wertgleich. Daher muss man von dem genannten Endergebnis 4 abziehen, um die Zahl z zu erhalten.
e) individuelle Lösung, zum Beispiel:
$[(5z - 8) \cdot 3 + z] : 8 = 2z - 3$
„Verfünffache die gedachte Zahl, ziehe 8 ab und multipliziere das Ergebnis mit 3. Addiere dann die gedachte Zahl und dividiere durch 8."
Beim erhaltenen Endergebnis muss man 3 addieren und dann halbieren, um die gedachte Zahl zu erhalten.

17 a) $5(4x - 6) = -10(3 - 2x)$ | Ausmultiplizieren
$\Leftrightarrow 20x - 30 = -30 + 20x$ | +30
$\Leftrightarrow 20x = 20x$ | :20
$\Leftrightarrow x = x$
Diese Gleichung ist allgemeingültig.
b) $5(3x - 6) = -10(3 - 2x)$ | Ausmultiplizieren
$\Leftrightarrow 15x - 30 = -30 + 20x$ | +30
$\Leftrightarrow 15x = 20x$ | −15x
$\Leftrightarrow 0 = 5x$ | :5
$\Leftrightarrow 0 = x$
Diese Gleichung hat die Lösung $x = 0$.
c) $5(4x - 6) = -10(2 - 3x)$ | Ausmultiplizieren
$\Leftrightarrow 20x - 30 = -20 + 30x$ | +30
$\Leftrightarrow 20x = 10 + 30x$ | −30x
$\Leftrightarrow -10x = 10$ | :(−10)
$\Leftrightarrow x = -1$
Diese Gleichung hat die Lösung $x = -1$.

d) $5(4x-6) = -10(4-2x)$ | Ausmultiplizieren
$\Leftrightarrow 20x - 30 = -40 + 20x$ | $-20x$
$\Leftrightarrow -30 = -40$
Diese Gleichung ist nicht lösbar, da $-30 \neq -40$ ($L = \{\ \}$).
e) $6x - 14 = 2(-7 + 2x) + 2x$ | Ausmultiplizieren
$\Leftrightarrow 6x - 14 = -14 + 4x + 2x$ | $+14$
$\Leftrightarrow 6x = 6x$ | $:6$
$\Leftrightarrow x = x$
Diese Gleichung ist allgemeingültig.
f) $6x - 14 = 2(-4 + 3x) + 2x$ | Ausmultiplizieren
$\Leftrightarrow 6x - 14 = -8 + 6x + 2x$ | $+8$
$\Leftrightarrow 6x - 6 = 8x$ | $-6x$
$\Leftrightarrow -6 = 2x$ | $:2$
$\Leftrightarrow -3 = x$
Diese Gleichung hat die Lösung $x = -3$.
g) $6x - 14 = 2(-7 + 3x) + 2x$ | Ausmultiplizieren
$\Leftrightarrow 6x - 14 = -14 + 6x + 2x$ | $+14$
$\Leftrightarrow 6x = 8x$ | $-6x$
$\Leftrightarrow 0 = 2x$ | $:2$
$\Leftrightarrow 0 = x$
Diese Gleichung hat die Lösung $x = 0$.
h) $6x - 14 = 2(-6 + 2x) + 2x$ | Ausmultiplizieren
$\Leftrightarrow 6x - 14 = -12 + 4x + 2x$ | $+14$
$\Leftrightarrow 6x = 2 + 6x$ | $-6x$
$\Leftrightarrow 0 = 2$
Diese Gleichung ist nicht lösbar, da $0 \neq 2$ ($L = \{\ \}$).

Seite 37

18 a) $x \cdot (x-2) = 0$
Für $x = 0$ ist $0 \cdot (0-2) = 0$, und für $x = 2$ ist $2 \cdot (2-2) = 2 \cdot 0 = 0$.
Demnach sind $x = 0$ und $x = 2$ die Lösungen der Gleichung $x \cdot (x-2) = 0$ ($L = \{0; 2\}$).
b) Zu Rolf: Er erhält die Lösung $x = 2$. Diese Lösung ist zwar richtig, aber unvollständig. Wenn man durch x dividiert, fällt also eine Lösung ($x = 0$) weg. Das liegt daran, dass die Division durch x hier keine Äquivalenzumformung ist, weil $x = 0$ nicht ausgeschlossen wurde.
Zu Nina: Wenn man Gleichungen mit 0 multipliziert, ergibt sich immer die Gleichung $0 = 0$. Der Wert und damit die Anzahl der Lösungen bleibt aber nicht erhalten – bei der veränderten Gleichung kommen mehr Lösungen infrage als bei der Originalgleichung. Die Multiplikation mit null ist keine Äquivalenzumformung.
c) $(x-5) \cdot x = 0$
Hier sind die Lösungen $x = 0$ und $x = 5$.
$0 = x \cdot (6 - x)$
Hier sind die Lösungen $x = 0$ und $x = 6$.
Regel: Wenn man eine Gleichung in der Form $A \cdot B = 0$ schreiben kann, so erhält man die Lösungen, indem man die Gleichungen $A = 0$ und $B = 0$ löst. Dieses Verfahren funktioniert, weil $A \cdot B = 0$ gilt, wenn $A = 0$ oder $B = 0$ oder gleichzeitig $A = 0$ und $B = 0$ erfüllt ist.

19 a) Bei jeweils x telefonierten Minuten können für die beiden Tarife folgende Terme aufgestellt werden, die jeweils die Kosten (in €) beschreiben:
Tarif 1: „Günstiko"
$0{,}29x$
Tarif 2: „Telefun"
$9{,}95 + 0{,}09x$
Bei einer geringen Anzahl an telefonierten Minuten ist Tarif 1 trotz des höheren Minutenpreises günstiger, da er keine Grundgebühr beinhaltet. Um die Anzahl der Minuten zu bestimmen, ab denen Tarif 2 günstiger wird, kann man folgende Ungleichung lösen:
$9{,}95 + 0{,}09x < 0{,}29x$ | $-0{,}09x$
$\Leftrightarrow 9{,}95 < 0{,}2x$ | $:0{,}2$
$\Leftrightarrow 49{,}75 < x$
Ab 50 telefonierten Minuten ist Tarif 2 günstiger.
b) In Teilaufgabe a) wurde gezeigt, dass bis 49 telefonierten Minuten Tarif 1 günstiger ist. Bei 49 telefonierten Minuten muss man bei diesem Tarif $49 \cdot 0{,}29\,€ = 14{,}21\,€$ bezahlen. Dies ist weniger als bei der Flatrate. Wenn man mehr als 49 Minuten telefoniert, ist Tarif 2 günstiger als Tarif 1. Daher vergleicht man die Flatrate mit Tarif 2:
$20 < 9{,}95 + 0{,}09x$ | $-9{,}95$
$\Leftrightarrow 10{,}05 < 0{,}09x$ | $:0{,}09$
$\Leftrightarrow 111{,}6 < x$
Ab 112 telefonierten Minuten ist die Flatrate am günstigsten.
c) Beim linken Graphen beschreibt x die verbrauchten Einheiten (Gesprächsminuten bzw. SMS) insgesamt und y die Gesamtkosten. Beim rechten Graphen sind die Kosten getrennt voneinander dargestellt. x beschreibt hier im Vergleich nur die verbrauchten Einheiten (Gesprächsminuten bzw. SMS) bei den einzelnen Teiltarifen.
Die Kosten berechnen sich durch
$122 \cdot 0{,}25 + 176 \cdot 0{,}19 + 58 \cdot 0{,}09$ (Gesprächszeit) und $40 \cdot 0{,}09$ (SMS). Dies macht zusammen 72,76 €.
Hinzu kommt der monatliche Grundpreis von 9,95 €.
Sebastian müsste also 82,71 € bezahlen.
d) Wenn bei allen Teiltarifen gleich viele Minuten verbraucht wurden, kann man mit dem Term $0{,}25x + 0{,}19x + 0{,}09x + 0{,}09s$ die variablen Kosten berechnen, wobei x die Anzahl der jeweils telefonierten Minuten und s die Anzahl der SMS beschreibt.
Der Term $0{,}53x + 0{,}09s$ ergibt sich aus dem obigen Term durch Vereinfachen (Zusammenfassen). Demnach hat Sebastian recht.

Exkursion: Zahlenzauberei

Seite 38

Kartenzauber

1 a) $(z+1) \cdot 100 + z \cdot 10 + (z-1) \cdot 1 - [(z-1) \cdot 100 + z \cdot 10 + (z+1) \cdot 1]$
$= 100z + 100 + 10z + z - 1 - [100z - 100 + 10z + z + 1]$
$= 100z + 100 + 10z + z - 1 - 100z + 100 - 10z - z - 1$
$= 200 - 2 = 198$

b) Für zwei aufeinanderfolgende Ziffern sei z die kleinste Ziffer.
größtmögliche Zahl: $(z + 1) \cdot 10 + z \cdot 1$
kleinstmögliche Zahl: $z \cdot 10 + (z + 1) \cdot 1$
also: $(z + 1) \cdot 10 + z - [z \cdot 10 + (z + 1) \cdot 1]$
$= 10z + 10 + z - 10z - z - 1$
$= 10 - 1 = 9$
Das Ergebnis ist immer 9.
Für vier aufeinanderfolgende Ziffern sei z die kleinste Ziffer.
größtmögliche Zahl:
$(z + 3) \cdot 1000 + (z + 2) \cdot 100 + (z + 1) \cdot 10 + z \cdot 1$
kleinstmögliche Zahl:
$(z \cdot 1000 + (z + 1) \cdot 100 + (z + 2) \cdot 10 + (z + 3) \cdot 1$
also:
$(z + 3) \cdot 1000 + (z + 2) \cdot 100 + (z + 1) \cdot 10 + z \cdot 1$
$-[z \cdot 1000 + (z + 1) \cdot 100 + (z + 2) \cdot 10 + (z + 3) \cdot 1]$
$= 1000z + 3000 + 100z + 200 + 10z + 10 + z$
$-[1000z + 100z + 100 + 10z + 20 + z + 3]$
$= 1000z + 3000 + 100z + 200 + 10z + 10 + z$
$-1000z - 100z - 100 - 10z - 20 - z - 3$
$= 3000 + 200 + 10 - 100 - 20 - 3$
$= 3087$
Hier erhält man immer das Ergebnis 3087.

Erbsenzauber

2 **a)** Sei r die Anzahl der Erbsen unter dem roten Becher. Dann ist die Anzahl der Erbsen unter dem blauen Becher $13 - r$.
Der Magier Klaus leitet folgenden Term an:
$6r + 5(13 - r)$. Durch Vereinfachen erhält man $6r + 65 - 5r = r + 65$.
Mit dem ihm genannten Ergebnis kann Klaus rückwärts rechnen.
Dann ist $r + 65 = 67 \quad |-65$
$\Leftrightarrow \quad r = 2$
Also sind 2 Erbsen unter dem roten Becher und 11 $(13 - 2 = 11)$ Erbsen unter dem blauen Becher.
Ebenso verfährt Klaus auch mit anderen Ergebnissen.
Bei einem Ergebnis von z. B. 75 wäre $r + 65 = 75$, also $r = 10$ und $13 - 10 = 3$.
b) individuelle Lösung, zum Beispiel:
„Ich habe 9 Münzen. Verteile sie in deinen Händen. Multipliziere die Anzahl der Münzen in deiner linken Hand mit 5 und die in der rechten Hand mit 4. Addiere beide Ergebnisse und nenne mir das Ergebnis." – „37."
Lösung:
Sei l die Anzahl der Münzen in der linken Hand:
$5l + 4(9 - l) = 5l + 36 - 4l = l + 36$
Mit $l + 36 = 37$ folgt $l = 1$.
Es sind 1 Münze in der linken und 8 Münzen in der rechten Hand.

Seite 39

Zahlenzauber

3 **a)** individuelle Lösung, zum Beispiel:

Zahl	Endergebnis
2	8
4	16
5	20
7	28
10	40

b) Sei z die gedachte Zahl.
$(z + 5) \cdot 4 - 20 = 4z + 20 - 20 = 4z$
Das Ergebnis muss man einfach durch 4 dividieren.
c) individuelle Lösung, zum Beispiel:
„Denke dir eine Zahl, addiere dann 7 und multipliziere das Ergebnis mit 5. Subtrahiere nun 29 und füge die gedachte Zahl hinzu. Dividiere nun durch 6."
Lösung:
$[(z + 7) \cdot 5 - 29 + z] : 6$
$= [5z + 35 - 29 + z] : 6 = [6z + 6] : 6 = z + 1$
Vom Ergebnis muss man nur 1 subtrahieren, um die gedachte Zahl zu erhalten.

4 **a)** Sei z die gedachte Zahl.
Wenn man die Vorschrift übersetzt, ergibt sich folgender Term:
$[(z + 4) \cdot 2 + 5] \cdot 4 - 8z = [2z + 8 + 5] \cdot 4 - 8z$
$= 8z + 52 - 8z = 52$
Da das Ergebnis unabhängig von der ursprünglich gedachten Zahl 52 ist, stimmt es mit der Zahl auf dem Zettel überein.
Text: „Der Term $[(z + 4) \cdot 2 + 5] \cdot 4 - 8z = 52$ erklärt alles."
b) individuelle Lösung, zum Beispiel:
$[(z - 3) \cdot 3 + 14] \cdot 2 - 6z = 10$
„Denke dir eine Zahl und subtrahiere 3. Multipliziere das Ergebnis mit 3 und addiere 14. Multipliziere nun mit 2 und subtrahiere das Sechsfache der gedachten Zahl. Das Ergebnis steht schon auf dem Zettel."
c) Man sollte diesen Trick mit jeder Rechenvorschrift nur einmal durchführen, weil das Ergebnis ansonsten immer dasselbe wäre, was sehr auffällig wäre.

Streichholzzauber

5 **a)** Nach der 2. Anweisung liegen
- im linken Stapel 2 Hölzer,
- im mittleren Stapel 9 Hölzer und
- im rechten Stapel 4 Hölzer.

Damit nach der 3. Anweisung im mittleren Stapel 6 Hölzer liegen, müssen noch 3 Hölzer aus dem mittleren Stapel beispielsweise auf den rechten Stapel verschoben werden. Es fällt bei verschiedenen Anfangssituationen auf, dass nach der 2. Anweisung im mittleren Stapel immer 9 Hölzer liegen.

b)

	linker Stapel	mittlerer Stapel	rechter Stapel
Anfangssituation	x	x	x
nach der 1. Anweisung	x − 3	z + 6	z − 3
nach der 2. Anweisung	x − 3	x + 6 − (x − 3) = 9	x − 3 + (x − 3) = 2x − 6

Da die Anzahl der Hölzer nach der 2. Anweisung im mittleren Stapel immer 9 ist, kann Kristine die dritte, vierte oder fünfte Anweisung so wählen, dass am Ende im mittleren Stapel so viele Hölzer liegen, wie von der Person genannt wurde.

II Mehrstufige Zufallsexperimente

Lösungshinweise zu den Erkundungen

Seite 44

Würfelentscheidungen

- individuelle Schätzungen
  Prüfung 1: Die Wahrscheinlichkeit, dass nach einer geraden Zahl eine ungerade gewürfelt wird, beträgt $\frac{1}{2}$, die Wahrscheinlichkeit, nach einer ungeraden Zahl eine gerade Zahl zu würfeln, ebenso.
  Erfolgswahrscheinlichkeit für Prüfung 1:
  $1 \cdot \frac{1}{2} \cdot \frac{1}{2} \cdot \frac{1}{2} = \frac{1}{8} = 12{,}5\,\%$
  Prüfung 2: Die Einzelwahrscheinlichkeiten betragen:
  beim 1. Würfeln keine 1: $\frac{5}{6}$;
  beim 2. Würfeln keine 2: $\frac{5}{6}$;
  beim 3. Würfeln keine 3: $\frac{5}{6}$;
  beim 4. Würfeln keine 4: $\frac{5}{6}$;
  Erfolgswahrscheinlichkeit für Prüfung 2:
  $\frac{5}{6} \cdot \frac{5}{6} \cdot \frac{5}{6} \cdot \frac{5}{6} = \frac{625}{1296} \approx 48{,}22\,\%$
  Prüfung 3: Es gibt nur wenige Möglichkeiten, eine aufsteigende Folge von Ergebnissen zu erhalten.
  Die Ergebnisse, die infrage kommen, sind:
  (1, 2, 3, 4); (1, 2, 3, 5); (1, 2, 3, 6); (1, 3, 4, 5); (1, 3, 4, 6); (1, 3, 5, 6); (1, 4, 5, 6); (2, 3, 4, 5); (2, 3, 4, 6); (2, 3, 5, 6); (2, 4, 5, 6); (3, 4, 5, 6).
  Das sind 12 Ergebnisse von insgesamt $6^4 = 1296$.
  Erfolgswahrscheinlichkeit für Prüfung 3:
  $\frac{12}{6^4} = \frac{12}{1296} \approx 0{,}93\,\%$
  Prüfung 4: Die Wahrscheinlichkeit für 4 voneinander verschiedene Ergebnisse beträgt:
  $1 \cdot \frac{5}{6} \cdot \frac{4}{6} \cdot \frac{3}{6} = \frac{60}{216} = \frac{5}{18} \approx 27{,}8\,\%$
  Am schwierigsten ist demnach Prüfung 3, am leichtesten Prüfung 2.
- individuelle Schätzungen
  Die Wahrscheinlichkeit, alle Prüfungen zu bestehen, ist kleiner als die Wahrscheinlichkeit, die schwierigste Prüfung zu bestehen. Um die genaue Wahrscheinlichkeit zu bestimmen, sortiert man alle Erfolgsergebnisse aus Prüfung 3 aus, die die Anforderungen der anderen Prüfungen nicht erfüllen. (Prüfung 4 muss dabei nicht berücksichtigt werden, da sie von Prüfung 3 komplett „abgedeckt“ wird.)
  Alle Ergebnisse, die mit 1 anfangen, werden aussortiert, damit Prüfung 2 erfüllt wird. Übrig bleiben:
  (2, 3, 4, 5); (2, 3, 4, 6); (2, 3, 5, 6); (2, 4, 5, 6); (3, 4, 5, 6).
  Die Ergebnisse (2, 3, 4, 6); (2, 3, 5, 6) und (2, 4, 5, 6) werden nun aussortiert, da sie die Anforderungen von Prüfung 1 nicht erfüllen.
  Daraus ergeben sich folgende Erfolgsergebnisse, um alle Prüfungen zu bestehen: (2, 3, 4, 5); (3, 4, 5, 6)
  Erfolgswahrscheinlichkeit für alle Prüfungen:
  $\frac{2}{6^4} = \frac{2}{1296} \approx 0{,}15\,\%$
  Wahrscheinlichkeit, keine der Prüfungen zu bestehen:
  P(keine Prüfung bestehen)
  = 1 − P(eine der Prüfungen wird bestanden)
  Eine der Prüfungen wird bestanden, wenn:
  (alle Zahlen verschieden sind) oder (die Zahlen abwechselnd gerade und ungerade sind) oder (beim 1. Wurf keine 1, beim 2. Wurf keine 2, … erscheint).
  Diese Wahrscheinlichkeit ist viel größer als die Wahrscheinlichkeit, die einfachste Prüfung, also Prüfung 2, zu bestehen und kleiner als die Summe der Einzelwahrscheinlichkeiten, da manche Ergebnisse gleichzeitig die Erfordernisse mehrerer Prüfungen erfüllen.
  Also ist:
  88,5 % > P(eine der Prüfungen wird bestanden)
  > 48,2 %
  Damit kann man die Wahrscheinlichkeit, keine der Prüfungen zu bestehen, wie folgt eingrenzen:
  1 − 88,5 % < P(keine Prüfung bestehen)
  < 1 − 48,2 % bzw.
  11,5 % < P(keine Prüfung bestehen) < 51,8 %.

Hol OTTO aus dem Beutel!

- individuelle Lösung
- individuelle Lösung
- individuelle Lösung
- Am Anfang sind genauso viele „O“s wie „T“s im Beutel vorhanden. Also würde man bei 600 Experimenten jeweils ca. 300-mal ein „O“ ziehen. Nachdem das erste „O“ entnommen wurde, befinden sich im Beutel nun nur noch ein „O“, aber zwei „T“s. Von den ca. 300 Experimenten, bei denen beim ersten Mal ein „O“ gezogen wurde, wird also in zwei Drittel der Fälle als nächstes ein „T“ gezogen (also in ca. 200 Experimenten). Da sich nun nur noch ein „O“ und ein „T“ im Beutel befinden, beträgt die Wahrscheinlichkeit für ein weiteres „T“ 50 %. In ca. 100 Fällen wird also in den ersten drei Zügen „O“-„T“-„T“ gezogen. Wer so weit gekommen ist, hat automatisch gewonnen, denn nun befindet sich nur noch ein „O“ im Beutel.

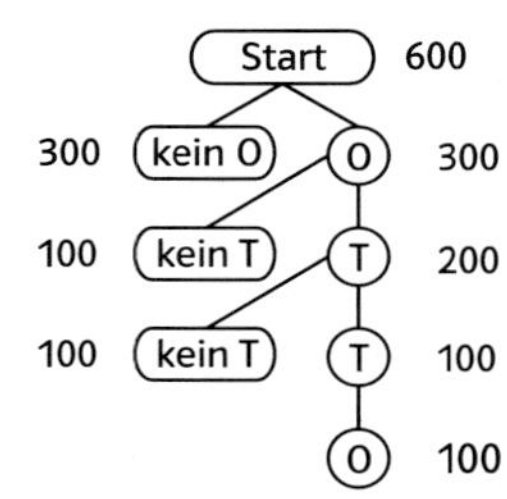

- Bei 600 Spielen müsste man ca. 100 € an Gewinnen auszahlen; daher müsste ein Spiel $\frac{1}{6}$ €, also mindestens 17 ct kosten.

Seite 45

Schlechte Noten
Forschungsauftrag 1:

Note	1	2	3
Würfel	$\frac{1}{6} \approx 16{,}7\,\%$	$\frac{1}{6} \approx 16{,}7\,\%$	$\frac{1}{6} \approx 16{,}7\,\%$
5 Münzen	$\frac{1}{32} = 3{,}125\,\%$	$\frac{5}{32} = 15{,}625\,\%$	$\frac{10}{32} = 31{,}25\,\%$

Note	4	5	6
Würfel	$\frac{1}{6} \approx 16{,}7\,\%$	$\frac{1}{6} \approx 16{,}7\,\%$	$\frac{1}{6} \approx 16{,}7\,\%$
5 Münzen	$\frac{10}{32} = 31{,}25\,\%$	$\frac{5}{32} = 15{,}625\,\%$	$\frac{1}{32} = 3{,}125\,\%$

Forschungsauftrag 2:
individuelle Lösung (Es ist zu erwarten, dass die relativen Häufigkeiten in etwa den Ergebnissen aus Forschungsauftrag 1 entsprechen.)

Forschungsauftrag 3:
individuelle Lösung
Beim Würfeln der Klassenarbeitsnoten ist die Wahrscheinlichkeit, dass die Note 5 oder 6 beträgt,
$\frac{2}{6} = \frac{1}{3} \approx 33{,}33\,\%$.
Wenn man fünf Münzen wirft (32 Ergebnismuster, z.B. ZZWZW, also 2 Wappen und somit Note 3) führen sechs Muster auf die Note 5 oder 6, nämlich fünf Muster (WWWWZ … ZWWWW) zur Note 5 und ein Muster (WWWWW) zur Note 6. Damit sinkt die Wahrscheinlichkeit auf $\frac{6}{32} = 18{,}75\,\%$.
Hinweis: Dennoch führt die Notengebung mit fünf Münzen nicht zu einem besseren Durchschnitt der Noten. Es werden zwar weniger schlechte Noten vergeben, dafür aber auch weniger gute. Die Notengebung mit fünf Münzen führt zu einer häufigeren Vergabe der „mittleren" Noten 3 und 4, der Klassendurchschnitt liegt (wie beim Würfeln auch) im Schnitt bei der Note 3,5.

1 Mehrstufige Zufallsexperimente – Pfadregel

Seite 46

Einstiegsaufgabe
Herr Peetz täuscht sich. Die insgesamt vier möglichen Ergebnisse (rot, rot), (rot, grün), (grün, rot) und (grün, grün) sind alle gleich wahrscheinlich. Er hat also mit einer Wahrscheinlichkeit von 50 % an genau einer Ampel grün und mit einer Wahrscheinlichkeit von 75 % an mindestens einer Ampel grün.

Seite 47

1

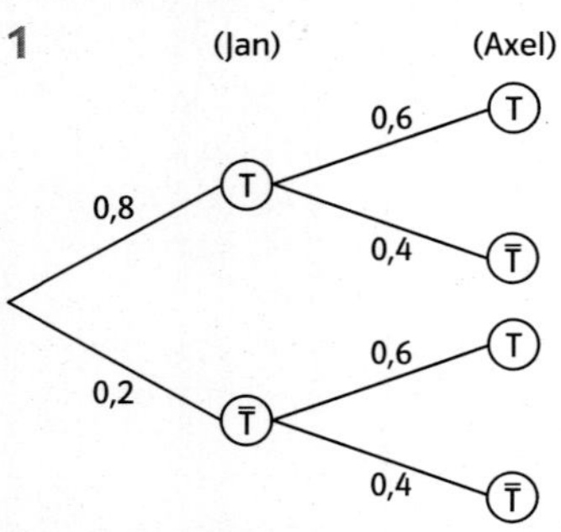

P(kein Treffer) = 0,2 · 0,4 = 0,08 = 8 %
P(ein Treffer) = 0,8 · 0,4 + 0,2 · 0,6 = 0,44 = 44 %
P(zwei Treffer) = 0,8 · 0,6 = 0,48 = 48 %

2 a) $\frac{1}{4} = 25\,\%$ b) $\frac{1}{4} \cdot \frac{1}{4} = \frac{1}{16} \approx 6{,}3\,\%$
c) P(mindestens einmal auf rot)
= 1 – P(nie rot)
$= 1 - \frac{3}{4} \cdot \frac{3}{4} = 1 - \frac{9}{10} = \frac{7}{16} = 43{,}75\,\%$

3 a) $\frac{5}{6} \cdot \frac{5}{6} = \frac{25}{36} \approx 69{,}4\,\%$ b) $\frac{2}{3} \cdot \frac{2}{3} = \frac{4}{9} \approx 44{,}4\,\%$
c) $\frac{1}{6} \cdot \frac{1}{6} = \frac{1}{36} \approx 2{,}8\,\%$ (Mindestens zwei Einsen bedeutet bei zwei Würfen genau zwei Einsen.)

4 Gewinnwahrscheinlichkeit bei Klasse 8 a:
$\frac{1}{4} = 0{,}25 = 25\,\%$
Gewinnwahrscheinlichkeit bei Klasse 8 b:
$\frac{1}{2} \cdot \frac{1}{2} = \frac{1}{4} = 0{,}25 = 25\,\%$
Es ist also egal, bei welcher Klasse man spielt.

Seite 48

5 a) $\frac{3}{5} \cdot \frac{2}{5} = \frac{6}{25} = 24\,\%$ b) $\frac{3}{5} \cdot \frac{2}{4} = \frac{3}{10} = 30\,\%$

6 a) $\frac{1}{12} \cdot \frac{1}{12} = \frac{1}{144} \approx 0{,}7\,\%$ b) $\frac{11}{12} \cdot \frac{11}{12} = \frac{121}{144} \approx 84\,\%$
c) $\frac{6}{12} \cdot \frac{6}{12} = \frac{36}{144} = 25\,\%$ d) $1 - \frac{7}{12} \cdot \frac{7}{12} = \frac{95}{144} \approx 66\,\%$

7

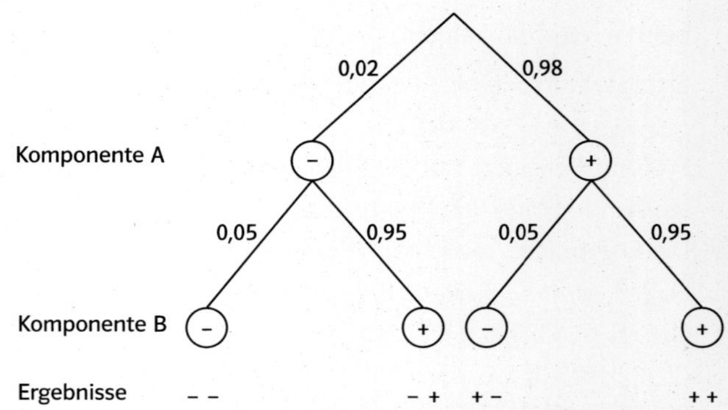

Das Bauteil funktioniert, wenn beide Komponenten funktionieren (Kugel mit + im Baumdiagramm). Daher ist die Funktionswahrscheinlichkeit des Bauteils gleich dem Produkt der Funktionswahrscheinlichkeiten seiner Komponenten, also 0,98 · 0,95 = 0,931 = 93,1 %.

9 a) individuelle Lösung
b) Berechnung der Wahrscheinlichkeiten

	mit Zurücklegen	ohne Zurücklegen
0 rote	$\left(\frac{1}{2}\right)^2 = 25\,\%$	$\frac{1}{2} \cdot \frac{1}{3} = \frac{1}{6} \approx 16{,}7\,\%$
1 rote	$2 \cdot \left(\frac{1}{2}\right)^2 = 50\,\%$	$2 \cdot \frac{1}{2} \cdot \frac{2}{3} = \frac{2}{3} \approx 66{,}7\,\%$
2 rote	$\left(\frac{1}{2}\right)^2 = 25\,\%$	$\frac{1}{2} \cdot \frac{1}{3} = \frac{1}{6} \approx 16{,}7\,\%$

10 a) $3 \cdot 0{,}9 \cdot 0{,}1^2 = 2{,}7\,\%$ b) $3 \cdot 0{,}9^2 \cdot 0{,}1 = 24{,}3\,\%$
c) $1 - 0{,}9^3 = 27{,}1\,\%$ d) $0{,}1^3 = 0{,}1\,\%$

11 Die Wahrscheinlichkeit, dass Jean das Spiel gewinnt, liegt bei $\frac{1}{4} + 2 \cdot \frac{1}{8} + 3 \cdot \frac{1}{16} = \frac{11}{16} = 68{,}75\,\%$.

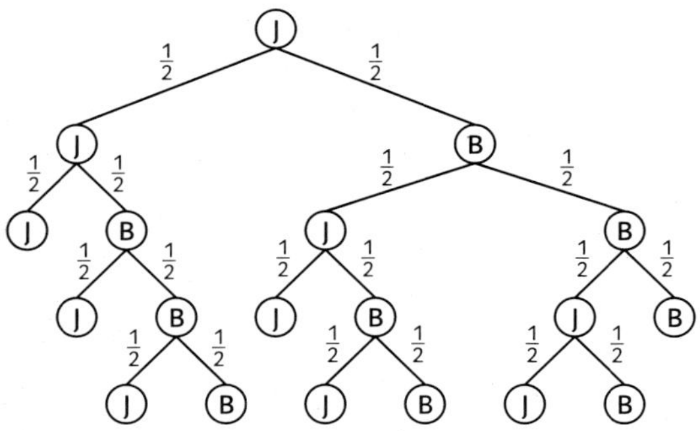

2 Der richtige Blick aufs Baumdiagramm

Seite 49

Einstiegsaufgabe
Tina sollte ein stark vereinfachtes Baumdiagramm zeichnen. „Mindestens eine Sechs erzielen" ist das Gegenereignis von „keine Sechs erzielen". Um die Wahrscheinlichkeit von „mindestens eine Sechs erzielen" zu berechnen, reicht es also, ein Baumdiagramm für die Ergebnisse „Sechs" und „keine Sechs" zu erstellen.

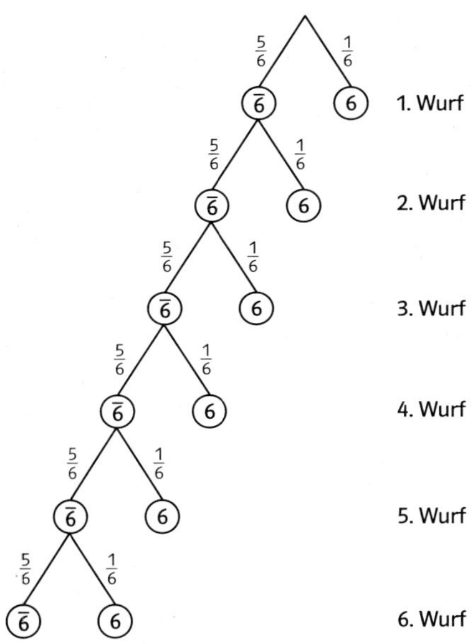

P(mindestens eine 6) = 1 − P(keine 6)
$= 1 - \left(\frac{5}{6}\right)^6 \approx 66{,}5\,\%$

Seite 50

1 a) (1) $\frac{1}{2} \cdot \frac{1}{4} = \frac{1}{8} = 12{,}5\,\%$
(2) $\frac{1}{3} \cdot \frac{1}{2} = \frac{1}{6} \approx 16{,}7\,\%$
(3) $\frac{1}{8} \cdot \frac{1}{8} = \frac{1}{64} \approx 1{,}6\,\%$
(4) $\frac{1}{3} \cdot \frac{1}{3} = \frac{1}{9} \approx 11{,}1\,\%$
b) P(einmal blau, einmal rot)
= P(blau, rot) + P(rot, blau) = 2 · P(blau, rot)
= 2 · P(rot, blau)
(1) $2 \cdot \frac{1}{2} \cdot \frac{1}{4} = \frac{1}{4} = 25\,\%$
(2) $2 \cdot \frac{3}{8} \cdot \frac{1}{2} = \frac{3}{8} = 37{,}5\,\%$
(3) $2 \cdot \frac{1}{8} \cdot \frac{1}{8} = \frac{1}{32} = 3{,}125\,\%$
(4) $2 \cdot \frac{1}{3} \cdot \frac{1}{3} = \frac{2}{9} \approx 22{,}2\,\%$
c) P(zweimal dieselbe Farbe)
= P (zweimal blau) + P(zweimal rot) + P(zweimal gelb)
(1) $\frac{1}{2} \cdot \frac{1}{2} + \frac{1}{4} \cdot \frac{1}{4} + \frac{1}{4} \cdot \frac{1}{4} = \frac{3}{8} = 37{,}5\,\%$
(2) $\frac{1}{2} \cdot \frac{1}{2} + \frac{3}{8} \cdot \frac{3}{8} + \frac{1}{8} \cdot \frac{1}{8} = \frac{13}{32} \approx 40{,}6\,\%$
(3) $2 \cdot \frac{1}{8} \cdot \frac{1}{8} + \frac{3}{4} \cdot \frac{3}{4} = \frac{19}{32} \approx 59{,}4\,\%$
(4) $3 \cdot \frac{1}{3} \cdot \frac{1}{3} = \frac{1}{3} \approx 33{,}3\,\%$

2 Die gesuchten Ergebnisse sind: (2, 1), (3, 2), (3, 1), (4, 3), (4, 2), (4, 1), (5, 4), (5, 3), (5, 2), (5, 1), (6, 5), (6, 4), (6, 3), (6, 2) und (6, 1), wobei die vordere Zahl immer die Augenzahl des gelben Würfels ist. Damit gilt:
P(Augenzahl gelb > Augenzahl blau) $= \frac{15}{36} = \frac{5}{12} \approx 41{,}7\,\%$.

3 a) Das Zufallsexperiment ist zweistufig. In der ersten Stufe wird die Schale gewählt (mit einer Wahrscheinlichkeit von jeweils $\frac{1}{2}$) und anschließend ein Ball gezogen.
P(blau) $= \frac{1}{2} \cdot \frac{4}{9} + \frac{1}{2} \cdot \frac{2}{9} = \frac{1}{3} \approx 33{,}3\,\%$
b) Es wird einmal aus allen Bällen gewählt.
P(blau) $= \frac{6}{18} = \frac{1}{3} \approx 33{,}3\,\%$
Die Wahrscheinlichkeit ändert sich nicht.

4 a) Für jeden der drei Würfe gibt es sechs mögliche Ergebnisse, also insgesamt 6 · 6 · 6 = 216 Ergebnisse. Die Ergebnisse (1, 1, 3); (1, 3, 1); (3, 1, 1); (1, 2, 2); (2, 1, 2) und (2, 2, 1) bilden das gesuchte Ergebnis. Somit beträgt die gesuchte Wahrscheinlichkeit:
$\frac{6}{216} = \frac{1}{36} \approx 2{,}78\,\%$.
b) P(„Summe der Augenzahlen > 6")
= 1 − P(„Summe der Augenzahlen ≦ 6")
Das Ergebnis „Summe der Augenzahlen ≦ 6" besteht aus allen Ergebnissen, bei denen die Augensumme 3, 4, 5 oder 6 beträgt, genauer:
„Augensumme = 3": (1, 1, 1);
„Augensumme = 4": (1, 1, 2); (1, 2, 1); (2, 1, 1);
„Augensumme = 5": (1, 1, 3); (1, 3, 1); (1, 1, 3); (1, 2, 2); (2, 1, 2); (2, 2, 1);
„Augensumme = 6": (1, 1, 4); (1, 4, 1); (4, 1, 1); (1, 2, 3); (1, 3, 2); (2, 1, 3); (2, 3, 1); (3, 1, 2); (3, 2, 1); (2, 2, 2).
Die gesuchte Wahrscheinlichkeit beträgt somit:
P(„Summe der Augenzahlen > 6") $= 1 - \frac{20}{216} = \frac{49}{54} \approx 85{,}19\,\%$.
c) P(„Summe der Augenzahlen < 5")
= P(„Augensumme = 3") + P(„Augensumme = 4")
$= \frac{4}{216} = \frac{1}{54} \approx 1{,}85\,\%$

5 a) $\frac{3}{9} \cdot \frac{2}{9} \cdot \frac{4}{9} = \frac{8}{243} \approx 3{,}3\,\%$ b) $\frac{3}{9} \cdot \frac{2}{8} \cdot \frac{4}{7} = \frac{1}{21} \approx 4{,}8\,\%$

Seite 51

6 a) $0{,}3^3 = 0{,}027 = 2{,}7\,\%$
b) $0{,}7^3 = 0{,}343 = 34{,}3\,\%$
c) $3 \cdot 0{,}3 \cdot 0{,}7^2 = 0{,}441 = 44{,}1\,\%$
d) $1 - 0{,}7^3 = 0{,}657 = 65{,}7\,\%$

7 a) $\frac{1}{2} \cdot \frac{1}{2} \cdot \frac{1}{2} \cdot \frac{1}{2} = \frac{1}{16} = 6{,}25\,\%$

b) $6 \cdot \frac{1}{2} \cdot \frac{1}{2} \cdot \frac{1}{2} \cdot \frac{1}{2} = \frac{3}{16} = 18{,}75\,\%$

c) $1 - \frac{1}{16} = \frac{15}{16} = 93{,}75\,\%$

d) Gegenereignis: „kein Wappen"

P(mindestens einmal Wappen)

$= 1 - \frac{1}{2} \cdot \frac{1}{2} \cdot \frac{1}{2} \cdot \frac{1}{2} = \frac{15}{16} = 93{,}75\,\%$

e) P(höchstens zweimal Zahl)

= P(keinmal Zahl) + P(einmal Zahl) + P(zweimal Zahl)

$= \frac{1}{2} \cdot \frac{1}{2} \cdot \frac{1}{2} \cdot \frac{1}{2} + 4 \cdot \frac{1}{2} \cdot \frac{1}{2} \cdot \frac{1}{2} \cdot \frac{1}{2} + 6 \cdot \frac{1}{2} \cdot \frac{1}{2} \cdot \frac{1}{2} \cdot \frac{1}{2} = 11 \cdot \frac{1}{16}$

$= 68{,}75\,\%$

(oder über das Gegenergebnis:

= 1 – [P(einmal Wappen) + P(keinmal Wappen)])

f) $\frac{1}{2} \cdot \frac{1}{2} \cdot \frac{1}{2} \cdot \frac{1}{2} = \frac{1}{16} = 6{,}25\,\%$

8 a) $3 \cdot \frac{2}{12} \cdot \frac{1}{11} \cdot \frac{6}{10} = \frac{3}{110} \approx 2{,}7\%$

b) $\frac{6}{12} \cdot \frac{5}{11} \cdot \frac{4}{10} = \frac{1}{11} \approx 9{,}09\,\%$

c) $\frac{6}{12} \cdot \frac{5}{11} \cdot \frac{4}{10} = \frac{1}{11} \approx 9{,}09\,\%$

d) $6 \cdot \frac{4}{12} \cdot \frac{6}{11} \cdot \frac{2}{10} = \frac{12}{55} \approx 21{,}8\,\%$

11 a) $\frac{8}{32} \cdot \frac{7}{31} = \frac{7}{124} \approx 5{,}6\,\%$

b) $2 \cdot \frac{8}{32} \cdot \frac{8}{31} = \frac{4}{31} \approx 12{,}9\,\%$

c) $2 \cdot \frac{4}{32} \cdot \frac{4}{31} = \frac{1}{31} \approx 3{,}2\,\%$

d) 0

e) $\frac{12}{32} \cdot \frac{11}{31} = \frac{23}{248} \approx 13{,}3\,\%$

f) $2 \cdot \frac{16}{32} \cdot \frac{15}{31} = \frac{15}{31} \approx 48{,}4\,\%$

12 $\frac{4}{9} \cdot \frac{3}{8} \cdot \frac{2}{7} = \frac{1}{21} \approx 4{,}8\,\%$

13 a) Dies spielt keine Rolle, denn die Wahrscheinlichkeit, die schwarze Kugel zu ziehen, beträgt jeweils $\frac{1}{4}$:

$\frac{1}{4} = \frac{3}{4} \cdot \frac{1}{3} = \frac{3}{4} \cdot \frac{2}{3} \cdot \frac{1}{2} = \frac{3}{4} \cdot \frac{2}{3} \cdot \frac{1}{2} \cdot 1.$

b) $\left(\frac{3}{4}\right)^7 = \frac{2187}{16\,384} \approx 13{,}3\,\%$

Seite 52

14 a) P(höchstens ein Fehlschuss)

= P(kein Fehlschuss) + P(ein Fehlschuss)

$= 0{,}9^{20} + 20 \cdot 0{,}9^{19} \cdot 0{,}1$

$\approx 39{,}2\,\%$

b) P(genau eine Strafminute)

= P(ein Fehlschuss)

$= 20 \cdot 0{,}9^{19} \cdot 0{,}1$

$\approx 27{,}0\,\%$

c) P(mindestens eine Strafminute)

= 1 – P(keine Strafminute)

= 1 – P(kein Fehlschuss)

$= 1 - 0{,}9^{20}$

$\approx 87{,}8\,\%$

15 $\left(\frac{1}{2}\right)^4 + \frac{1}{2} \cdot \frac{1}{2} \cdot \frac{1}{2} \cdot \frac{1}{4} + \frac{1}{2} \cdot \frac{1}{2} \cdot \frac{1}{4} \cdot \frac{1}{2} + \frac{1}{2} \cdot \frac{1}{4} \cdot \frac{1}{2} \cdot \frac{1}{2} + \frac{1}{4} \cdot \frac{1}{2} \cdot \frac{1}{2} \cdot \frac{1}{2}$

$= \frac{3}{16} = 0{,}1875 = 18{,}75\,\%$

16 a) $0{,}98^7 \approx 86{,}8\,\%$

b) Mit welcher Wahrscheinlichkeit ist mindestens ein Schwarzfahrer dabei?

c) Es gibt 7 Pfade, die zu „genau ein Schwarzfahrer" gehören, daher muss Niko rechnen:

$0{,}98^7 + 7 \cdot 0{,}98^6 \cdot 0{,}02 \approx 99{,}2\,\%.$

17 Wahrscheinlichkeiten für ein Spiel:

Ergebnis	HH	PP	RR	sonst
Wahrscheinlichkeit	$\frac{1}{36}$	$\frac{1}{9}$	$\frac{1}{4}$	$\frac{11}{18}$

(Die Wahrscheinlichkeit für „sonst" ergibt sich aus $1 - \frac{1}{36} - \frac{1}{9} - \frac{1}{4} = \frac{11}{18}$.)

a) Es müssen 3 € ausgezahlt werden, damit nach drei Spielen 2,70 € als Gewinn übrig bleiben. Dazu muss man dreimal HH erzielen. Also ergibt sich für die gesuchte Wahrscheinlichkeit: $\left(\frac{1}{36}\right)^3 \approx 0{,}002\,\%$.

b) Es muss 1 € ausgezahlt werden, damit nach drei Spielen 70 ct als Gewinn übrig bleiben. Dazu muss man einmal HH und zweimal „sonst" erzielen. Also ergibt sich für die gesuchte Wahrscheinlichkeit: $3 \cdot \frac{1}{36} \cdot \left(\frac{11}{18}\right)^2 \approx 3{,}1\,\%$.

c) Es müssen 40 ct ausgezahlt werden, damit nach drei Spielen 10 ct als Gewinn übrig bleiben. Dazu muss man einmal PP und zweimal RR erzielen oder zweimal PP und einmal „sonst". Also ergibt sich für die gesuchte Wahrscheinlichkeit: $3 \cdot \left(\frac{1}{9}\right) \cdot \left(\frac{1}{4}\right)^2 + 3 \cdot \left(\frac{1}{9}\right)^2 \cdot \frac{11}{18} \approx 4{,}3\,\%$.

d) Es müssen 30 ct ausgezahlt werden, damit nach drei Spielen kein Gewinn (und kein Verlust) übrig bleibt. Dazu muss man dreimal RR oder je einmal PP, RR und „sonst" erzielen. Also ergibt sich für die gesuchte Wahrscheinlichkeit: $\left(\frac{1}{4}\right)^3 + 6 \cdot \frac{1}{9} \cdot \frac{1}{4} \cdot \frac{11}{18} \approx 11{,}7\,\%$.

3 Zufallsexperimente simulieren

Seite 53

Einstiegsaufgabe

Jeder der sechs Figuren wird eine Zahl von 1 bis 6 zugeordnet. Ein Würfel wird so lange geworfen, bis alle Zahlen einmal erschienen sind (die Zufallszahlen 1 bis 6 können auch mithilfe eines GTR oder CAS erzeugt werden).

Die Anzahl der benötigten Würfe kann als Maß für die gesuchte Anzahl Tüten genommen werden.

Es ist sinnvoll, das Experiment ein paar Mal zu wiederholen.

Bei einer Serie von 20 Durchführungen ergibt sich z. B. ein Mittelwert von ca. 15,2. Das bedeutet, dass man im Mittel 15 bzw. 16 Tüten kaufen muss, wenn man alle Figuren haben möchte. (Man setzt dabei voraus, dass tatsächlich alle Figuren mit gleicher Häufigkeit in den Wundertüten vorkommen und dass die Anzahl der verkauften Tüten sehr groß ist.)

Seite 54

1 a) Der blaue Sektor hat einen Winkel von 180°, der gelbe Sektor 120° und der rote Sektor 60°. Damit ergeben sich für das Glücksrad die folgenden Wahrscheinlichkeiten.

für „blau“: $\frac{180}{360} = \frac{1}{2} = 50\,\%$

für „gelb“: $\frac{120}{360} = \frac{1}{3} \approx 33{,}3\,\%$

für „rot“: $\frac{60}{360} = \frac{1}{6} \approx 16{,}7\,\%$

Für „rot“ muss eine Augenzahl des Würfels stehen, für „gelb“ zwei Augenzahlen und für „blau“ drei Augenzahlen.
Eine mögliche Zuordnung wäre:
„blau“: 1, 2, 3; „gelb“: 4, 5; „rot“: 6
b) Bei 30 Drehungen des Glücksrades hätte man ungefähr 15-mal „blau“ und 5-mal „rot“ erhalten.

2 a) Man könnte zum Beispiel einen normalen Würfel benutzen und bei 5 und 6 einfach weiterwürfeln. (Vorsicht: Damit es funktioniert, müsste nicht nur das Ergebnis ignoriert, sondern auch der Wurf als solcher nicht gezählt werden; vgl Teilaufgabe c)).
b) Man schreibt 1, 2, 3 und 4 auf vier Zettel (oder wählt vier verschiedene Spielkarten), mischt und zieht dann.
c) individuelle Lösung

3 individuelle Lösung
Hinweis: Der theoretische Wert für die gesuchte Wahrscheinlichkeit ist $0{,}7 \cdot 0{,}7 = 0{,}49 = 49\,\%$.

Seite 55

4 individuelle Lösung
Die berechnete Wahrscheinlichkeit wäre:

$1 - \left(\left(\frac{2}{3}\right)^5 + 5 \cdot \left(\frac{2}{3}\right)^4 \cdot \frac{1}{3}\right) = \frac{131}{243} \approx 53{,}9\,\%$

5 individuelle Lösung, zum Beispiel:
Für die Simulation mit Spielkarten wählt man drei unterschiedliche Karten.
Für die Simulation mit einem Würfel können zum Beispiel gegenüberliegende Augenzahlen jeweils mit der gleichen Farbe markiert werden. Jede Farbe steht dann für einen Sticker, zum Beispiel: rot (Augenzahlen 1 und 6) für Sticker 1, blau (Augenzahlen 2 und 5) für Sticker 2 und gelb (Augenzahlen 3 und 4) für Sticker 3.
Eine Durchführung besteht darin, so lange Karten zu ziehen bzw. zu würfeln, bis man alle drei Karten bzw. alle drei Farben mindestens einmal erhalten hat.
Hinweis: Wie viele Packungen man im Mittel kaufen muss, bis man alle drei Sticker erhalten hat, kann man auch berechnen. Dabei geht man davon aus, dass die drei Sticker in einer großen Anzahl von Packungen gleich häufig vorkommen.
Wenn man noch keinen Sticker hat, muss man genau eine Packung kaufen, um ganz sicher einen Sticker zu erhalten, den man noch nicht hat. Um einen weiteren Sticker zu erhalten, den man noch nicht hat, muss man nun im Schnitt weitere $\frac{3}{2} = 1{,}5$ Packungen kaufen, da man mit einer Wahrscheinlichkeit von $\frac{2}{3}$ einen Sticker erhält, den man noch nicht hat (die halbe Packung gibt es nicht und dient nur zum Rechnen). Um den noch fehlenden dritten Sticker zu bekommen, muss man nun im Schnitt 3 weitere Packungen kaufen, weil man nach dem Erhalt des 2. Stickers mit einer Wahrscheinlichkeit von $\frac{1}{3}$ den letzten Sticker erhält. Im Mittel muss man also

$1 + \frac{3}{2} + 3 = 5{,}5$ Packungen kaufen, um alle drei Sticker zu erhalten. (Natürlich gibt es keine halbe Packungen, sodass man in Wirklichkeit im Mittel 5 bzw. 6 Packungen kaufen muss.) Um diesen Wert schwanken die Werte, die sich aus der Simulation ergeben.

6 individuelle Lösung, zum Beispiel:
a) Bei der Simulation mit einem Würfel könnten die Augenzahlen 1 und 2 ein Unentschieden bedeuten, 3 und 4 einen Sieg für Moritz und 5 und 6 einen Sieg für Britta. Man könnte auch mit drei unterschiedlich nummerierten Spielkarten simulieren (zum Beispiel: 0: Unentschieden, 1: Sieg für Moritz und 2: Sieg für Britta).
b) Man benötigt im Mittel zwischen 6 und 7 Spiele, bis ein Sieger feststeht. Dieses Ergebnis erhält man auch mithilfe der Datei, die unter dem im Schülerbuch angegebenen Code n55bt9 (bitte im Suchfeld auf www.klett.de eingeben) heruntergeladen werden kann.

8 a)

Note	1	2	3
Wahrscheinlichkeit	$\frac{1}{32} = 3{,}125\,\%$	$\frac{5}{32} = 15{,}625\,\%$	$\frac{10}{32} = 31{,}25\,\%$

Note	4	5	6
Wahrscheinlichkeit	$\frac{10}{32} = 31{,}25\,\%$	$\frac{5}{32} = 15{,}625\,\%$	$\frac{1}{32} = 3{,}125\,\%$

b) und c) individuelle Lösung
d) Die Simulation wird beispielhaft für den TI84 Plus gezeigt.
Mit dem Befehl `randInt(0,1)` wird zufällig eine der Zahlen 0 oder 1 erzeugt, mit dem Befehl `randInt(0,1,5)` wird fünfmal eine der beiden Zahlen 0 oder 1 zufällig erzeugt.

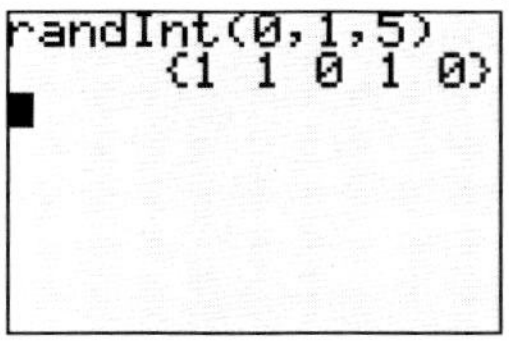

Wenn man zum Beispiel 0 für Zahl wählt und 1 für Wappen, so entspricht dies einem fünffachen Münzwurf. Im obigen Screenshot zeigen somit drei Münzen Wappen. Die Summe dieser fünf Zahlen ist gleich der Anzahl an Einsen, also an Wappen. Diese Anzahl erhält man durch `sum(randInt(0,1,5))`, die Note also durch `sum(randInt(0,1,5))+1`.

Im obigen Fall ergibt sich damit die Note 4:

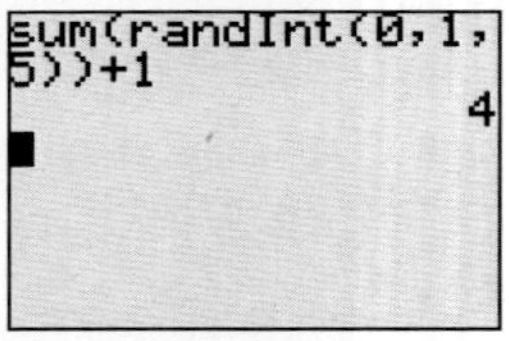

Mit den Befehlen `sum(randInt(0,1,5))+1=1`, `sum(randInt(0,1,5))+1=2`, `sum(randInt(0,1,5))+1=3`, `sum(randInt(0,1,5))+1=4`, `sum(randInt(0,1,5))+1=5` und `sum(randInt(0,1,5))+1=6` kann man prüfen, ob die Noten 1 bis 6 entstanden sind. So ist zum Beispiel das Ergebnis des Befehls `sum(randInt(0,1,5))+1=1` gleich 1, wenn die Note 1 entstanden ist und sonst 0:

Mit dem Befehl `seq(sum(randInt(0,1,5))+1=1,X,1,500)` erzeugt man eine Liste, in der 500-mal überprüft wird, ob die Note 1 entstanden ist.

Summiert man die Anzahlen der Versuche, bei denen man diese Note erhalten hat, und dividiert durch 500, so erhält man über diese relative Häufigkeit einen guten Schätzwert für die Wahrscheinlichkeit, mit der die Note 1 auftritt: `sum(seq(sum(randInt(0,1,5))+1=1,X,1,500))/500`. Mit den anderen fünf Noten verfährt man analog.

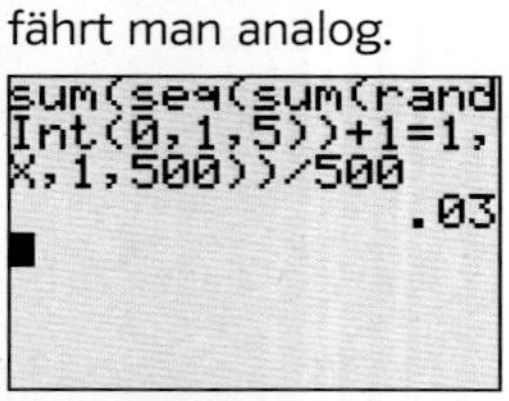

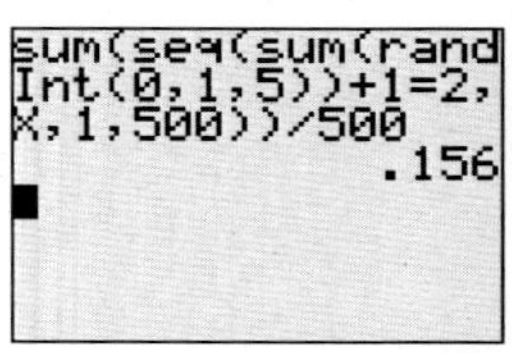

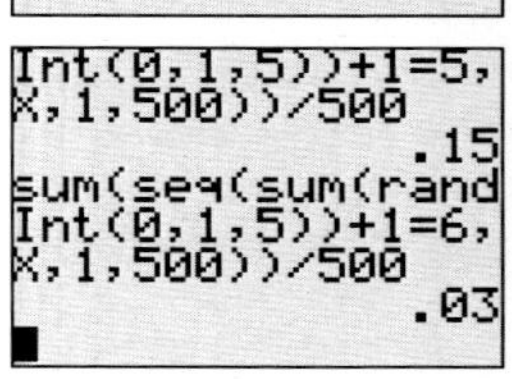

9 individuelle Lösung, zum Beispiel:
a) und b) Für die Simulation benötigt man ein Simulationsgerät, das mit einer Wahrscheinlichkeit von ca. 2,38 % „Gewinne" erzeugt. Dazu kann man sich beispielsweise in einer Tabellenkalkulation Zufallszahlen von 1 bis 10 000 generieren lassen, wobei die Zahlen von 1 bis 238 „Gewinn" bedeuten und die Zahlen von 239 bis 10 000 „kein Gewinn".
Da ein Zufallsexperiment 50 Spiele umfasst, benötigt man eine Zählfunktion, die auswertet, in wie vielen Spielen ein Gewinn erzielt wurde.
Die Datei, die man mithilfe des Codes 8cv44f (bitte im Suchfeld auf www.klett.de eingeben) herunterladen kann, zeigt eine mögliche Lösung.
In den Zellen B8 bis B57 der Lösungsdatei werden die 50 Zufallszahlen generiert (in Excel mit dem Befehl *=ZUFALLSBEREICH(1;10000))*. In den Zellen C8 bis C57 steht eine 1, falls die erzeugte Zufallszahl kleiner oder gleich 238 ist und sonst eine 0 (Befehl in Excel in Zelle B8: *=WENN(B8<=238;1;0)*). In der Zelle F7 wird schließlich die Anzahl der Gewinne mit der Summenfunktion gezählt (Befehl in Excel: *=SUMME(C8:C57)*). Durch Drücken der F9-Taste wird das Datenblatt aktualisiert und dadurch werden neue Zufallszahlen erzeugt. Beobachtet man etwa über eine Serie von 40-mal 50 Spielen, wie oft dabei gewonnen wurde (Ergebnis aus F7), erhält man beispielsweise folgendes Ergebnis:
1; **3**; **5**; 1; **2**; 0; 1; 0; 1; 0; **2**; **3**; 1; 1; 1; 0; 0; 0; 0; 0; **2**; 0; 0; 0; 1; **3**; **4**; 1; **2**; **2**; 0; 1; **2**; **4**; 0; 1; 1; 1; 1; 0,
wobei die fetten Ergebnisse genau die sind, bei denen von 50 Spielen mindestens zwei gewonnen wurden.
Es wurde also im Beispiel bei $\frac{12}{40} = 30\,\%$ der 50er-Serien mindestens 2-mal gewonnen. Dies entspricht auch in etwa dem rechnerischen Ergebnis:
P(mindestens zwei Gewinne)
= 1 − P(höchstens ein Gewinn)
= 1 − P(kein Gewinn) − P(ein Gewinn)
$= 1 - 0{,}9762^{50} - 50 \cdot 0{,}9762^{49} \cdot 0{,}0238 \approx 33{,}46\,\%$.
Im 2. Tabellenblatt sind 40 Serien zu je 50 Spielen dargestellt. In der Spalte BF wird ein Schätzwert für die gesuchte Wahrscheinlichkeit ausgerechnet.

Seite 56

10 a) individuelle Lösung
Über den Code ma87e9 (bitte im Suchfeld auf www.klett.de eingeben) kann eine Simulation mit einer Tabellenkalkulation heruntergeladen werden.
b) individuelle Lösung
In der unter Teilaufgabe a) angegebenen Datei sind auch 600 sowie 6000 Würfe simuliert. Man erkennt, dass sich bei steigender Anzahl an Würfen die relativen Häufigkeiten für die einzelnen Augenzahlen immer mehr der Wahrscheinlichkeit von $16{,}\overline{6}\,\%$ annähern, die man berechnen kann, da es sich um ein Laplace-Experiment handelt.
c) individuelle Lösung
Die in der Simulation erhaltenen relativen Häufigkeiten können als Schätzwerte für die Wahrscheinlichkeiten verwendet werden (vgl. wieder die unter Teilaufgabe a) angegebene Datei).

Die durch die Simulation geschätzten Wahrscheinlichkeiten sollten in etwa den berechneten Wahrscheinlichkeiten entsprechen:

Augensumme	2	3	4	5	6	7
Wahrscheinlichkeit	$\frac{1}{36}$ ≈ 2,78 %	$\frac{2}{36}$ ≈ 5,56 %	$\frac{3}{36}$ ≈ 8,33 %	$\frac{4}{36}$ ≈ 11,11 %	$\frac{5}{36}$ ≈ 13,89 %	$\frac{6}{36}$ ≈ 16,67 %

Augensumme	8	9	10	11	12
Wahrscheinlichkeit	$\frac{5}{36}$ ≈ 13,89 %	$\frac{4}{36}$ ≈ 11,91 %	$\frac{3}{36}$ ≈ 8,33 %	$\frac{2}{36}$ ≈ 5,56 %	$\frac{1}{36}$ ≈ 2,78 %

11 a) Der Befehl `randInt(1,6)` liefert zufällig eine der Zahlen 1, 2, 3, 4, 5 oder 6. Mit dem Befehl `randInt(1,6,3)` werden drei Zufallszahlen zwischen 1 und 6 erzeugt.
b) individuelle Lösung
Über den Code ts7wa9 (bitte im Suchfeld auf www.klett.de eingeben) kann eine Simulation mit einer Tabellenkalkulation heruntergeladen werden.
c) individuelle Lösung
Vergleiche hierzu auch die unter b) angegebene Datei.
d) individuelle Lösung
Durch das Zusammentragen der Ergebnisse verbessern sich die Schätzwert für die Wahrscheinlichkeiten der einzelnen Augensummen.
Die geschätzten Werte sollten sich den berechneten Werte annähern:

Augensumme	3	4	5	6	7	8
Wahrscheinlichkeit	$\frac{1}{216}$ ≈ 0,46 %	$\frac{3}{216}$ ≈ 1,39 %	$\frac{6}{216}$ ≈ 2,78 %	$\frac{10}{216}$ ≈ 4,63 %	$\frac{15}{216}$ ≈ 6,94 %	$\frac{21}{216}$ ≈ 9,72 %

Augensumme	9	10	11	12	13	14
Wahrscheinlichkeit	$\frac{25}{216}$ ≈ 11,57 %	$\frac{27}{216}$ = 12,5 %	$\frac{27}{216}$ = 12,5 %	$\frac{25}{216}$ ≈ 11,57 %	$\frac{21}{216}$ ≈ 9,72 %	$\frac{15}{216}$ ≈ 6,94 %

Augensumme	15	16	17	18
Wahrscheinlichkeit	$\frac{10}{216}$ ≈ 4,63 %	$\frac{6}{216}$ ≈ 2,78 %	$\frac{3}{216}$ ≈ 1,39 %	$\frac{1}{216}$ ≈ 0,46 %

12 Hanna hat sich getäuscht, da sie davon ausgegangen ist, dass alle elf Augensummen gleich wahrscheinlich sind, was aber nicht der Fall ist. Es gilt:

Augensumme	2	3	4	5	6	7	8	9	10	11	12
Wahrscheinlichkeit	$\frac{1}{36}$	$\frac{2}{36}$	$\frac{3}{36}$	$\frac{4}{36}$	$\frac{5}{36}$	$\frac{6}{36}$	$\frac{5}{36}$	$\frac{4}{36}$	$\frac{3}{36}$	$\frac{2}{36}$	$\frac{1}{36}$

Es gibt insgesamt 36 verschiedene Ergebnisse. Hanna gewinnt bei den 16 Ergebnissen (1, 1), (1, 2), (1, 3), (1, 4), (2, 1), (2, 2), (2, 3), (3, 1), (3, 2), (4, 1), (4, 6), (5, 5), (5, 6), (6, 4), (6, 5) und (6, 6).

Hanna gewinnt also mit einer Wahrscheinlichkeit von $\frac{16}{36} \approx 44{,}4\,\%$.
Simulationen: individuelle Lösung
Eine Simulation mit einer Tabellenkalkulation findet man in der Datei, die unter dem Code zb4dd2 (bitte im Suchfeld auf www.klett.de eingeben) heruntergeladen werden kann.
Eine Simulation mit dem GTR (TI 83) kann wie folgt aussehen: Mit dem Befehl `sum(seq(sum(randInt(1,6,2))=2,X,1,500))/500` kann man einen Schätzwert für die Wahrscheinlichkeit für die Augensumme 2 bestimmen (analog für die anderen Augensummen).
Dann muss man noch die Schätzwerte der Augensummen 2, 3, 4, 5, 10, 11 und 12 addieren.
Erklärung des Befehls:
`randInt(1,6,2)` liefert zufällig zwei Zahlen zwischen 1 und 6 (doppelter Würfelwurf).
`sum(randInt(1,6,2))` gibt die Augensumme des doppelten Würfelwurfes aus.
`sum(randInt(1,6,2))=2` gibt 1 aus, wenn die Augensumme gleich 2 ist, ansonsten 0.
`seq(sum(randInt(1,6,2))=2,X,1,500)` erzeugt eine Liste von 500 Überprüfungen, ob die Augensumme gleich 2 ist oder nicht.
Der gesamte Befehl gibt dann die relative Häufigkeit für die Augensumme 2 bei 500 Würfen an.

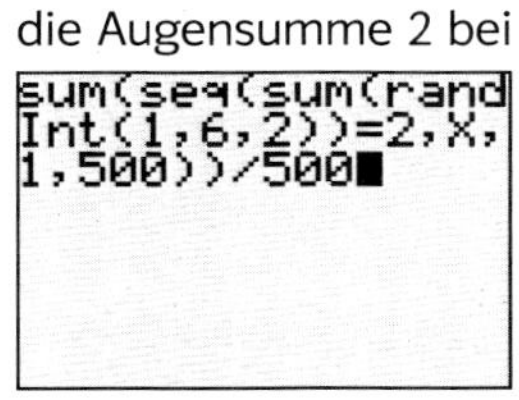

CAS-Aufgabe auf dem Rand (Code 972ym8)
a) Das Ereignis E: „Der Fahrstuhl fällt aus." hat das Gegenereignis $\overline{E}$: „Alle Bauteile funktionieren."
Für die gesuchte Wahrscheinlichkeit gilt
$P(E) = 1 - P(\overline{E}) = 1 - 0{,}95^6 \approx 1 - 0{,}7351 = 0{,}2649$.
Der Fahrstuhl fällt mit einer Wahrscheinlichkeit von etwa 26,49 % aus.
b) Erklärung der Befehle:
`seq(when(rand()≤0.05,1,0),k,1,6)`:
Mit `rand()` wird eine Zufallszahl zwischen 0 und 1 erzeugt. Ist sie kleiner als 5 % = 0,05, so wird eine 1 notiert, sonst eine 0 (Befehl `when(rand()≤0.05,1,0)`).
Für jedes der sechs Bauteile wird diese Überprüfung vorgenommen und in einer Liste ausgegeben.
`sum(seq(when(rand()≤0.05,1,0),k,1,6))`:
Im vorherigen Befehl wurde eine Liste mit sechs Einträgen erzeugt, die entweder 0 oder 1 sind. Nun wird die Summe dieser sechs Einträge gebildet. Diese gibt an, wie viele der sechs Bauteile ausgefallen sind.
`when(sum(seq(when(rand()≤0.05,1,0),k,1,6))≥1,1,0)`:
Jetzt wird überprüft, ob die oben gebildete Summe mindestens 1 beträgt, ob also mindestens ein Bauteil ausgefallen ist und somit auch der Fahrstuhl. Ist dies der Fall, wird eine 1 ausgegeben.
$\frac{\texttt{sum(seq(when(sum(seq(when(rand()≤0.05,1,0),k,1,6))≥1,1,0),k,1,5000))}}{\texttt{5000}}$:

Zum Schluss wird die obige Prüfung 5000-mal simuliert, die Ergebnisse werden aufsummiert und es wird durch 5000 dividiert. So erhält man die relative Häufigkeit für die Ausfälle des Fahrstuhls, die aufgrund der hohen Anzahl an Wiederholungen als guter Schätzwert für die in a) berechnete Wahrscheinlichkeit genommen werden kann. Man erhält zum Beispiel $\frac{659}{2500} = 26{,}36\,\%$.

Seite 57

13 a), b) und c) individuelle Lösung
Über den Code 9q3xp6 (bitte im Suchfeld auf www.klett.de eingeben) kann eine Simulation mit einer Tabellenkalkulation heruntergeladen werden.
d) Je größer die Anzahl der Durchführungen ist, desto mehr nähert sich die relative Häufigkeit der errechneten Wahrscheinlichkeit (hier: 0,5) an.

14 a) individuelle Lösung
b) Haufen 1 gegen Haufen 2

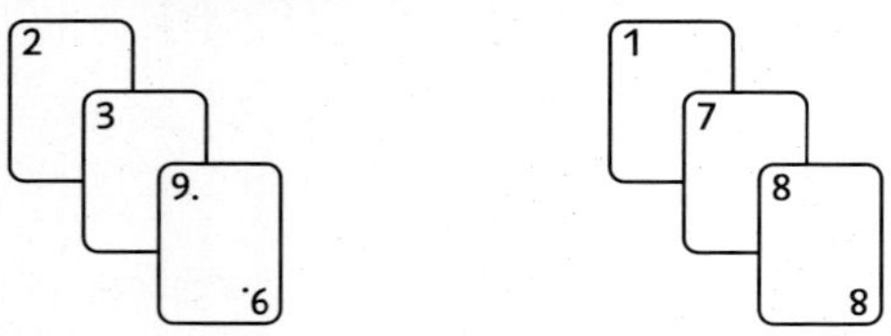

(2, 1) 1 gewinnt
(2, 7) 1 verliert
(2, 8) 1 verliert
(3, 1) 1 gewinnt
(3, 7) 1 verliert
(3, 8) 1 verliert
(9, 1) 1 gewinnt
(9, 7) 1 gewinnt
(9, 8) 1 gewinnt

P(Haufen 1 gewinnt gegen Haufen 2) = $\frac{5}{9}$

Haufen 2 gegen Haufen 3

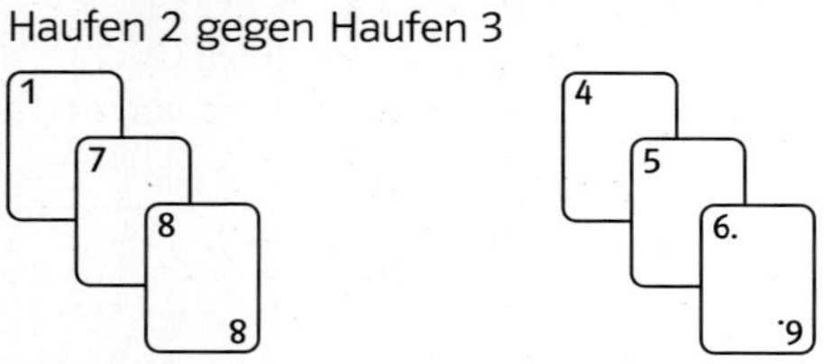

(1, 4) 2 verliert
(1, 5) 2 verliert
(1, 6) 2 verliert
(7, 4) 2 gewinnt
(7, 5) 2 gewinnt
(7, 6) 2 gewinnt
(8, 4) 2 gewinnt
(8, 5) 2 gewinnt
(8, 6) 2 gewinnt

P(Haufen 2 gewinnt gegen Haufen 3) = $\frac{6}{9}$

Haufen 1 gegen Haufen 3

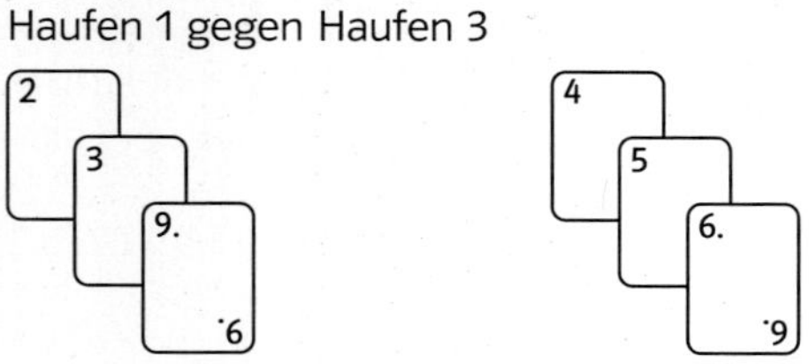

(2, 4) 1 verliert
(2, 5) 1 verliert
(2, 6) 1 verliert
(3, 4) 1 verliert
(3, 5) 1 verliert
(3, 6) 1 verliert
(9, 4) 1 gewinnt
(9, 5) 1 gewinnt
(9, 6) 1 gewinnt

P(Haufen 1 gewinnt gegen Haufen 3) = $\frac{3}{9}$

Haufen 1 ist besser als Haufen 2, Haufen 2 ist besser als Haufen 3 und Haufen 3 ist besser als Haufen 1. Es gibt somit keinen besten Haufen.
c) Spieler 2 kann immer so wählen, dass seine Gewinnchance höher ist als die von Spieler 1:

Spieler 1 wählt	Haufen 1	Haufen 2	Haufen 3
Spieler 2 wählt	Haufen 3	Haufen 1	Haufen 2
Gewinnwahrscheinlichkeit für Spieler 2	$p = \frac{2}{3}$	$p = \frac{5}{9}$	$p = \frac{2}{3}$

Die Gewinnwahrscheinlichkeit von Spieler 2 ist bei den angegebenen Wahlen immer größer als die von Spieler 1. Das heißt aber nicht, dass Spieler 2 auf jeden Fall gewinnt. Spieler 1 sollte sich für Haufen 2 entscheiden, da er dann eine Gewinnwahrscheinlichkeit von $\frac{4}{9}$ hat.
Bei Wahl von Haufen 1 oder 3 beträgt seine Gewinnwahrscheinlichkeit nur $\frac{1}{3}$.
Bei einer sehr großen Anzahl von Spielen sinkt die Wahrscheinlichkeit, dass Spieler 1 mehr Spiele gewinnt als Spieler 2.
d) individuelle Lösung
Über den Code 2q4am4 (bitte im Suchfeld auf www.klett.de eingeben) kann eine Simulation mit einer Tabellenkalkulation heruntergeladen werden.

Vertiefen und Vernetzen

Seite 58

1 a) Mit Zurücklegen gilt bei (1), (2) und (3)
P(zwei rote Kugeln) = $3 \cdot 0{,}75^2 \cdot 0{,}25 \approx 42{,}19\,\%$.
ohne Zurücklegen:
(1) P(zwei rote Kugeln) = $3 \cdot \frac{3}{4} \cdot \frac{2}{3} \cdot \frac{1}{2} = 0{,}75 = 75\,\%$
(2) P(zwei rote Kugeln) = $3 \cdot \frac{60}{80} \cdot \frac{59}{79} \cdot \frac{20}{27} \approx 0{,}4309 = 43{,}09\,\%$
(3) P(zwei rote Kugeln)
$= 3 \cdot \frac{600}{800} \cdot \frac{599}{799} \cdot \frac{200}{798} \approx 0{,}4228 = 42{,}28\,\%$
b) Bei sehr vielen Kugeln ändert sich das Verhältnis von weißen zu roten Kugeln kaum, wenn man nur drei Kugeln zieht und nicht wieder zurücklegt. Daher nähert sich bei immer mehr Kugeln die Wahrscheinlichkeit für das Ziehen von zwei roten Kugeln immer mehr dem Wert aus a) an. (Dabei müssen natürlich immer 75 % der Kugeln rot und 25 % weiß sein.)

2 a)

Anzahl an nötigen Würfen	Wahrscheinlichkeit
1	$0{,}47 = 47\,\%$
2	$0{,}53 \cdot 0{,}47 = 0{,}2491 = 24{,}91\,\%$
3	$0{,}53^2 \cdot 0{,}47 \approx 0{,}1320 = 13{,}20\,\%$
4	$0{,}53^3 \cdot 0{,}47 \approx 0{,}0700 = 7{,}00\,\%$
5	$0{,}53^4 \cdot 0{,}47 \approx 0{,}0371 = 3{,}71\,\%$
6	$0{,}53^5 \cdot 0{,}47 \approx 0{,}0197 = 1{,}97\,\%$
mehr als 6	$\approx 1 - 0{,}47 - 0{,}2491 - 0{,}1320 - 0{,}0700 - 0{,}0371 - 0{,}0197 = 0{,}0221 = 2{,}221\,\%$

b) individuelle Lösung

3 a) Man gewinnt, wenn nicht zweimal „Flop" erscheint, also mit der Wahrscheinlichkeit $1 - 0{,}6^2 = 0{,}64 = 64\,\%$.
b) Ist die Wahrscheinlichkeit für „Flip" beim zweiten Drücken gleich z, so muss gelten:

$$1 - 0{,}6 \cdot (1 - z) = 0{,}6 \quad | \text{ TU}$$
$$\Leftrightarrow \quad 1 - 0{,}6 + 0{,}6z = 0{,}6 \quad | \text{ TU}$$
$$\Leftrightarrow \quad 0{,}4 + 0{,}6z = 0{,}6 \quad | -0{,}4$$
$$\Leftrightarrow \quad 0{,}6z = 0{,}2 \quad | :0{,}6$$
$$\Leftrightarrow \quad z = \tfrac{1}{3}$$

„Flip" muss also beim zweiten Drücken mit einer Wahrscheinlichkeit von etwa 33,3 % erscheinen.

4

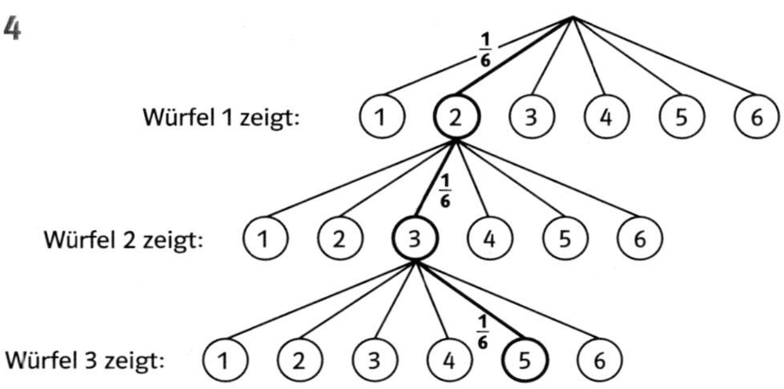

Ein Baumdiagramm zu dem Zufallsexperiment, bei dem nicht alle Pfade dargestellt sind, verdeutlicht die folgende Argumentation. Alle Ergebnisse sind gleich wahrscheinlich.
Der Pfad zum Ergebnis (2; 3; 5) (dick hervorgehoben) hat die Wahrscheinlichkeit $\frac{1}{6} \cdot \frac{1}{6} \cdot \frac{1}{6} = \frac{1}{216}$.
Das Ergebnis (2; 3; 5) liefert die Augensumme 10. Es gibt aber noch weitere Ergebnisse, die mit denselben Würfelzahlen auf diese Augensumme führen, denn man darf die Summanden vertauschen:
$2 + 3 + 5 = 2 + 5 + 3 = 3 + 2 + 5 = 3 + 5 + 2$
$= 5 + 2 + 3 = 5 + 3 + 2$.
Um die Augensumme 10 mit den Würfelzahlen 2, 3 und 5 zu erzielen, erhält man also die Wahrscheinlichkeit $\frac{6}{216}$.
Um die Augensumme 10 mit den Würfelzahlen 3, 3 und 4 zu erzielen, gibt es nur drei Möglichkeiten:
$3 + 3 + 4 = 3 + 4 + 3 = 4 + 3 + 3$. Um die Augensumme mit den Würfelzahlen 3, 3 und 4 zu erzielen, erhält man also die Wahrscheinlichkeit $\frac{3}{216}$.
Um die Augensumme 9 mit den Würfelzahlen 3, 3 und 3 zu erzielen, gibt es nur eine Möglichkeit mit der Wahrscheinlichkeit $\frac{1}{216}$.

Für drei Würfelzahlen gibt es wie in diesen Beispielen allgemein nur drei Möglichkeiten:
entweder 3 verschiedene Würfelzahlen – Wahrscheinlichkeit jeweils $\frac{6}{216}$,
oder 2 gleiche Würfelzahlen – Wahrscheinlichkeit jeweils $\frac{3}{216}$,
oder 3 gleiche Würfelzahlen – Wahrscheinlichkeit jeweils $\frac{1}{216}$.
Also ist die Wahrscheinlichkeit für „Augensumme 10" (für die sechs Summen
$10 = 1 + 3 + 6 = 1 + 4 + 5 = 2 + 2 + 6 = 2 + 4 + 4$
$= 2 + 3 + 5 = 3 + 3 + 4$):
$\frac{6}{216} + \frac{6}{216} + \frac{3}{216} + \frac{3}{216} + \frac{6}{216} + \frac{3}{216} = \frac{27}{216}$
und die Wahrscheinlichkeit für „Augensumme 9" (für die sechs Summen
$9 = 1 + 2 + 6 = 1 + 3 + 5 = 1 + 4 + 4 = 2 + 2 + 5$
$= 2 + 3 + 4 = 3 + 3 + 3$):
$\frac{6}{216} + \frac{6}{216} + \frac{3}{216} + \frac{3}{216} + \frac{6}{216} + \frac{1}{216} = \frac{25}{216}$
Die Augensumme 10 hat die Wahrscheinlichkeit $\frac{27}{216}$, die Augensumme 9 hat nur die Wahrscheinlichkeit $\frac{25}{216}$.
Wesentlicher Grund: Die $3 + 3 + 3$ geht nur aus einem Ergebnis hervor, sonst entsprechen sich die Augensummen 9 und 10. Daher ist die Augensumme 10 etwas wahrscheinlicher.
Über den im Schülerbuch angegebenen Code g94853 (bitte im Schulbuch auf www.klett.de eingeben) kann eine Simulation mit einer Tabellekalkulation heruntergeladen werden (war nicht in der Aufgabe verlangt).

5 Möglicher Brief von Pascal an de Méré:
Mein lieber Chevalier,
zunächst danke ich Euch für die Frage, die mich viel Zeit und Schlaf gekostet hat. In der Tat scheinen auf den ersten Blick beide Ausgänge gleich wahrscheinlich. Eure Frage zeigt mir jedoch, dass dieses Ergebnis Eurer Beobachtung widerspricht. So habe ich den Verhalt näher untersucht und bin zu dem Schluss gekommen, dass wirklich ein kleiner Unterschied bei der Wahrscheinlichkeit besteht.
Am einfachsten könnt Ihr zu einer Erklärung gelangen, wenn Ihr jeweils das Gegenteil der von Euch betrachteten Spielausgänge betrachtet. Beginnen wir bei dem Spiel mit vier Würfeln. Das Gegenteil davon, mindestens eine Sechs zu werfen, bedeutet, keine Sechs zu werfen. Dafür – gute Würfel vorausgesetzt – erkennt man die Wahrscheinlichkeit $\left(\frac{5}{6}\right)^4 \approx 0{,}482 = 48{,}2\,\%$.
Mithin ist die Wahrscheinlichkeit, mindestens eine Sechs bei diesem Spiele zu erzielen, $1 - 0{,}482 \approx 0{,}518 = 51{,}8\,\%$, also gerade etwas mehr als $\frac{1}{2}$. Man wird also in etwas mehr als der Hälfte aller Spiele – wenn man oft genug spielt – mindestens eine Sechs erzielen.
Ebenso gehen wir bei dem Spiel mit zwei Würfeln vor. Das Gegenteil davon, bei diesem Spiel mindestens eine Doppelsechs zu werfen, bedeutet, keine solche zu werfen. Dafür erkennt man die Wahrscheinlichkeit $\left(\frac{35}{36}\right)^{24} \approx 0{,}509 = 50{,}9\,\%$. Mithin ist die Wahrscheinlichkeit, mindestens eine Doppelsechs bei diesem Spiele zu erzielen, $1 - 0{,}509 = 0{,}491 = 49{,}1\,\%$, also gerade etwas weniger als $\frac{1}{2}$. Man wird also in etwas weniger als der Hälfte

aller Spiele – wenn man oft genug spielt – mindestens eine Doppelsechs erzielen.
So habt Ihr eine Erklärung für Eure Beobachtung.
Über den Code 7n274q (bitte im Suchfeld auf www.klett.de eingeben) kann eine Simulation mit einer Tabellenkalkulation heruntergeladen werden (war nicht in der Aufgabe verlangt).

Seite 59

6 a) individuelle Lösung
b) Dies verschafft S2 einen gewissen Vorteil. Es hängt allerdings von der Strategie von S1 ab, ob S2 dadurch auch eine höhere Gewinnwahrscheinlichkeit hat (vgl. Teilaufgabe c)).
c) Eine gute Strategie für S1 wäre, noch einmal zu würfeln, wenn der 1. Wurf die Augenzahl 1, 2 oder 3 hatte. Berechnung der Gewinnwahrscheinlichkeit von S1 bei dieser Strategie: vgl. hierzu die Grafik unten.
Die Gewinnwahrscheinlichkeit von S1 beträgt somit:
$\frac{1}{6} \cdot \frac{1}{2} + \frac{1}{6} \cdot \frac{2}{3} + \frac{1}{6} \cdot \frac{5}{6} + \frac{1}{2} \cdot \frac{1}{6} \cdot \left(0 + \frac{1}{6} + \frac{1}{3} + \frac{1}{2} + \frac{2}{3} + \frac{5}{6}\right) = \frac{1}{3} + \frac{5}{24}$
$= \frac{13}{24} \approx 0{,}5417 = 54{,}17\,\%$.
S1 hat also mit dieser Strategie eine Gewinnwahrscheinlichkeit $> \frac{1}{2}$ und damit eine auf Dauer gute Strategie.

d) individuelle Lösung
Über den Code qy7gy9 (bitte im Suchfeld auf www.klett.de eingeben) kann eine Simulation mit einer Tabellenkalkulation heruntergeladen werden (war nicht in der Aufgabe verlangt). Hier wurden 100 Serien zu je 50 Spielen ausgewertet. Das Ergebnis für die relative Häufigkeit, dass S1 gewinnt, ist in Zelle AL3 zu sehen.

7 a) Der Einfachheit halber gehen alle Vorschläge von einem Jahr mit 365 Tagen aus, eine vernünftige Voraussetzung zur Umgehung des Spezialfalles „Schaltjahr“. Vergleicht man Marias und Inkas Argumente für zwei Personen, so wird deutlich, dass Marias Argument nicht stimmen kann, denn sie würde dafür $\frac{363}{365}$ erhalten. Die zweite Person kann aber, wie Inka sagt, an 364 anderen Tagen Geburtstag haben und nicht nur an 363 Tagen. Inka und Ruben haben ähnliche Argumente. Ruben berücksichtigt aber nicht, dass mit zunehmender Anzahl der Personen immer weniger Tage zur Verfügung stehen. Daher ist sein Ergebnis zu groß.
Inkas Argumentation ist nachvollziehbar richtig.
b) $\frac{364}{365} \cdot \frac{363}{365} \cdot \frac{362}{365} \cdot \frac{361}{365} \cdot \frac{360}{365} \cdot \frac{359}{365} \cdot \frac{358}{365} \cdot \frac{357}{365} \cdot \frac{356}{365} \approx 88{,}3\,\%$.
c) Setzt man die Rechnung fort, so sieht man, dass ab 23 Personen die Wahrscheinlichkeit, dass sie an verschiedenen Tagen Geburtstag haben, kleiner als 0,5 wird. Auf das Gegenteil, dass mindestens zwei am selben Tag im Jahr Geburtstag feiern, kann man also für mehr als 22

Grafik zu Aufgabe 6 auf Seite 59 im Schülerbuch

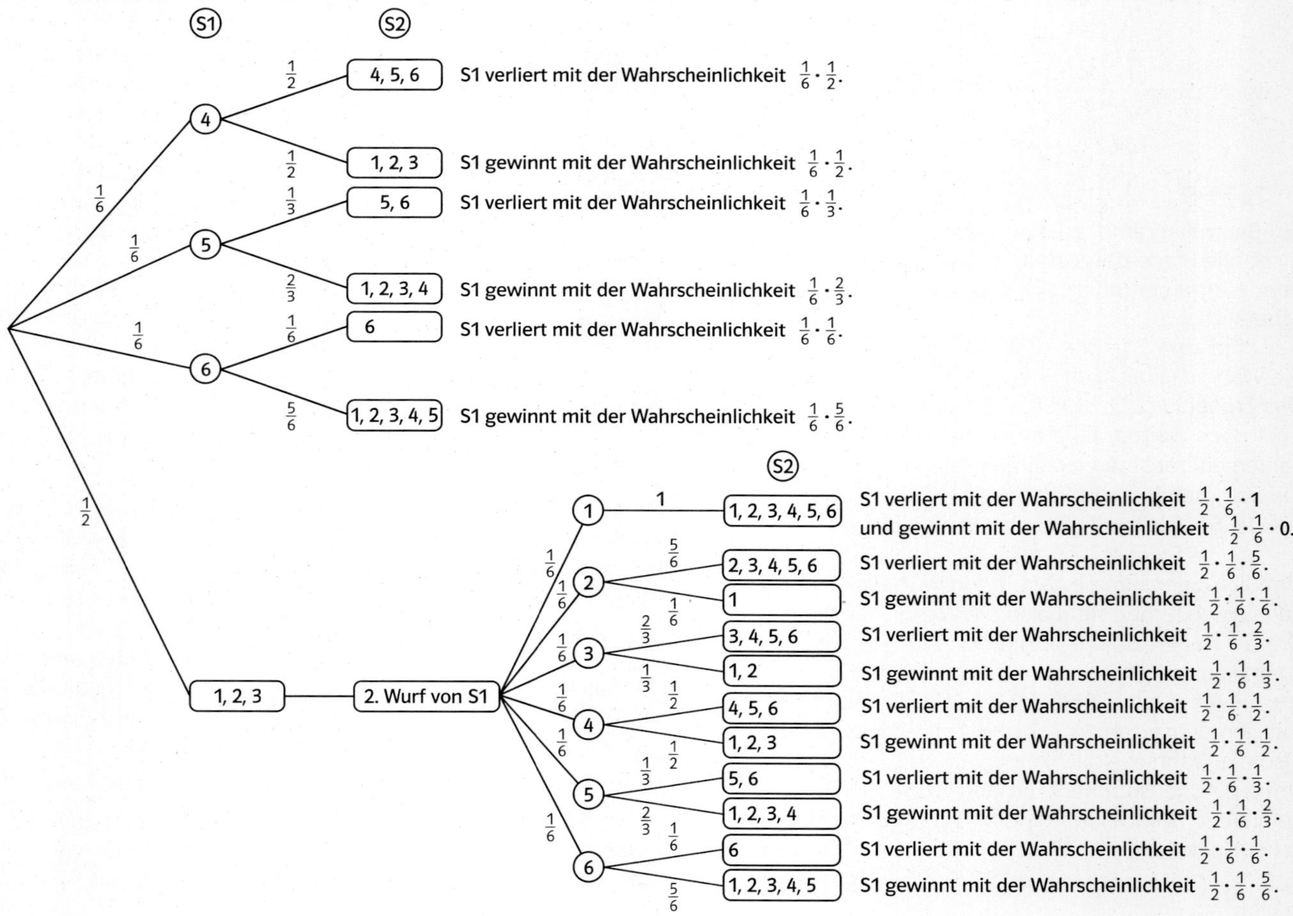

Personen wetten. Für 30 Personen beträgt diese Wahrscheinlichkeit sogar etwa 70%.

8 a)

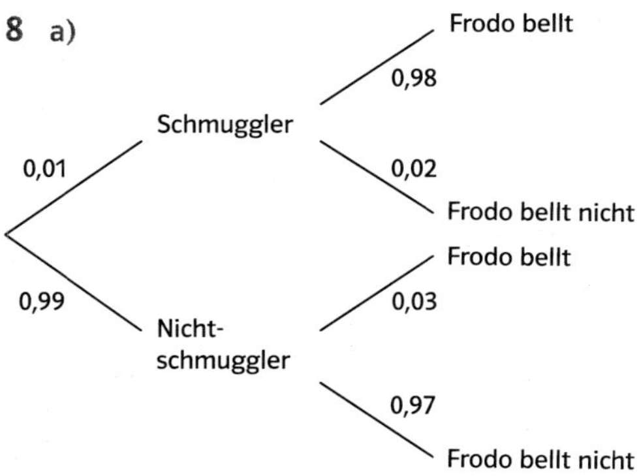

b) $0{,}01 \cdot 0{,}98 + 0{,}99 \cdot 0{,}03 = 3{,}95\,\%$. Diese Wahrscheinlichkeit ist ziemlich klein, weil es nur wenige Rauschgiftschmuggler gibt und weil Frodo bei Nichtschmugglern nur selten bellt.
c) Wenn Frodo nicht bellt, kann es sein, dass tatsächlich kein Schmuggler die Grenze übertritt (Wahrscheinlichkeit $0{,}99 \cdot 0{,}97 = 96{,}03\,\%$) oder aber dass Frodo irrtümlich nicht bellt (Wahrscheinlichkeit $0{,}01 \cdot 0{,}02 = 0{,}02\,\%$). Frodo bellt insgesamt nicht mit einer Wahrscheinlichkeit von $96{,}03\,\% + 0{,}02\,\% = 96{,}05\,\%$. Daher ist der Anteil $\frac{96{,}03\,\%}{96{,}05\,\%} \approx 99{,}98\,\%$ die Wahrscheinlichkeit, dass tatsächlich kein Schmuggler die Grenze übertritt, wenn Frodo nicht bellt. Wenn Frodo nicht bellt, kann Wilhelm also praktisch sicher sein, dass tatsächlich kein Schmuggler die Grenze übertritt.

Exkursion: Das Ziegenproblem

Seite 60

1 individuelle Lösung

Seite 61

2 individuelle Lösung
Bei den meisten Gruppen werden die „Wechsler" häufiger gewonnen haben. Für eine gesicherte Erkenntnis ist aber die Anzahl der Spiele noch zu gering.

3 individuelle Lösung
Man wird feststellen, dass es günstiger ist, die Tür zu wechseln.
Hinweise zur Simulation mit der Tabellenkalkulation (vgl. hierzu die Datei, die über den im Schülerbuch angegebenen Code 9vu266 (bitte im Suchfeld auf www.klett.de eingeben) heruntergeladen werden kann):
Beim Tabellenblatt „Einzelspiel" muss man eine Tür auswählen sowie angeben, ob gewechselt werden soll oder nicht.
Auf den weiteren Tabellenblättern kann man experimentieren und eine Strategie ausprobieren (wechseln oder nicht wechseln).

4 a) Der Quizmaster wählt mit einer Wahrscheinlichkeit von $\frac{1}{3}$ jede Tür zum Verstecken des Autos.
b) Mit einer Wahrscheinlichkeit von $\frac{1}{3}$ wählt der Kandidat sofort die Tür, hinter der sich das Auto befindet.
c) Mit einer Wahrscheinlichkeit von $\frac{2}{3}$ wählt der Kandidat zu Beginn eine Tür, hinter der sich eine Ziege befindet. Also muss sich auch mit einer Wahrscheinlichkeit von $\frac{2}{3}$ hinter der Tür, die der Quizmaster nicht öffnet, das Auto befinden.
d) Wenn der Kandidat sofort die richtige Tür wählt und nicht wechselt, erhält er nach dem Ergebnis aus b) mit einer Wahrscheinlichkeit von $\frac{1}{3}$ das Auto.
Wählt der Kandidat zunächst eine falsche Tür, so erhält er nach dem Ergebnis aus c) mit einer Wahrscheinlichkeit von $\frac{2}{3}$ das Auto, wenn er wechselt.
Zu wechseln ist also günstiger als nicht zu wechseln, da dann die Gewinnwahrscheinlichkeit mit $\frac{2}{3}$ doppelt so hoch ist.

5 individuelle Lösung
Der Kritiker geht von anderen Voraussetzungen aus, nämlich davon, dass der Quizmaster nur dann eine Tür, hinter der sich eine Ziege verbirgt, öffnet, wenn der Kandidat zunächst die Tür gewählt hat, hinter der das Auto steht.

6 a) Hier hat der Quizmaster nur dann die Möglichkeit, Tür 3 zu öffnen, wenn dahinter eine Ziege steht. Sonst würde er sofort verraten, wo das Auto steht. Also hat diese Variante andere Bedingungen als das Spiel mit nur einem Kandidaten, bei dem der Quizmaster immer eine Ziegentür auswählen kann. Wenn der Quizmaster also die Tür mit der Ziege öffnet, haben Anna und Boris gleiche Chancen, dass hinter der anfangs gewählten Tür das Auto steht.
b) Hier verhält es sich genau umgekehrt wie beim ursprünglichen Ziegenproblem.
Mit einer Wahrscheinlichkeit von $\frac{1}{3}$ wählt die Kandidatin zu Beginn die Tür, hinter der sich die Ziege befindet.
Mit einer Wahrscheinlichkeit von $\frac{2}{3}$ wählt die Kandidatin sofort eine Tür, hinter der sich ein Auto befindet. Also muss sich auch mit einer Wahrscheinlichkeit von $\frac{2}{3}$ hinter der Tür, die der Quizmaster nicht öffnet, die Ziege befinden.
Wählt die Kandidatin zunächst die falsche Tür, so erhält sie mit einer Wahrscheinlichkeit von $\frac{1}{3}$ ein Auto, wenn sie wechselt.
Wählt die Kandidatin zunächst eine korrekte Tür, so erhält sie mit einer Wahrscheinlichkeit von $\frac{2}{3}$ das Auto, wenn sie nicht wechselt.
Nicht zu wechseln ist in diesem Fall also günstiger als zu wechseln, da dann die Gewinnwahrscheinlichkeit mit $\frac{2}{3}$ doppelt so hoch ist.

III Lineare Funktionen

Lösungshinweise zu den Erkundungen

Seite 66

Lagen von Geraden

- Vier mögliche Anordungen von drei Geraden:

  Alle Geraden sind parallel.

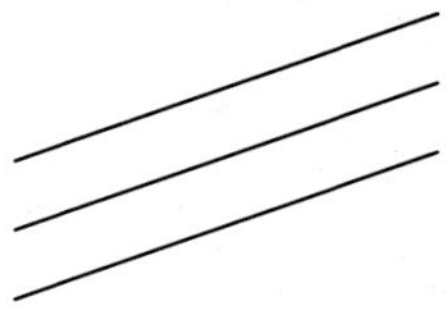

  Zwei Geraden sind parallel und die dritte schneidet diese beiden.

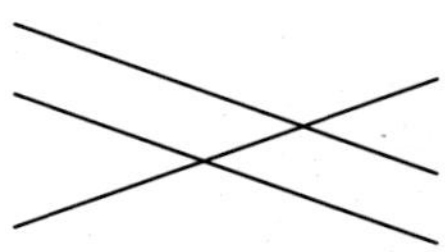

  Die drei Geraden bilden ein Dreieck.

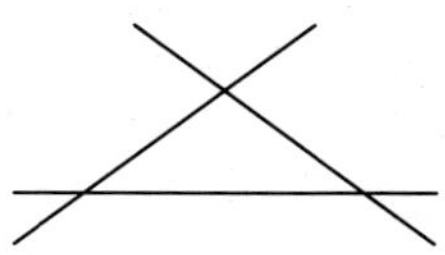

  Die drei Geraden schneiden sich in einem Punkt.

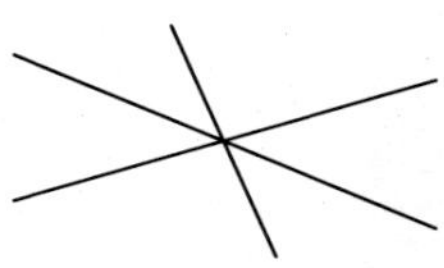

- individuelle Lösung
  Beispiele (gezeichnet sind jeweils sechs Geraden)

  Alle Geraden schneiden sich in einem Punkt.

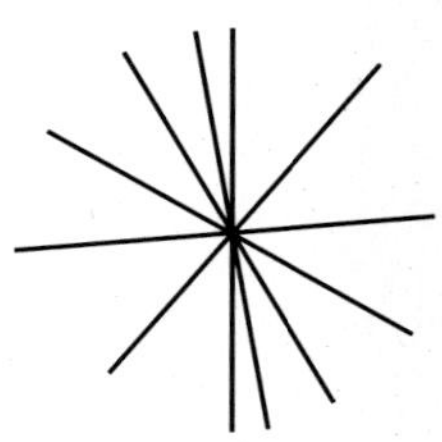

  Eine Gerade schneidet ein Geradenbüschel außerhalb des Büschelpunktes.

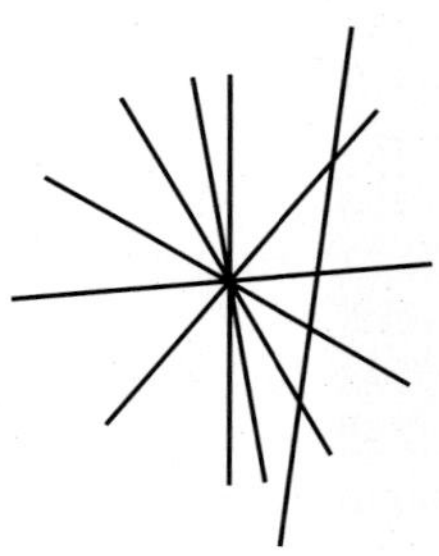

  Alle Geraden verlaufen parallel.

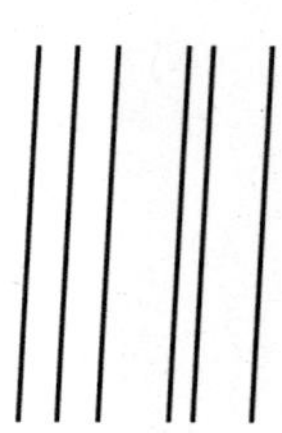

  Eine Gerade schneidet eine Parallelenschar.

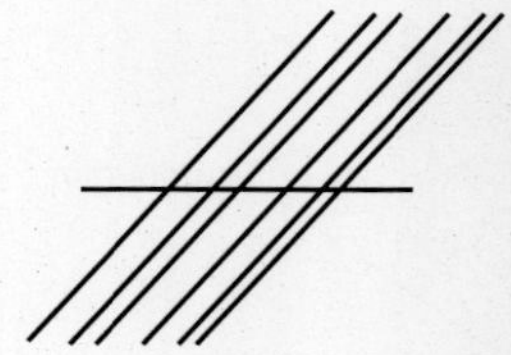

  Ein Parallelenpaar schneidet eine Parallelenschar.

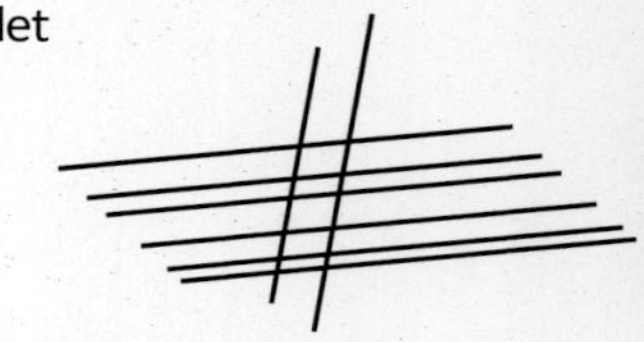

- (1) Die Geraden schneiden sich im Punkt (1|2).
  (2) Ein Parallelenpaar wird von einer Geraden geschnitten.
  (3) Je zwei der Geraden schneiden sich in einem Punkt. Die Schnittpunkte liegen bei (6|4), (4|0) und (0|4).
- individuelle Lösung
  Beispiel für vier lineare Funktionen, deren Graphen die Lage (5) besitzen: $y = x$, $y = x + 2$, $y = 2x$, $y = -2x + 8$
  Beispiel für die Lage (6): $y = x$, $y = 3x$, $y = 2x$, $y = -2x + 12$

Forschungsauftrag

Die maximale Anzahl von Schnittpunkten erhält man in der Lage, bei der jede Gerade mit jeder geschnitten wird und an jedem Schnittpunkt sich jeweils nicht mehr als zwei Geraden treffen.
Das beträgt
bei 2 Geraden: ein Schnittpunkt;
bei 3 Geraden: drei Schnittpunkte;
bei 4 Geraden: sechs Schnittpunkte;
bei 5 Geraden: zehn Schnittpunkte.
Bei n Geraden beträgt die maximale Anzahl der Schnittpunkte $\frac{n \cdot (n-1)}{2}$.
(Jede der n Geraden hat mit allen anderen insgesamt n − 1 Schnittpunkte; da alles doppelt gezählt wurde, wird durch 2 geteilt.)

Seite 67

Steigungen überall

Verkehrsschilder und Straßen

- individuelle Lösung (z. B. siehe die Keile unten)
  Das Verhältnis von horizontaler Länge zum Höhenunterschied muss dem gegebenen Prozentsatz entsprechen. „Gefälle" bedeutet, dass der gemalte Ausschnitt von links nach rechts gelesen abfällt, „Steigung" bedeutet, dass er ansteigt.
  Keile für die Steigungen aus Fig. 1:
  Mögliche Lösung:

  10 %:

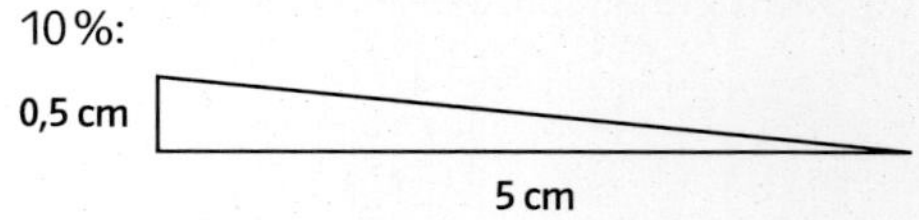

  denn: $\frac{0{,}5}{5} = 0{,}1 = 10\,\%$

6%:

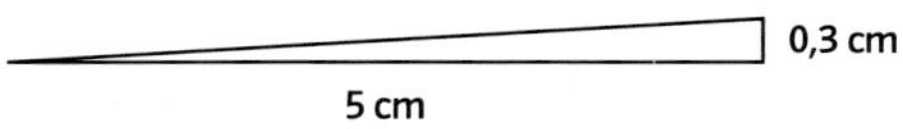

denn: $\frac{0{,}3}{5} = 0{,}06 = 6\%$

- Berechnung der Steigungen aus Fig. 2:
  Es wird jeweils der Prozentsatz p% berechnet, wobei der Grundwert G der horizontalen Länge und der Prozentwert W dem Höhenunterschied entspricht.

  1. Dreieck: $p\% = \frac{W}{G} = \frac{12\,m}{100\,m} = 0{,}12 = 12\%$
  2. Dreieck: $p\% = \frac{W}{G} = \frac{8\,cm}{10\,cm} = 0{,}8 = 80\%$
  3. Dreieck: $p\% = \frac{W}{G} = \frac{2\,cm}{15\,cm} = 0{,}1\overline{3} = 13{,}\overline{3}\%$

Steigungen von Seilbahnen untersuchen

- Wenn man die Daten der Seilbahnen vergleicht, fällt auf, dass nur der Hammetschwandtlift vertikal nach oben geht, alle anderen Seilbahnen verlaufen „schräg" nach oben. Dabei legen sie auch horizontal einen Weg zurück, der als Projektion bezeichnet wird. Wie steil die einzelnen Bahnen sind, kann man den Werten nicht unmittelbar entnehmen, dazu ist es sinnvoll, die Angaben in eine durchschnittliche prozentuale Steigungsangabe wie oben umzurechnen.
- Eine Angabe für die maximale Steigung für die Seilbahn 4 ist nicht möglich, da der Lift vertikal nach oben geht. Durch die fehlende Projektion lässt sich kein sinnvoller Wert für eine Steigung (und somit auch nicht für eine maximale) ermitteln.
- **Obermatt-Zingel:**
  durchschnittliche Steigung $= \frac{\text{Höhendifferenz}}{\text{Horizontaldifferenz}}$
  $= \frac{1250 - 670}{514} = \frac{580}{514} \approx 1{,}13 = 113\%$
  mögliche Maße für einen Keil:

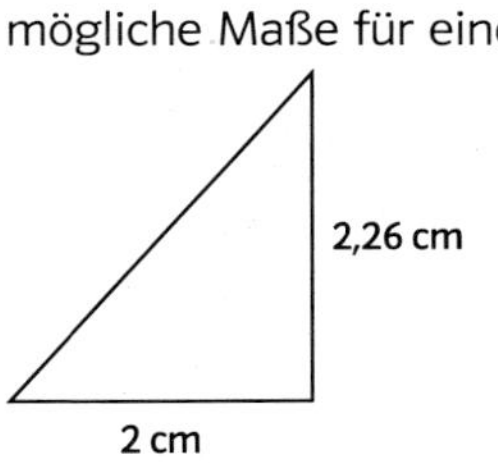

Ristis-Brunnihütte:
durchschnittliche Steigung $= \frac{\text{Höhendifferenz}}{\text{Horizontaldifferenz}}$
$= \frac{1867 - 1600}{869} = \frac{267}{869} \approx 0{,}31 = 31\%$
mögliche Maße für einen Keil:

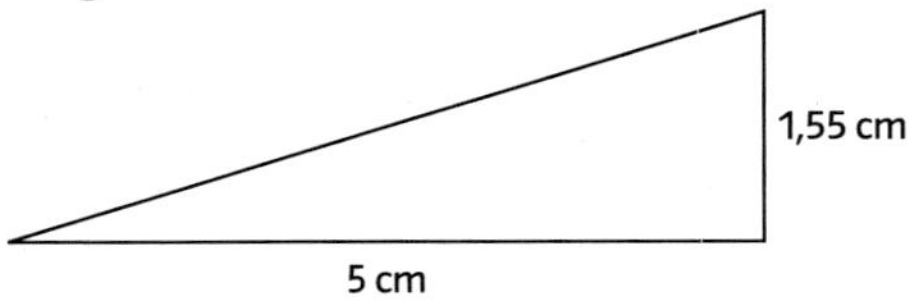

Kehrsiten-Bürgenstock:
durchschnittliche Steigung $= \frac{\text{Höhendifferenz}}{\text{Horizontaldifferenz}}$
$= \frac{873 - 436}{836} = \frac{437}{863} \approx 0{,}52 = 52\%$

mögliche Maße für einen Keil:

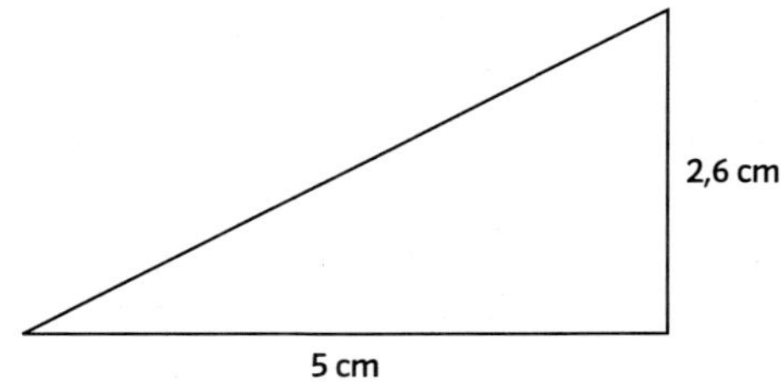

Hammetschwandtlift:
Hier ist eine prozentuale Angabe nicht möglich. Rein rechnerisch kann man nicht durch „0" dividieren. Zudem wäre die Angabe unendlich groß. Auch ein Keil ist daher nicht sinnvoll erstellbar.

- Bei den beiden Fotos muss man Messungen vornehmen. Man misst beispielsweise für das linke Foto (Wanderer) auf der gesamten Breite eine Horizontaldifferenz von 6,6 cm und eine Höhendifferenz, die sich nur auf den Anstieg des Sandes bezieht, von 1,5 cm. Daraus ergibt sich eine Steigung von
  $\frac{\text{Höhendifferenz}}{\text{Horizontaldifferenz}} = \frac{1{,}5}{6{,}6} \approx 0{,}23 = 23\%$
  mögliche Maße für einen Keil:

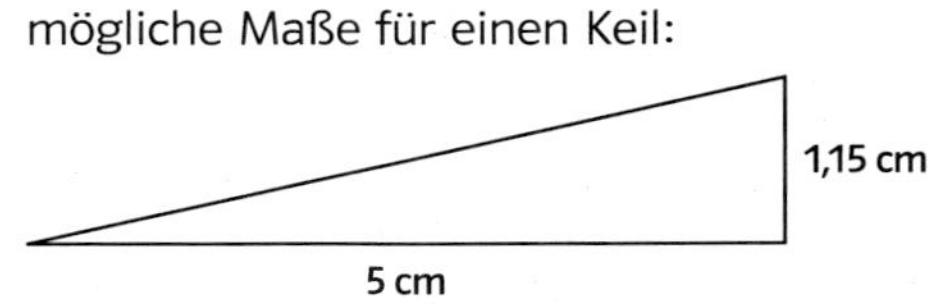

Beim rechten Foto (Bergbahn) misst man ebenfalls über die gesamte Breite des Bildes eine Horizontaldifferenz von ebenfalls 6,6 cm und eine Höhendifferenz von 2,3 cm. Daraus ergibt sich eine Steigung von
$\frac{\text{Höhendifferenz}}{\text{Horizontaldifferenz}} = \frac{2{,}3}{6{,}6} \approx 0{,}35 = 35\%$
mögliche Maße für einen Keil:

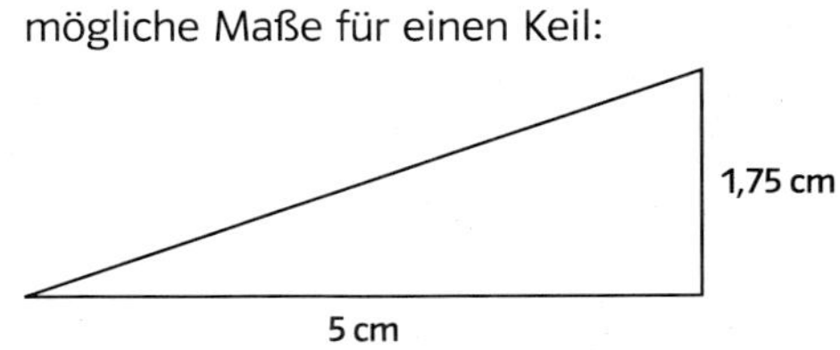

1 Eindeutige Zuordnungen – Funktionen

Seite 68

Einstiegsaufgabe
Jedem Namen wird eine Augenfarbe zugeordnet.
Die Zuordnung ist eindeutig, denn für jeden Ausgangswert gibt es genau einen zugeordneten Wert (jedes Kind hat genau eine Augenfarbe).

Seite 69

1 a) Die Zuordnung ist eine Funktion, da es zu jeder Parkdauer genau eine Parkgebühr gibt.
b) Die Zuordnung ist keine Funktion, da es zu jeder Parkgebühr mehrere verschiedene Parkdauern geben kann.
c) Die Zuordnung ist eine Funktion, da es zu jeder Seitenlänge eines Quadrats genau einen Umfang gibt.

Seite 70

2 Bei den Graphen in den Abbildungen (1) und (4) gibt es zu jedem x-Wert jeweils nur einen y-Wert, sie stellen daher Funktionen dar.
Bei den Graphen in den Abbildungen (2) und (3) gibt es zu einigen x-Werten mehr als einen y-Wert, durch die Graphen werden daher keine Funktionen dargestellt.

3 individuelle Lösung
Zur Bearbeitung der Aufgabe werden unter Umständen Medien für die Recherche benötigt (Zeitungen, Bücher, Internet). Die Aufgabenstellung bietet sich für Projektarbeit an.

4 Gleichbedeutend sind:
- Die Funktion f besitzt an der Stelle 4 den Funktionswert 3; $f(4) = 3$; $3 = f(4)$; Der Punkt $Q(4|3)$ liegt auf dem Graphen von f.
- Die Funktion f besitzt an der Stelle 3 den Funktionswert 4; $f(3) = 4$; $4 = f(3)$; Der Punkt $Q(3|4)$ liegt auf dem Graphen von f.

5 Die Zuordnung *englische Vokabel → deutsche Übersetzung* ist keine Funktion, da es englische Wörter mit mehreren verschiedenen deutschen Übersetzungen gibt. Daraus folgt, dass Übersetzungen nicht immer eindeutig sein können.

8 Die Graphen für die Zuordnung sehen wie folgt aus:

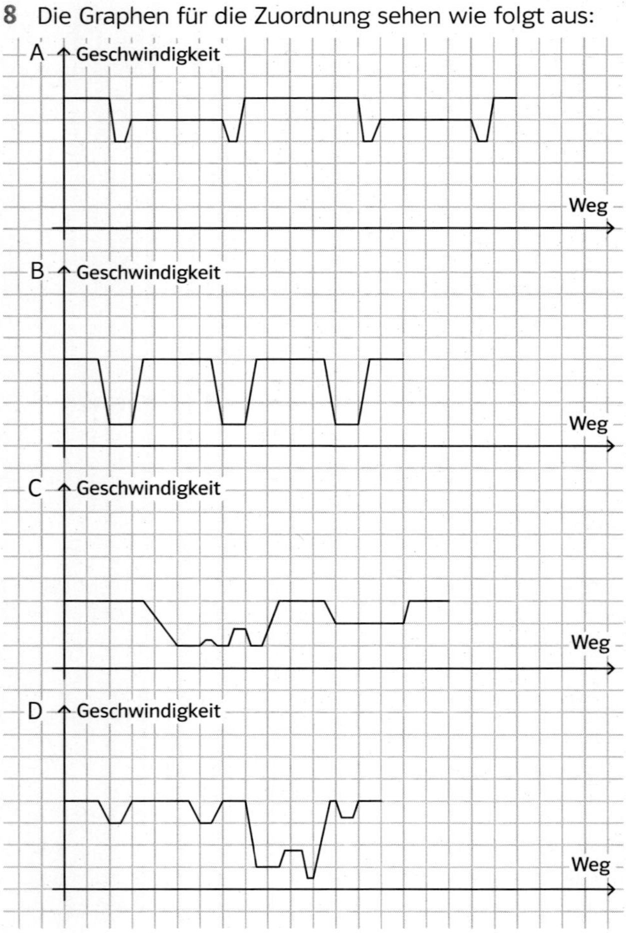

Seite 71

9 Arne hat recht. Schneidet der Graph die Kante des Lineals an einer Stelle mehr als einmal, so bedeutet dies, dass es einen x-Wert gibt, dem zwei unterschiedliche y-Werte zugeordnet werden. Damit ist die Zuordnung nicht eindeutig, der Graph stellt daher keine Funktion dar.

10 individuelle Lösung
Mögliche Beispiele für proportionale Zuordnungen:
Geldtausch in eine andere Währung, z. B.
Geldbetrag (in €) → Geldbetrag (in $);
Abhängigkeit von Gewicht und Volumen, z. B.
Volumen einer Betonmenge (in m^3) → Gewicht (in t)

Die Graphen proportionaler Zuordnungen sind Geraden durch den Ursprung. Eine proportionale Zuordnung ist also grundsätzlich eindeutig und damit grundsätzlich eine Funktion.

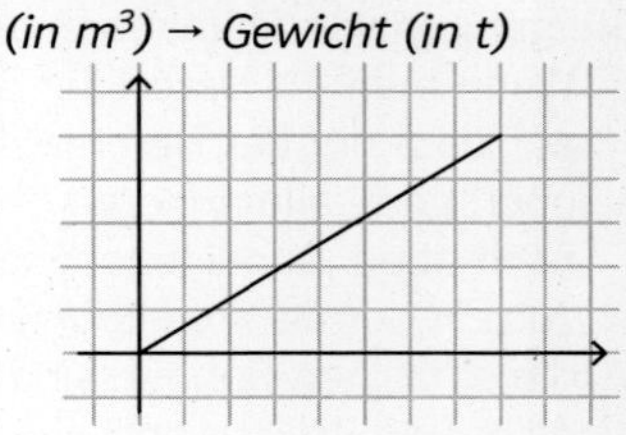

Auch antiproportionale Zuordnungen sind grundsätzlich eindeutig. Also ist eine antiproportionale Zuordnung grundsätzlich eine Funktion.

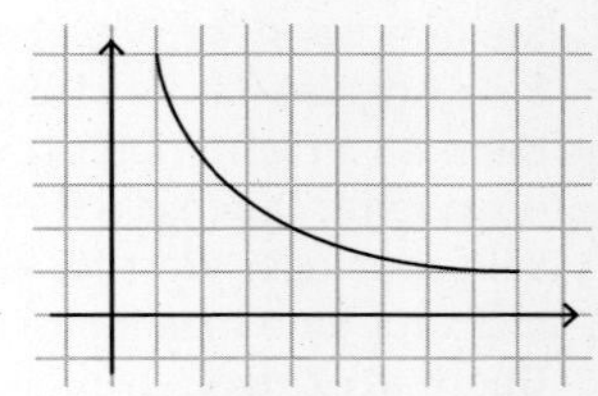

Dies trifft beispielsweise bei einem Rechteck mit vorgegebenem Flächeninhalt für die Zuordnung *Länge → Breite* zu.

11 (1)

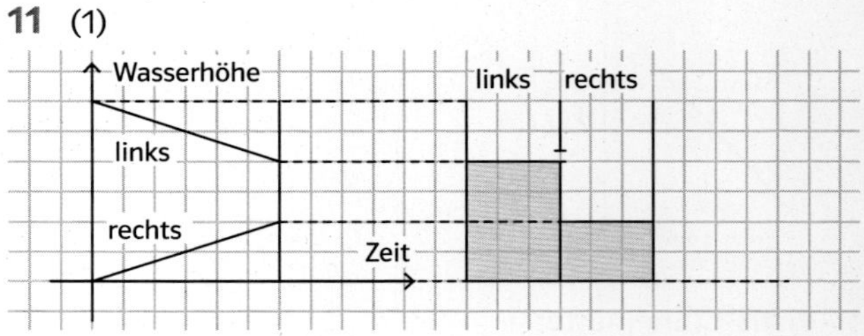

(2)

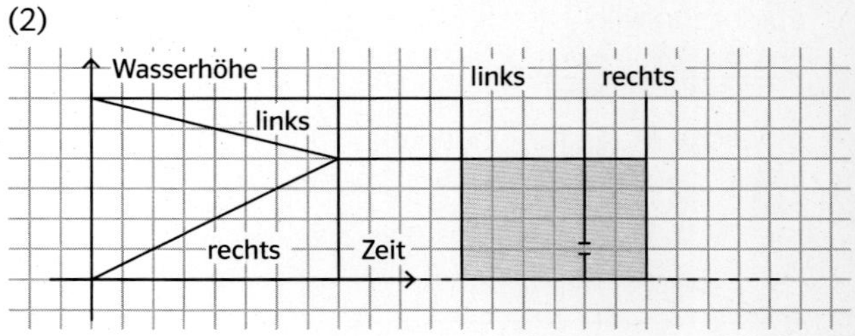

(3)

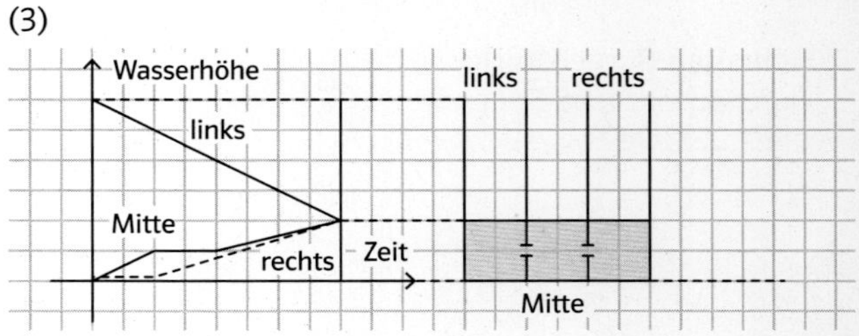

(4)

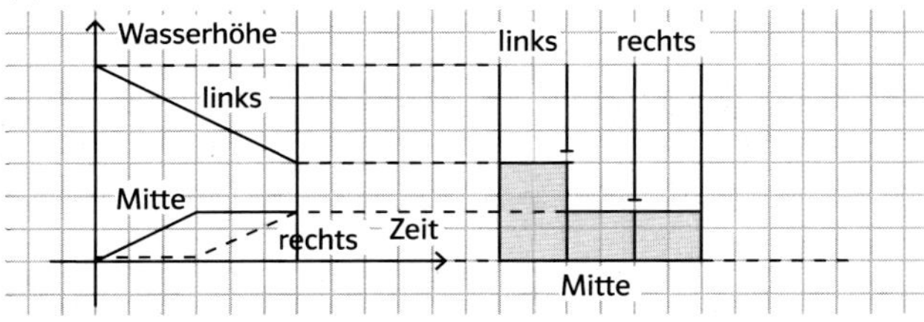

Die Graphen sind wie im Beispiel im Schülerbuch stückweise linear dargestellt. Genauer betrachtet sind die Graphen nicht geradlinig, da die Abflussgeschwindigkeit (Abflussvolumen/Zeit) nicht konstant ist, sondern von der Höhe der Wassersäule abhängt (hydrostatischer Druck).

12 a) individuelle Lösung, zum Beispiel:

(1)

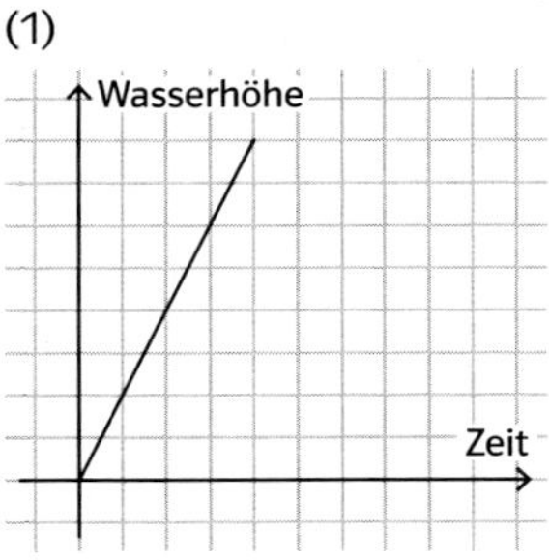

(2)

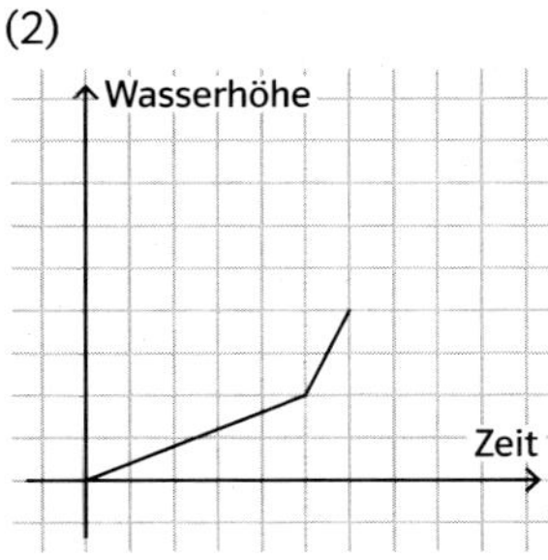

(3)

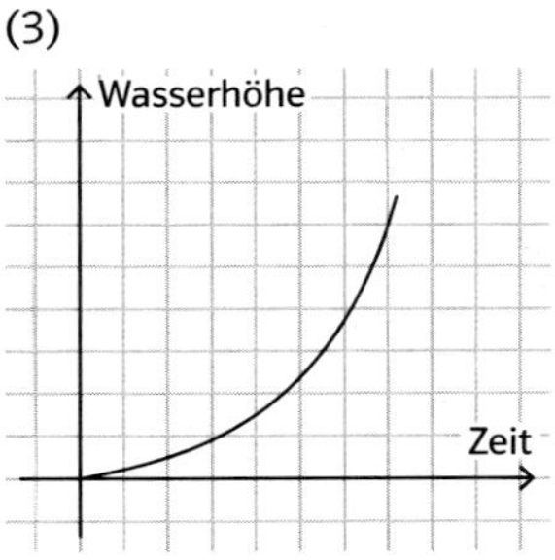

(4)

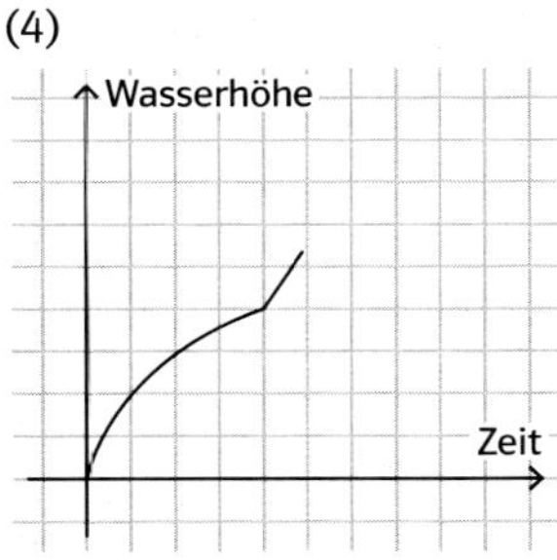

b) (1)

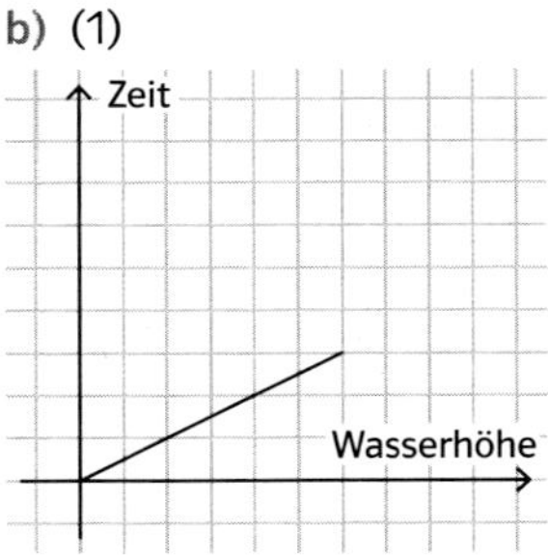

(2)

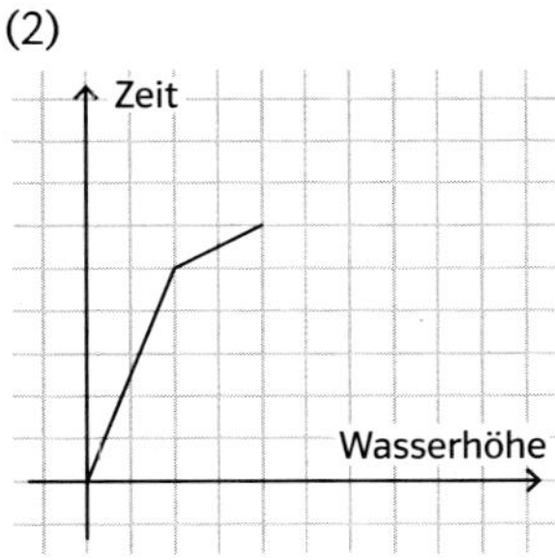

(3)

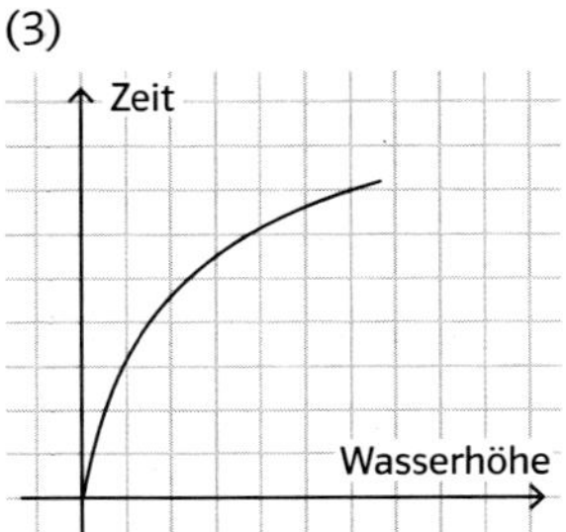

(4)

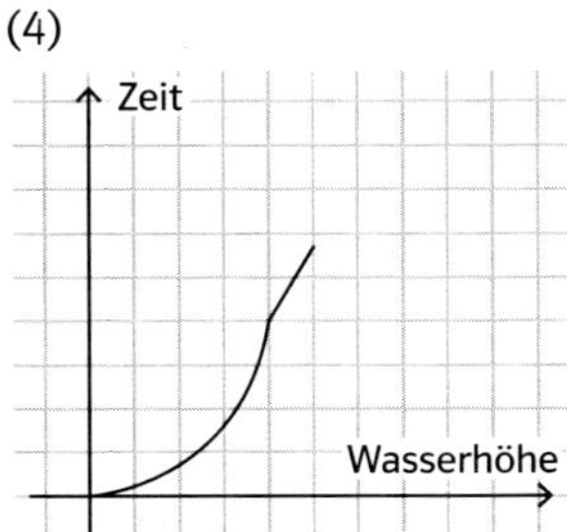

c) Den Graphen kann man u.a. entnehmen, wann die Wasserhöhen in den Gefäßen schneller bzw. langsamer stiegen, wie lange es dauert, bis die Gefäße voll sind und bis zu welcher Höhe Wasser in die Gefäße eingefüllt werden kann.

2 Darstellungsformen von Funktionen

Seite 72

Einstiegsaufgabe

Anzahl der Punkte: 1; $1 + 4$; $1 + 2 \cdot 4$; ...

$f\colon n \mapsto 1 + n \cdot 4$

An der Stelle $n = 10$ hat f den Wert 41, also $f(10) = 41$.

Seite 73

1

a) $f(2) = 1$ $\Rightarrow$ P liegt auf dem Graphen von f.
$f(1) = -1$ $\Rightarrow$ Q liegt auf dem Graphen von f.

b) $f(2) = -1{,}5 \neq 1$ $\Rightarrow$ P liegt nicht auf dem Graphen von f.
$f(1) = -1$ $\Rightarrow$ Q liegt auf dem Graphen von f.

c) $f(2) = 1$ $\Rightarrow$ P liegt auf dem Graphen von f.
$f(1) = 0 \neq -1$ $\Rightarrow$ Q liegt nicht auf dem Graphen von f.

d) $f(2) = 0 \neq 1$ $\Rightarrow$ P liegt nicht auf dem Graphen von f.
$f(1) = -1$ $\Rightarrow$ Q liegt auf dem Graphen von f.

Seite 74

2 a) $f\colon x \mapsto x - 1$

Der y-Wert ist jeweils um 1 kleiner als der zugehörige x-Wert.

b) $f\colon x \mapsto x^2$

Der y-Wert ergibt sich, indem man den zugehörigen x-Wert mit sich selbst multipliziert.

c) $f\colon t \mapsto 1{,}5t$

Der s-Wert ist jeweils 1,5-mal so groß wie der zugehörige t-Wert.

d) $f\colon x \mapsto \frac{2}{3}x + \frac{7}{3}$

Der y-Wert ergibt sich, indem man zum $\frac{2}{3}$-Fachen des zugehörigen x-Wertes $\frac{7}{3}$ addiert.

3 Als Variable für *Zahl* wird x verwendet.

a) $g(x) = 3x$ $g(3) = 9$; $g\left(\frac{1}{2}\right) = \frac{3}{2}$; $g(-2) = -6$

b) $h(x) = \frac{1}{2x}$ $h(3) = \frac{1}{6}$; $h\left(\frac{1}{2}\right) = 1$; $h(-2) = -\frac{1}{4}$

c) $t(x) = 2x - 1$ $t(3) = 5$; $t\left(\frac{1}{2}\right) = 0$; $t(-2) = -5$

d) $k(x) = (x - 2)^2$ $k(3) = 1$; $k\left(\frac{1}{2}\right) = \frac{9}{4}$; $k(-2) = 16$

e) $w(x) = \frac{1}{2x + 1}$ $w(3) = \frac{1}{7}$; $w\left(\frac{1}{2}\right) = \frac{1}{2}$; $w(-2) = -\frac{1}{3}$

4

Funktionsvorschrift	f(2)	Funktionseigenschaft	Graph	Lösungswort
$x \mapsto 2x + 1$	5	Bei Zunahme der x-Werte um 1 nehmen die y-Werte um 2 zu.	S	HAUS
$x \mapsto \frac{1}{x}$	0,5	Dem doppelten x-Wert wird der halbe y-Wert zugeordnet.	F	GOLF
$x \mapsto 0{,}5x$	1	Dem doppelten x-Wert wird der doppelte y-Wert zugeordnet.	L	MÜLL

Funktions-vorschrift	f(2)	Funktionseigenschaft	Graph	Lösungswort
$x \mapsto -x + 4$	2	Bei Zunahme der x-Werte um 1 nehmen die y-Werte um 1 ab.	R	MEER

5 a) Die Funktion f hat für $x > 0$ positive Funktionswerte.

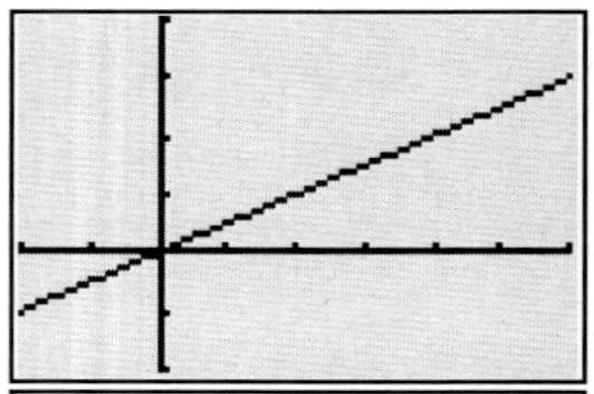

b) Die Funktion f hat für $t < -3$ positive Funktionswerte.

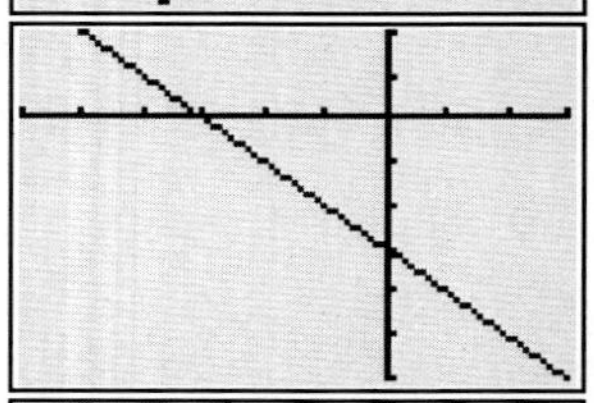

c) Die Funktion f hat für $r > 3$ positive Funktionswerte.

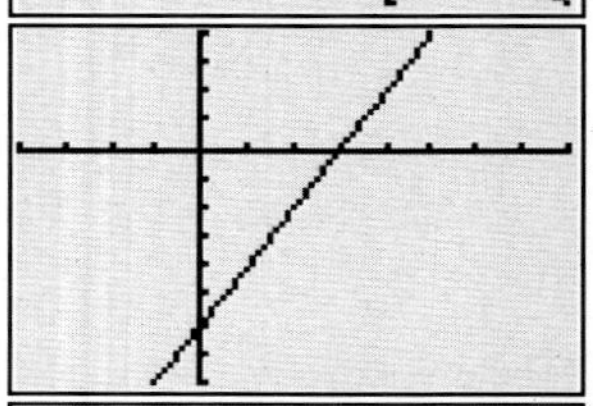

d) Die Funktion f hat für $u > 3$ und für $u < -1$ positive Funktionswerte.

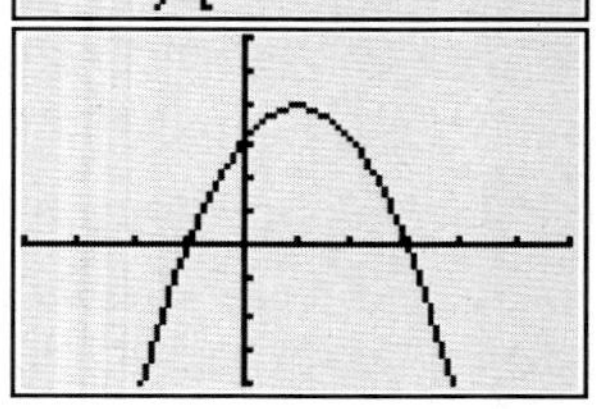

6 a) $g(x) > f(x)$ für $x < -2$

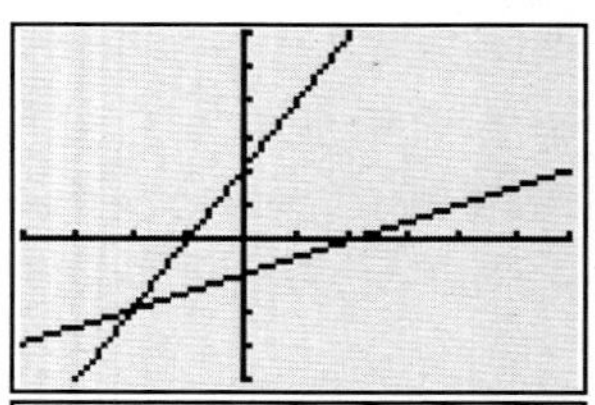

b) $g(k) > f(k)$ für $-2 < k < 1$

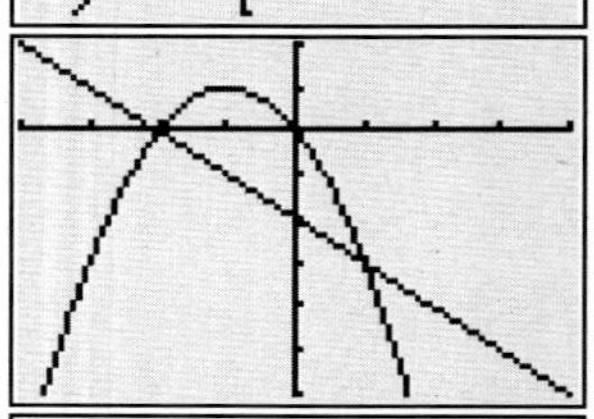

c) $g(z) > f(z)$ für $z < 0$ und für $z > \frac{8}{3}$

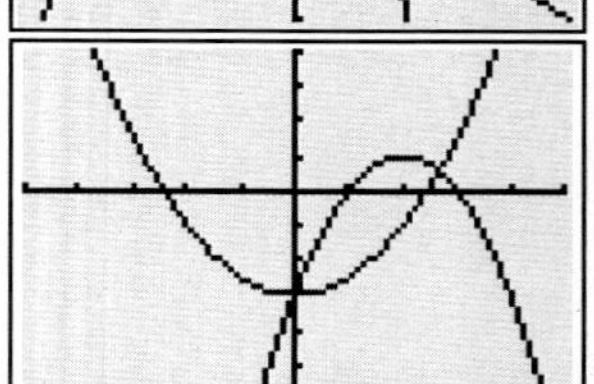

d) $g(u) > f(u)$ für $0 < u < 2$

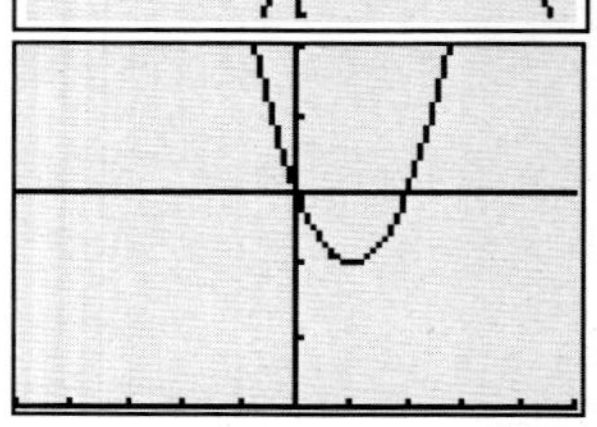

7 Kaffeedurchlauf

a) $f(m) = \frac{1{,}2}{10}m = 0{,}12\,m$

b)

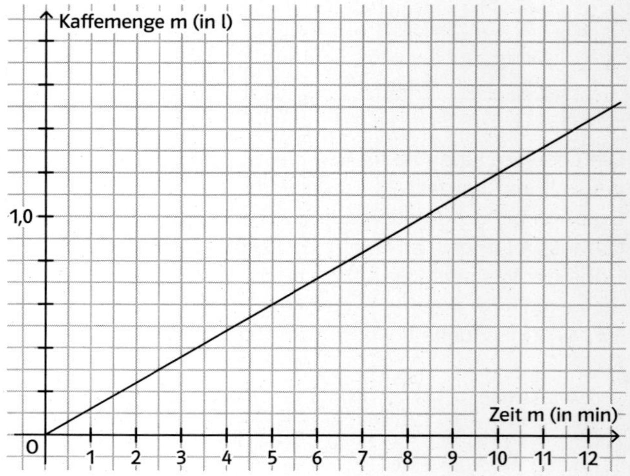

8 a)

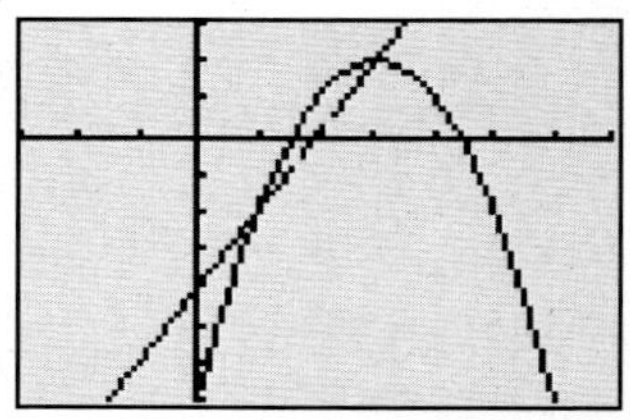

b) A(0 | −7) liegt auf dem Graphen von g, aber nicht auf dem Graphen von f: $f(0) = -4 \neq -7$; $g(0) = -7$.
B(3 | 2) liegt auf dem Graphen von f und auf dem Graphen von g: $f(3) = 2$; $g(3) = 2$.
C(−1 | 6) liegt auf dem Graphen von f, aber nicht auf dem Graphen von g: $f(-1) = -6$; $g(-1) = -14 \neq -6$.
c) Die Funktion g hat positive Werte für alle Stellen x, die zwischen den Nullstellen liegen. Die Nullstellen von g liegen bei etwa 1,6 und etwa 4,4.

Seite 75

11 individuelle Lösung, zum Beispiel:
Es gibt jeweils unendlich viele Terme. Als Begründung kann z. B. anschaulich argumentiert werden:
Durch den vorgegebenen Punkt lassen sich z. B. unendlich viele Geraden zeichnen, die alle unterschiedlich steil verlaufen und zu denen dann auch ein jeweils anderer Term gehört.
a) $f(x) = 0$, $f(x) = x$, $f(x) = 5x^2$
b) $f(x) = 3$, $f(x) = x + 3$, $f(x) = x^2 + 3$
c) $f(x) = 0$, $f(x) = x + 2$, $f(x) = -x - 2$
Geht man z. B. von der Bedingung $0 = x + 2$ aus, so erhält man durch Multiplikation mit einer beliebigen rationalen Zahl weitere Lösungen, z. B. $f(x) = 2x + 4$ (Multiplikation mit 2). Auf diese Weise erhält man unendlich viele Terme f(x) mit der Eigenschaft $f(-2) = 0$.

d) $f(x) = x - 3$, $f(x) = 2x - 5$, $f(x) = 3x - 7$
Auch hier erhält man ausgehend von z. B. $-1 = x - 3$ unendlich viele weitere Terme $f(x)$, für die $f(x) = -1$ ist, wenn man so umformt, dass auf der linken Seite am Schluss wieder -1 steht:

$-1 = x - 3$	$\mid \cdot 2$	$-1 = x - 3$	$\mid \cdot (-1)$
$-2 = 2x - 6$	$\mid +1$	$1 = -x + 3$	$\mid -2$
$-1 = 2x - 5$		$-1 = -x + 1$	

12 a)

Funktion	f	g	h	k
Graph	(1)	(2)	(3)	(4)

b) individuelle Lösung

13 a) Der Graph ist eine ansteigende Gerade.

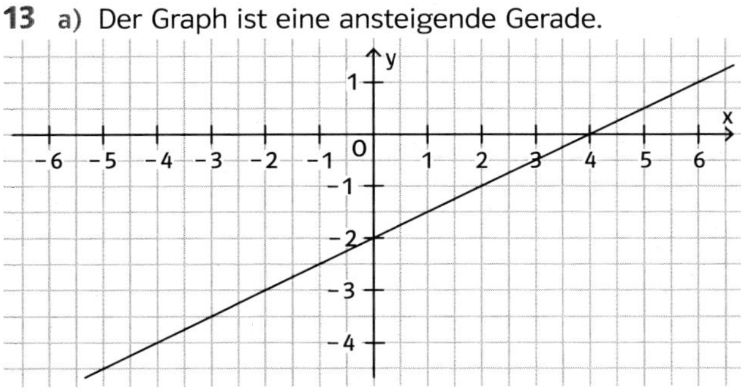

b) Der Graph ist eine fallende Gerade.

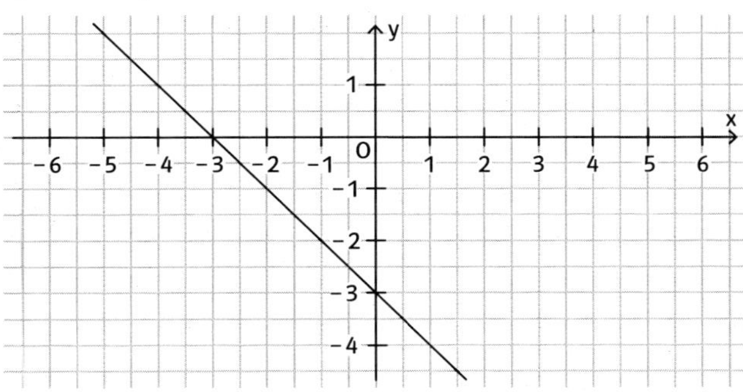

c) Der Graph ist eine Kurve, die zunächst abfällt, bei $(1 \mid 0)$ ihren tiefsten Punkt erreicht und dann wieder ansteigt.

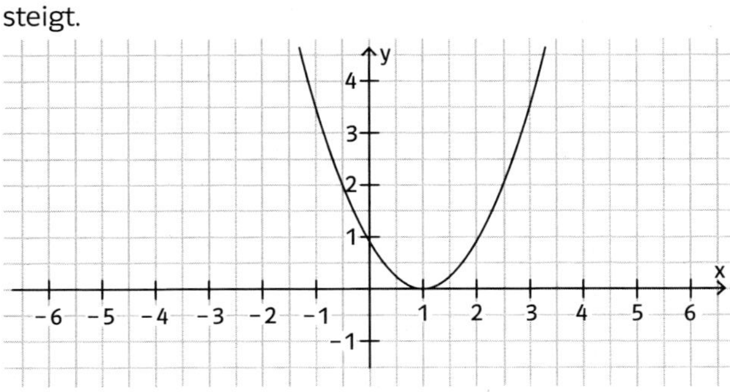

d) Der Graph ist eine Parallele zur x-Achse – für jeden x-Wert ist der Funktionswert 5 (konstante Funktion).

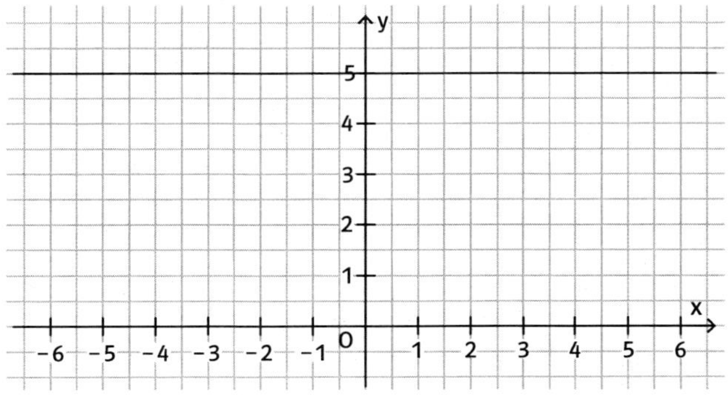

14 a) $g(x) = 0$ für $x = 1$, $x = -1$, $x = 2$, $x = -2$
b) $g(x) < 0$ für $1 < x < 2$ und für $-2 < x < -1$;
$g(x) > 0$ für $x < -2$, für $-1 < x < 1$ und für $x > 2$

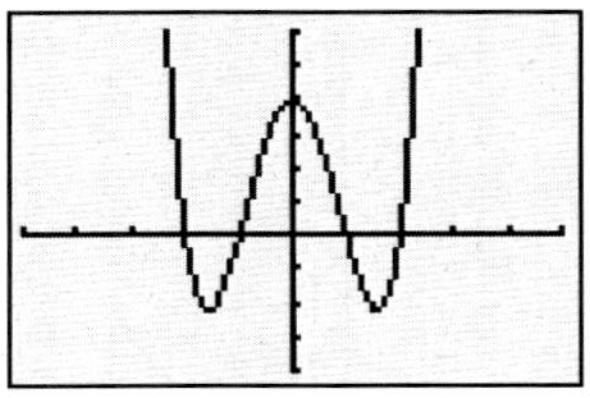

c) zunehmende Funktionswerte für $-1{,}58 < x < 0$ und für $x > 1{,}58$ (Randwerte gerundet); abnehmende Funktionswerte für $x < -1{,}58$ und für $0 < x < 1{,}58$

15 a) Der kleinste Funktionswert wird etwa bei $x = 1{,}68$ angenommen $(f(1{,}68) = -0{,}8224)$.
b) Der größte Funktionswert wird bei $x = -2{,}22$ angenommen $(f(-2{,}22) = 4{,}9284)$.
c) Die Funktionswerte wachsen über alle Grenzen. Es gibt weder einen größten, noch einen kleinsten Funktionswert.
d) Der kleinste Funktionswert wird etwa bei $x = -0{,}64$ angenommen $(f(-0{,}64) = -1{,}062)$.

16 a)

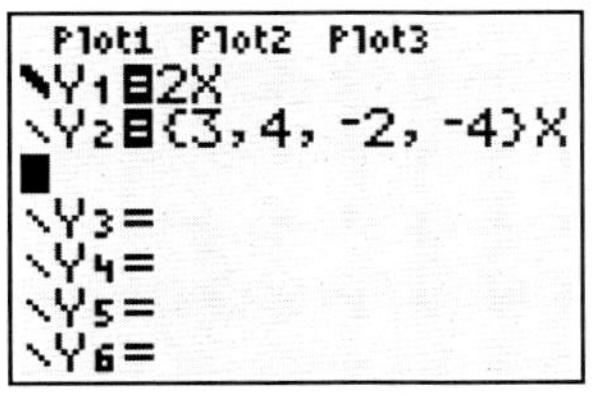

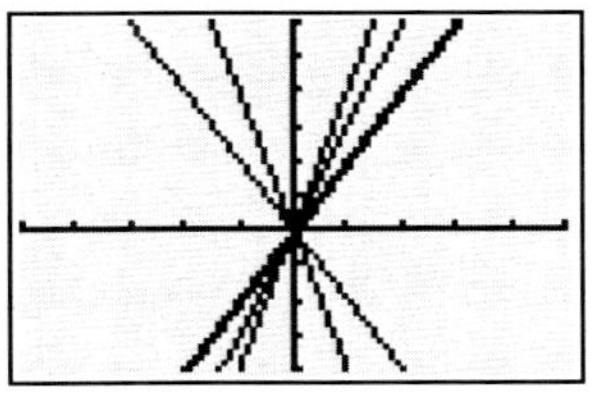

Der Graph von f ist eine Gerade durch den Ursprung. Ersetzt man die rot markierte 2, so verändert sich die Steigung/Neigung/Steilheit der Geraden. Für negative Zahlen fällt die zugehörige Gerade, für positive Zahlen steigt sie.
b)

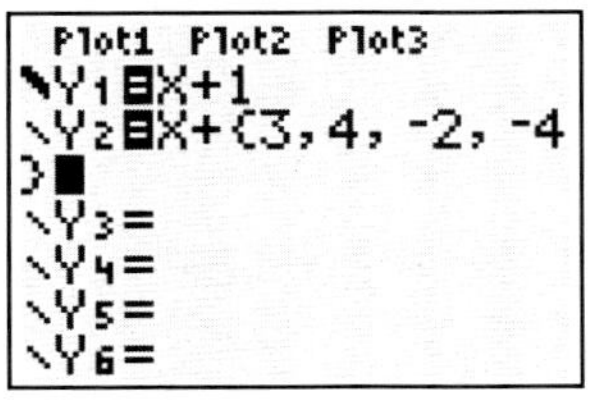

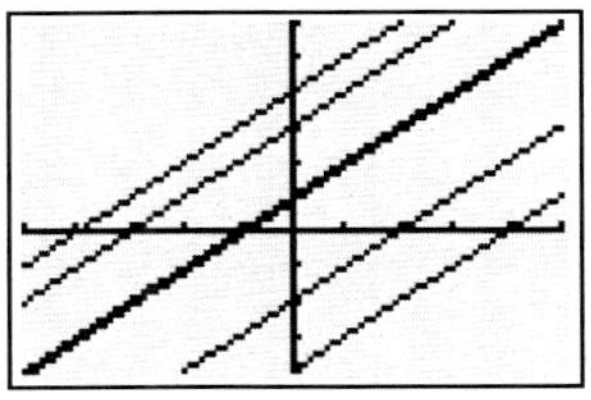

Der Graph von g ist eine Gerade, der die y-Achse im Punkt $(0 \mid 1)$ schneidet. Ersetzt man die rot markierte 1, so ergeben sich parallele Geraden. Die an Stelle von 1 eingesetzte Zahl gibt die Stelle an, an der die y-Achse geschnitten wird.

c)

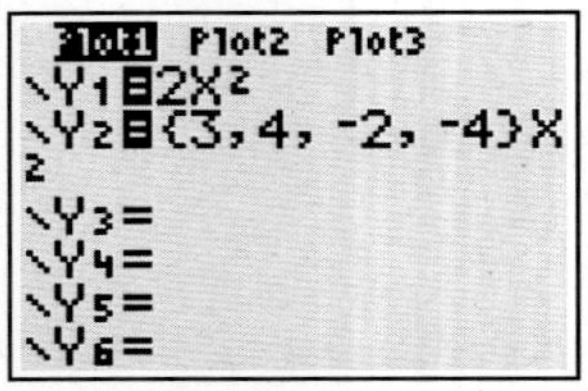

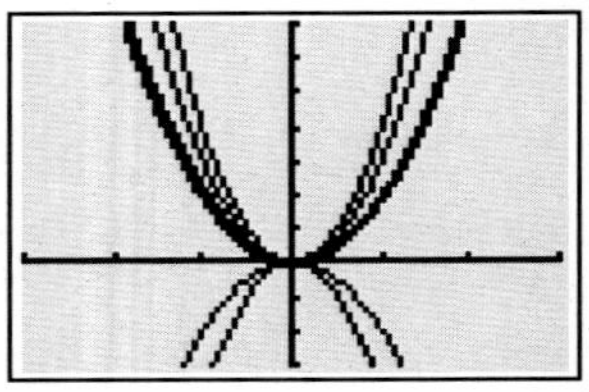

Der Graph von w ist eine Kurve, die symmetrisch zur y-Achse verläuft. Ersetzt man die rot markierte 2, so verändert sich die „Breite" der Kurve. Für negative Zahlen an Stelle von 2 ergeben sich spiegelbildliche Verhältnisse: Die Kurve zu −2 ist das Spiegelbild des Graphen von w bei Spiegelung an der x-Achse, die Kurve zu −4 entsprechend das Spiegelbild zu der Kurve, die sich zu 4 ergibt.

d)

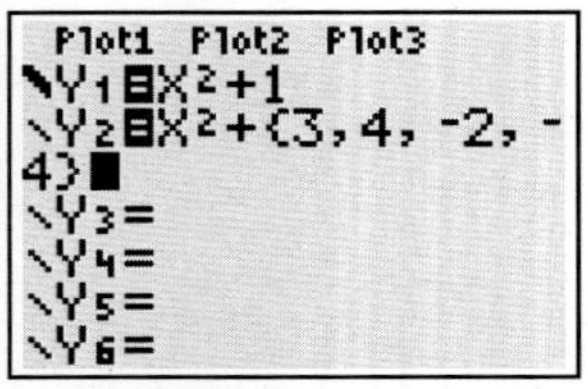

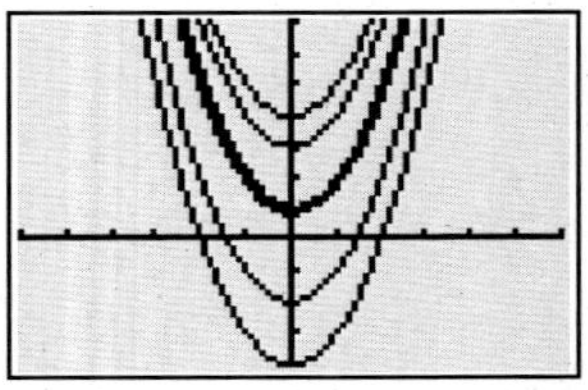

Der Graph von k ist eine Kurve, die symmetrisch zur y-Achse verläuft. Ersetzt man die rot markierte 1, so ergeben sich Kurven, die gegenüber dem Graphen von k in Richtung der y-Achse oder entgegen der Richtung der y-Achse verschoben sind. Die Verschiebungsrichtung hängt vom Vorzeichen der gewählten Zahl ab.

3 Lineare Funktionen

Seite 76

Einstiegsaufgabe

Zeichnet man von der Spitze des Dachfirstes ausgehend die Höhe des Dreiecks, welches das Dach bildet, so erhält man ein Steigungsdreieck.

Steigung der Dachfläche: $\frac{4\,\text{m}}{\frac{1}{2}\cdot 8\,\text{m}} = 1 = 100\,\%$

Seite 78

1

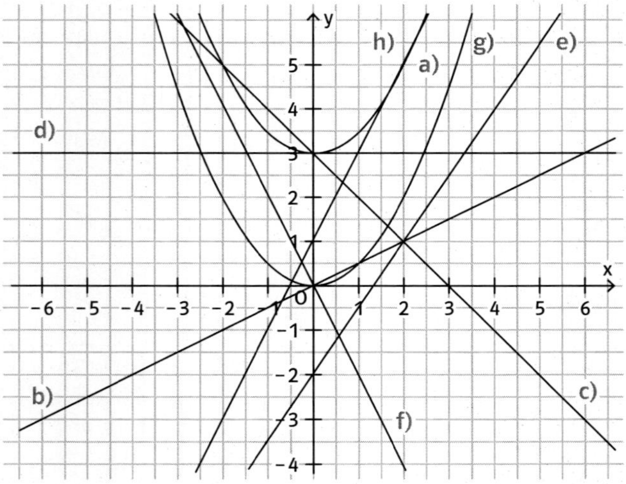

2 Die Funktionen in den Teilaufgaben a) bis f) sind linear. Proportional sind die Funktionen in Teilaufgabe b) und Teilaufgabe f).

3 a)

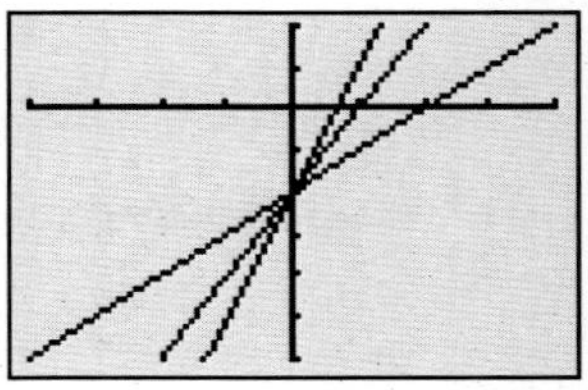

b)

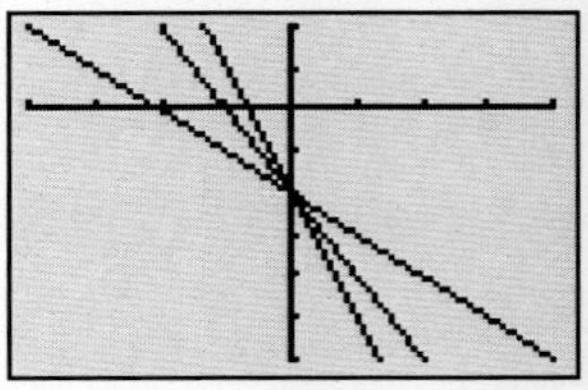

c)

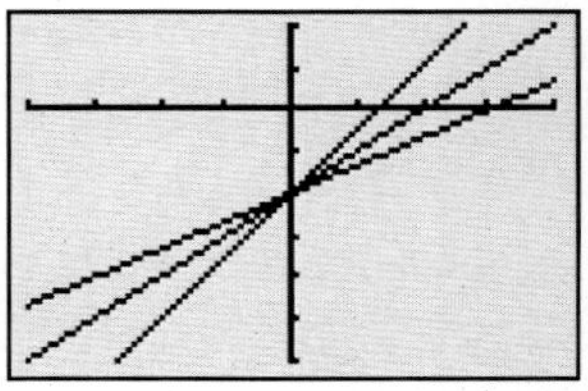

d)

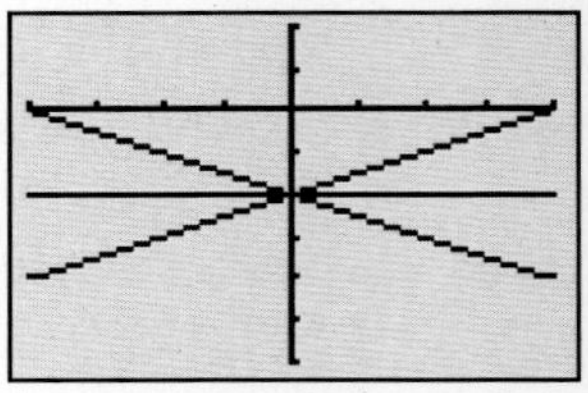

4 a)

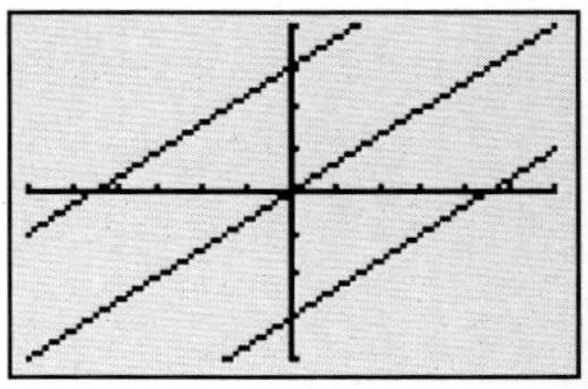

b)

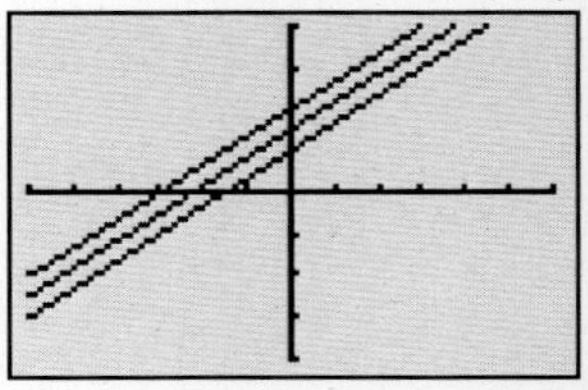

c)

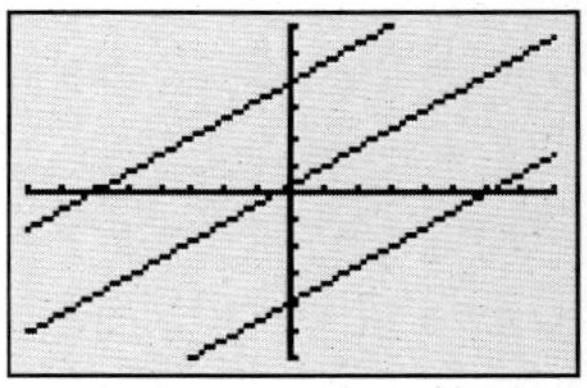

d)

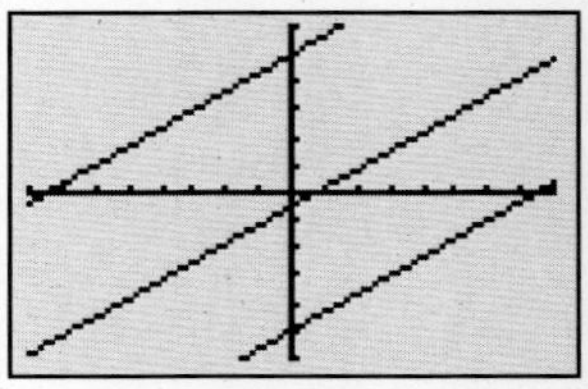

Seite 79

5

Gerade	(1)	(2)	(3)	(4)	(5)	(6)
Steigung m	−1	$-\frac{5}{2}$	$\frac{5}{4}$	$\frac{2}{3}$	$\frac{1}{6}$	$-\frac{1}{8}$
Funktionsterm	−x	$-\frac{5}{2}x$	$\frac{5}{4}x$	$\frac{2}{3}x$	$\frac{1}{6}x$	$-\frac{1}{8}x$

6 a) Die Funktion *Zeit (in s) → Füllhöhe (in cm)* ist linear, weil die Füllhöhe pro Sekunde immer um 1,4 cm sinkt.

b)

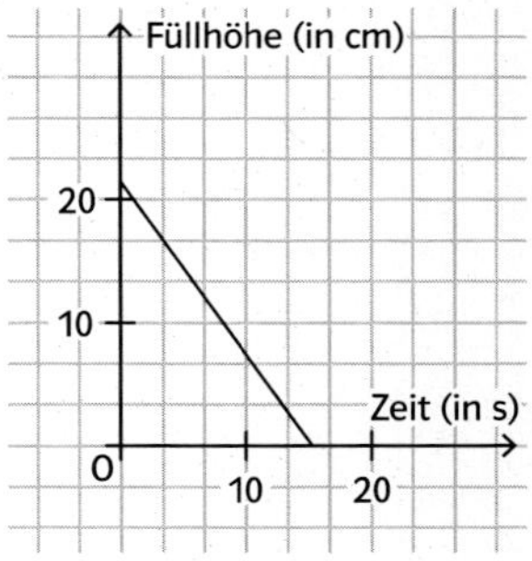

c) $h(t) = -1{,}4 \cdot t + 22$
Nach 15,71 Sekunden ist das Gefäß leer.

7

	Steigung	y-Achsenabschnitt
a)	0,5	3
b)	2	−1
c)	1	0
d)	0,5	−1
e)	−4	3
f)	0	1
g)	3	3
h)	2	3

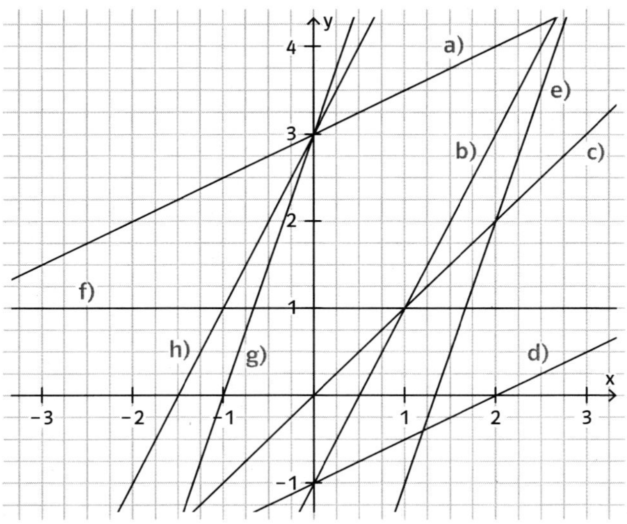

8

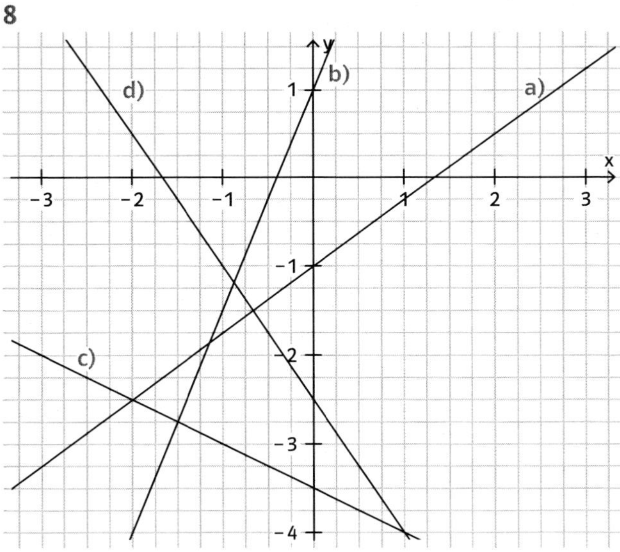

9 a) Die Geraden mit den Steigungen $\frac{5}{4}$ und $\frac{4}{5}$ liegen spiegelbildlich zur Geraden mit der Gleichung $f(x) = x + 1$.

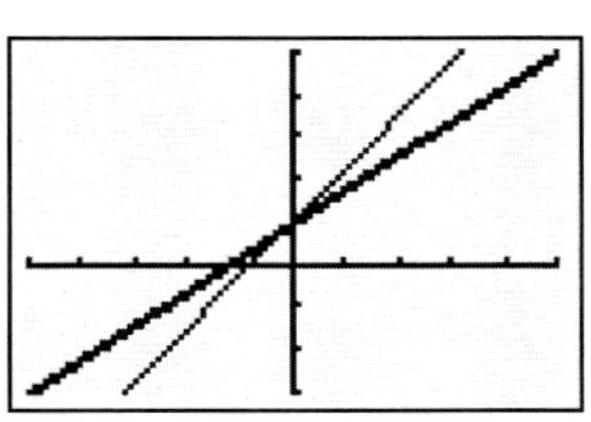

b) Die Geraden mit den Steigungen $-\frac{4}{5}$ und $\frac{4}{5}$ liegen spiegelbildlich zur y-Achse.

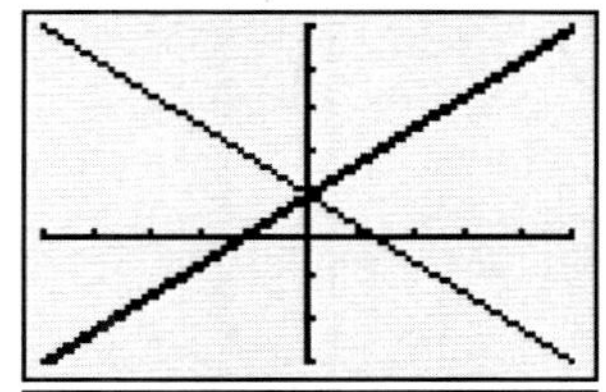

c) Die Geraden mit den Funktionstermen $f(x) = \frac{4}{5}x + 1$ und $f(x) = -\frac{4}{5}x - 1$ liegen spiegelbildlich zur x-Achse.

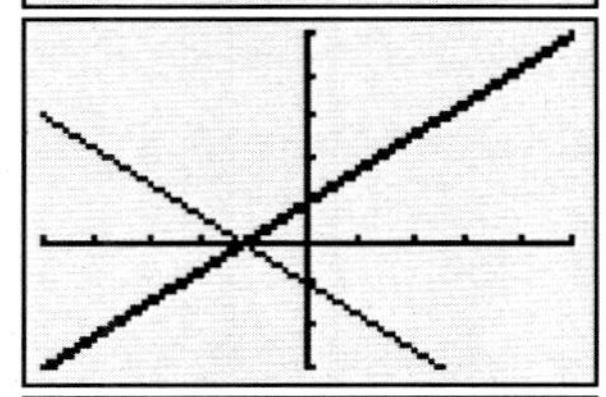

d) Bei den beiden Geraden sind die Steigung und der y-Achsenabschnitt jeweils vertauscht.

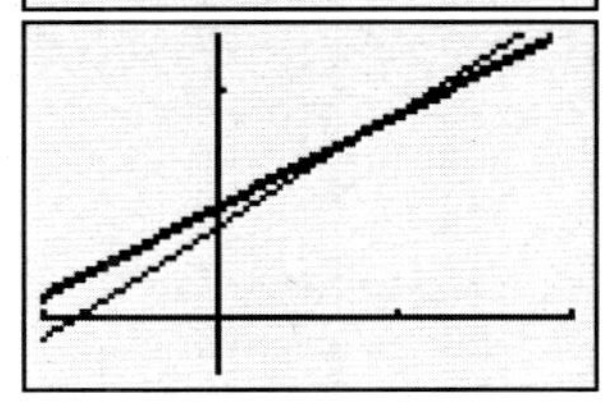

13 Jana hat recht, Mathias täuscht sich dagegen. Um ein Steigungsdreieck zu zeichnen werden zwei Punkte $P(x_P | y_P)$ und $Q(x_Q | y_Q)$ gebraucht.
Der Graph einer proportionalen Funktion geht durch den Ursprung, daher kann immer $P = O(0|0)$ gewählt werden. Wenn man einen beliebigen Funktionswert der Funktion durch den zugehörigen x-Wert teilt, also den Quotienten $\frac{y_Q}{x_Q}$ bildet, so hat man auch die Steigung zwischen O und Q.
Bei einer nicht proportionalen linearen Funktion dagegen, liefert dieser Quotient nicht die Steigung zwischen den Punkten P und Q. Denn die horizontale Seite des Steigungsdreiecks hat in diesem Fall die Länge $x_Q - x_P$, die vertikale die Länge $y_Q - y_P$.

Seite 80

14 a) Es ist $3\,\% = \frac{3}{100} = \frac{9}{300}$ und $1:30 = \frac{1}{30} = \frac{10}{300}$.
Also ist 1:30 die größere Steigung, da $\frac{10}{300} > \frac{9}{300}$.
b) Es ist $1:20 = \frac{1}{20} = \frac{5}{100} = 5\,\%$.
Also sind beide Steigungen gleich groß.
c) Es ist $1:42 = \frac{1}{42} < \frac{1}{40} = \frac{25}{1000} = 25\,‰$.
Also ist 25 ‰ die größere Steigung.
d) Es ist $1:38 = \frac{1}{38} > \frac{1}{40} = \frac{25}{1000} = 25\,‰$.
Also ist 1:38 die größere Steigung.

15 a) $m = \frac{1}{8} = \frac{125}{1000} = 25\,\%$ b) $m = -0{,}15 = -15\,\%$
c) $m = \frac{3}{2} = \frac{150}{100} = 150\,\%$ d) $m = -\frac{2}{5} = -\frac{40}{100} = -40\,\%$

16 Es sind ca. 79 %. Das Bild ist so fotografiert, dass nicht das Hausdach waagerecht steht, sondern die Straße.

17 Nein, er irrt. Dazu sollten verschiedene Beispiele betrachtet werden. Beim Beispiel $\alpha = 45°$ ergibt sich ein offensichtlicher Widerspruch:

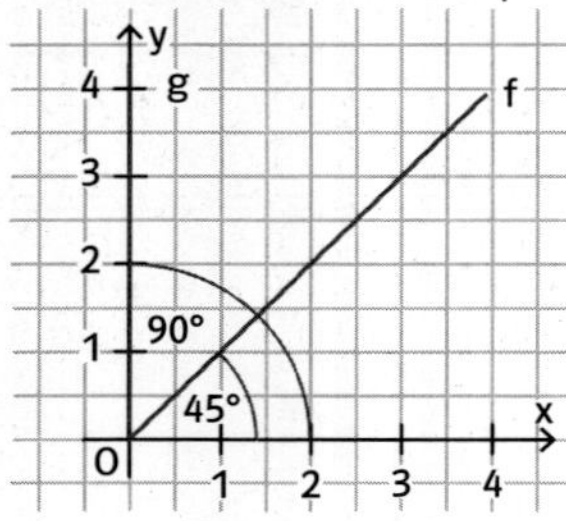

Fig. 1

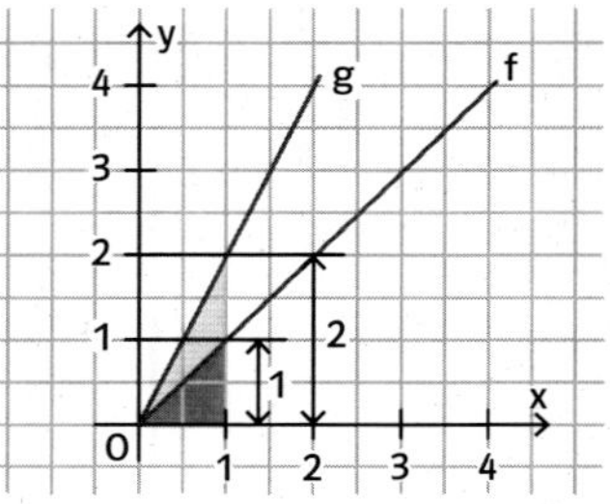

Fig. 2

Die Gerade g in Fig. 1 schließt mit der x-Achse einen doppelt so großen Winkel ein wie f. Die Steigung von g ist aber unendlich groß.
Die Gerade g in Fig. 2 hat die Steigung 2, die Steigung ist damit doppelt so groß wie die Steigung von f. Der von g mit der x-Achse eingeschlossene Winkel ist deutlich kleiner als $2\alpha = 2 \cdot 45° = 90°$.

18 a) individuelle Lösung
Die Funktionsterme müssen alle den y-Achsenabschnitt −3,5 haben, z. B.
g_1: $x \to x - 3{,}5$; g_2: $x \to 2x - 3{,}5$; g_3: $x \to 3x - 3{,}5$
b) individuelle Lösung
Die möglichen Funktionsterme enthalten alle 2x. Die zugehörigen Geraden haben folglich alle die Steigung 2, verlaufen somit parallel zueinander.

19 $g(x) = \frac{3}{4}x - 3$

Punkt	Vergleichswert	Lage des Punktes
A(−4 | −5)	g(−4) = −6	oberhalb der Geraden
B(4 | 0)	g(4) = 0	auf der Geraden
C(2 | −1,6)	g(2) = −1,5	unterhalb der Geraden
D(40 | 27)	g(40) = 27	auf der Geraden
E(−7 | −9)	g(−7) = −8,25	unterhalb der Geraden

20 a) mithilfe von z. B. (0 | 5) und (2 | 8)
b) mithilfe von z. B. (0 | 6) und (5 | 0)
c) mithilfe von z. B. (1 | −1) und (7 | −3)
d) mithilfe von z. B. (−1 | −5) und (4 | 4)

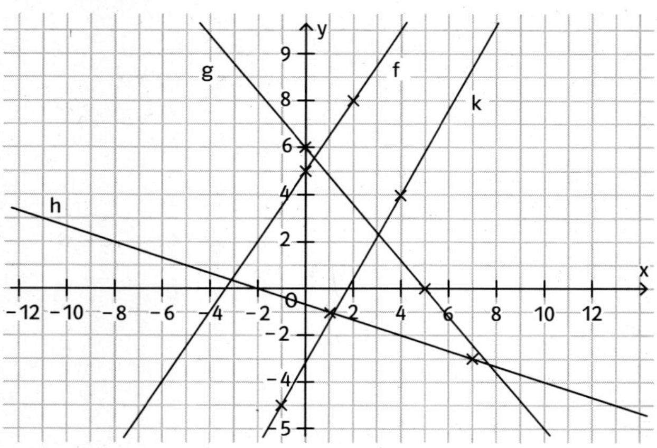

e) mithilfe von z. B. (0 | 3) und (5 | 5)
f) mithilfe von z. B. (2 | 1) und (6 | 4)
g) mithilfe von z. B. (3 | −2) und (8 | −4)
h) mithilfe von z. B. (1 | 2) und (5 | −4)

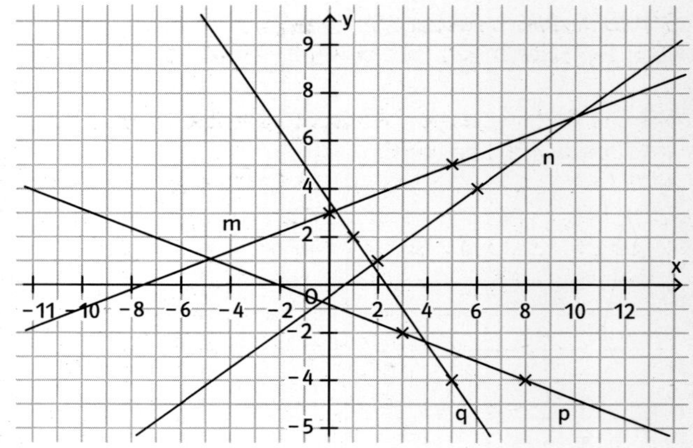

21 $f(x) = \frac{2}{5}x + \frac{3}{2}$ $\quad g(x) = -\frac{2}{3} + 2$

$h(x) = -\frac{4}{3}x - 2$ $\quad k(x) = \frac{3}{5}x$

22 Die Funktionsterme von f(x), k(x) und v(x) lassen sich in der Form mx + b schreiben:
$f(x) = -300x + 0{,}3$; $k(x) = -\frac{1}{3}x + 0$; $v(x) = -4x + 4$.
Die Funktionen von f, k und v sind somit linear.
Die Funktionsterme von g(x), h(x) und p(x) lassen sich nicht in der Form mx + b schreiben. Es treten Terme mit x^2 auf (bei h(x) und bei p(x)) oder ein Term, bei dem x im Nenner steht (bei g(x)).
Die Funktionen von g, h und p sind somit nicht linear.
Hinweis: Die Begründung kann auch anhand der Graphen erfolgen: Die Graphen der Funktionen f, k und v sind Geraden, die Graphen von g, h und p nicht.

Seite 81

23 Die x-Achse ist der Graph der Funktion $f(x) = 0x + 0$ (Nullfunktion). Die y-Achse kann nicht Graph einer Funktion sein, weil dem x-Wert 0 unendlich viele y-Werte zugeordnet sind.

24 a) – c)

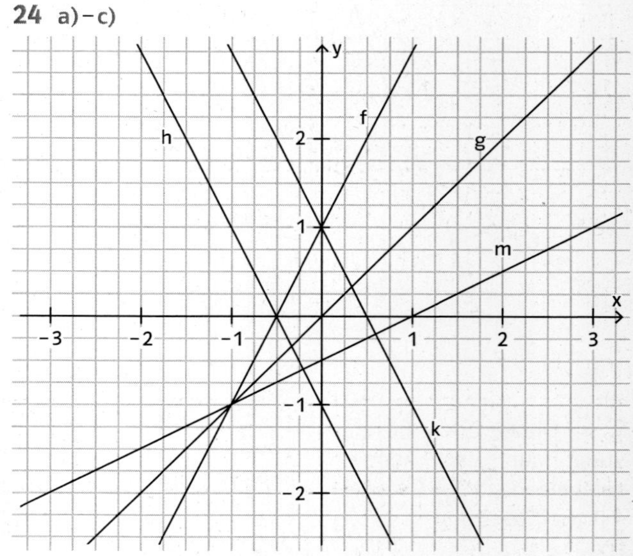

d) Spiegelung an der x-Achse: $h(x) = -2x - 1$
Spiegelung an der y-Achse: $k(x) = -2x + 1$
Spiegelung an der Gerade g mit $g(x) = x$: $m(x) = 0{,}5x - 0{,}5$

25 individuelle Lösung, zum Beispiel:
g_1: x → 1,5x + 1; g_1: x → 1,5x + 2; g_3: x → 1,5x + 3

26 Die Begründung erfolgt durch das Aufstellen des jeweiligen Funktionsterms.
a) Streifenbreite x, Umfang: U = 4 · (10 + 2x) = 8x + 40
U: x → 8x = 40 ist eine lineare Funktion.
b) Streifenbreite x, Flächeninhalt des Streifens:
$A = 2 \cdot (10 + 2x) \cdot x + 2 \cdot 10 \cdot x = 4x^2 + 40x$
A: $x \mapsto 4x^2 + 40x$ ist keine lineare Funktion.
c) Streifenbreite x, Flächeninhalt des neuen Quadrats:
$Q = (10 + 2x)^2 = 100 + 40x + 4x^2$
Q: $x \to 100 + 40x + 4x^2$ ist keine lineare Funktion.

27 individuelle Lösung
Es soll herausgefunden werden, dass das Produkt der Steigungen orthogonaler Geraden −1 ist.
Beispiel: a) $f(x) = \frac{2}{3}x$ b) $g(x) = -\frac{3}{2}x$

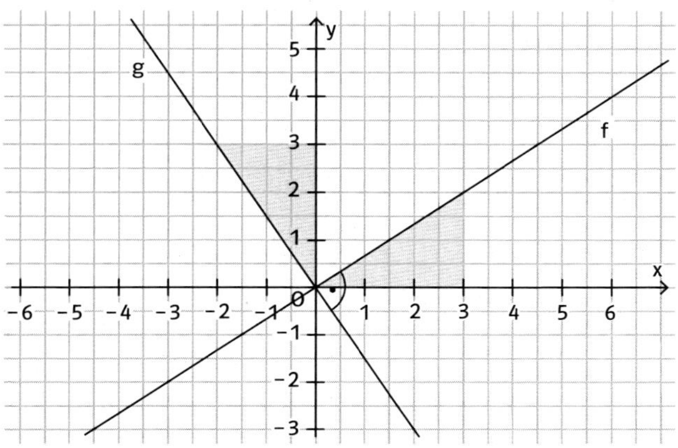

c) $\frac{2}{3} \cdot \left(-\frac{3}{2}\right) = -1$
d) Beispiel: $f(x) = -2x$; $g(x) = \frac{1}{2}x$

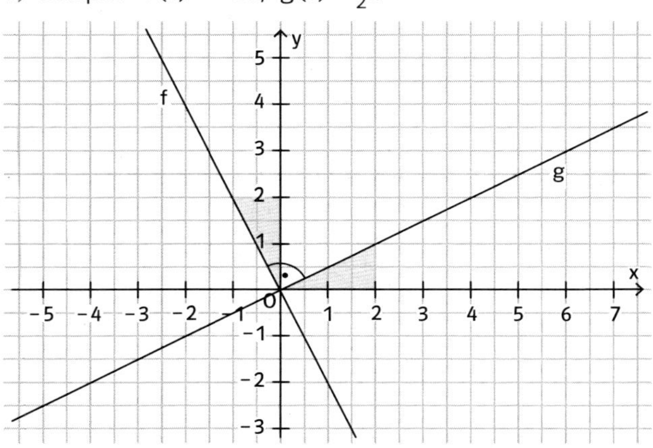

28 a)

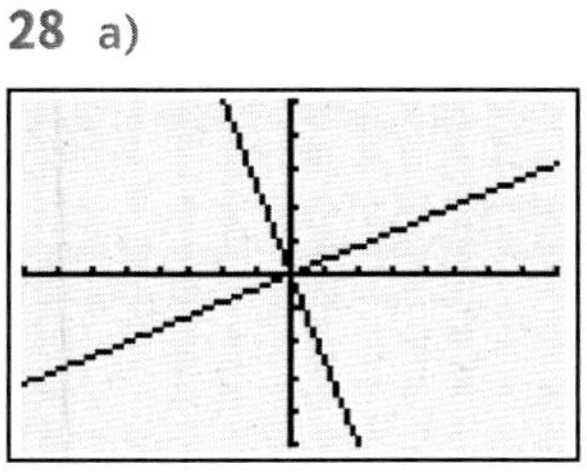

b)

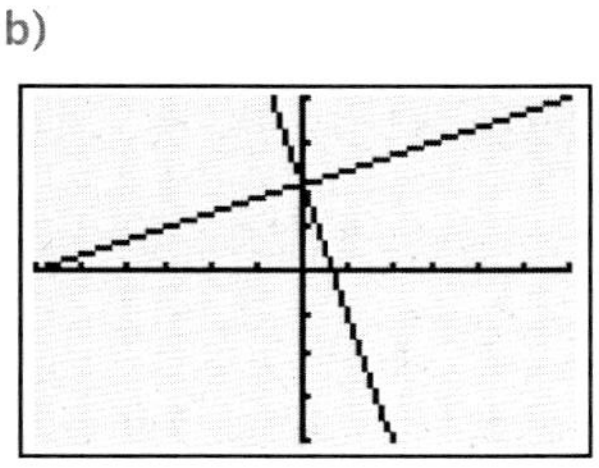

c)

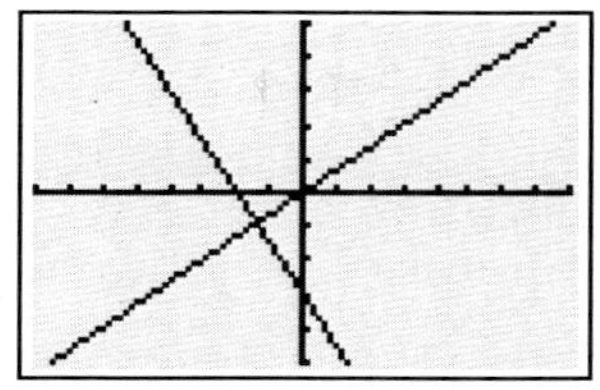

d)

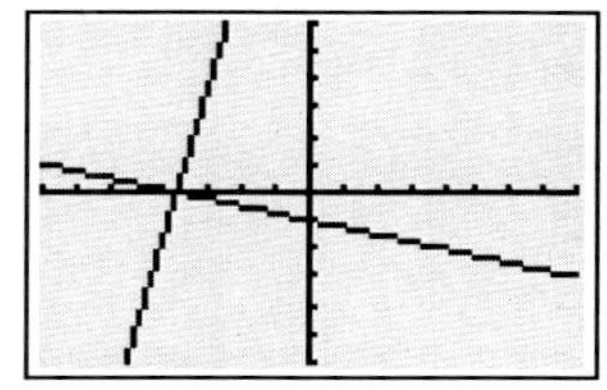

Die Geraden g und h sind jeweils orthogonal zueinander.

29 Die Graphen der Funktionen g und i verlaufen parallel zueinander (gleiche Steigung von $\frac{5}{4}$).
Die Graphen der Funktionen f und h verlaufen senkrecht zueinander $\left(\frac{4}{5} \cdot \left(-\frac{5}{4}\right) = -1.\right)$

4 Bestimmen von Funktionstermen

Seite 82

Einstiegsaufgabe
Da der Zusammenhang linear ist, lässt sich ein Funktionsterm f finden mit f(x) = mx + b.
Es gilt: f(20) = 26 und f(40) = 42.
Die Steigung m wird mithilfe der Punkte (20 | 26) und (40 | 42) berechnet:
$m = \frac{42 - 26}{40 - 20} = \frac{16}{20} = 0{,}8$. Also ist: f(x) = 0,8x + b.
Da der Graph von f durch den Punkt (20 | 26) verläuft, gilt:
f(20) = 26 ⇒ 0,8 · 20 + b = 26; also
b = 26 − 0,8 · 20 = 10
Der Funktionsterm der zur dieser Abbildung gehörenden Funktion f lautet: f(x) = 0,8x + 10.

Seite 83

1 a) f(x) = −3x + 19 b) $f(x) = -\frac{1}{3}x + \frac{13}{3}$
c) f(x) = 2,1x − 1,8 d) f(x) = 2x − 15

2 a) f(x) = x + 1 b) $f(x) = \frac{2}{3}x - \frac{1}{12}$
c) f(x) = 0,5x + 3 d) f(x) = −0,8x + 1,2

3 a) PQ: f(x) = 1,5x + 0,5 −4 = 1,5 · (−3) + 0,5
Die Koordinaten von R erfüllen die Funktionsvorschrift der Geraden, R ist Punkt der Geraden PQ.
b) PQ: f(x) = 0,8x + 0,3 1,2 ≠ 0,8 · 1 + 0,3
Die Koordinaten von R erfüllen die Funktionsvorschrift der Geraden nicht, R ist nicht Punkt der Geraden PQ, sondern liegt oberhalb von PQ.
c) PQ: f(x) = −0,9x −1,8 = −0,9 · 2
Die Koordinaten von R erfüllen die Funktionsvorschrift der Geraden, R ist Punkt der Geraden PQ.

4 Funktionsterm zu a: $f(x) = -\frac{3}{2}x + 3$; zu b: $f(x) = -\frac{2}{5}x - \frac{1}{5}$;
zu c: $f(x) = -\frac{2}{7}x - \frac{1}{7}$; zu d: $f(x) = \frac{4}{3}x + \frac{2}{3}$; zu e: f(x) = −3x − 7

5 a)

x	0	1	3	**4**
f(x) = −2x + 2	2	0	**−4**	−6

b)

x	−3	0	2	**7**
f(x) = −0,5x + 3,5	5	**3,5**	2,5	0

6 Jan hat die Steigung der Gerade berechnet, die den Ursprung mit dem Punkt P(2 | 3) verbindet, Lisa dagegen die Steigung, die den Ursprung mit dem Punkt Q(4 | 5) verbindet. Das ist beides nicht gefragt. Die Steigung der Geraden durch P und Q lautet: $m = \frac{5-3}{4-2} = \frac{2}{2} = 1$.
In der Abbildung sind alle Steigungsdreiecke zu sehen.

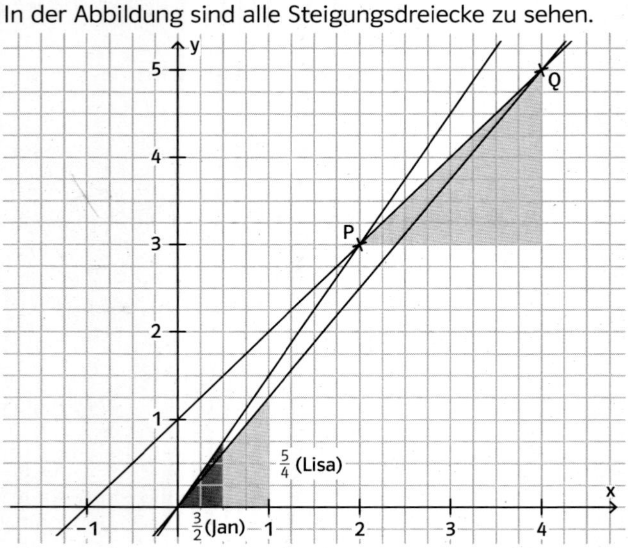

7 a) – c)

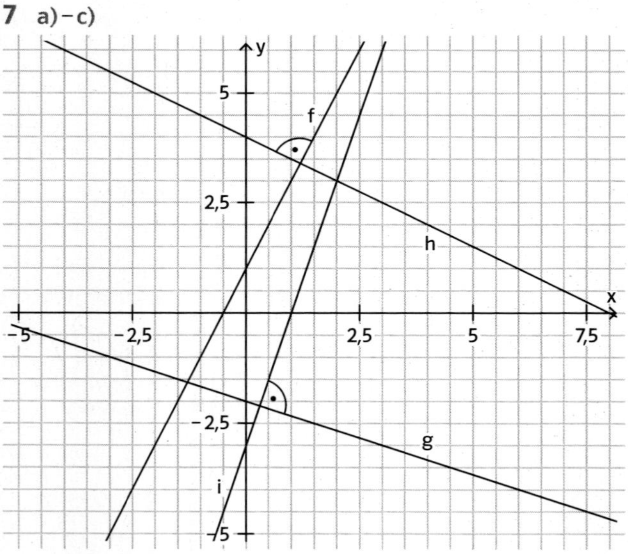

d) zu Teilaufgabe b): Da die Gerade h senkrecht zu f steht, ist $m = -\frac{1}{2}$.
P(0 | 4) liegt auf h, daher ist $h(x) = -\frac{1}{2}x + 4$.
zu Teilaufgabe c): Da die Gerade h senkrecht zu g steht, ist m = 3.
Q(0 | −3) liegt auf i, daher ist i(x) = 3x − 3.
In beiden Fällen ist der y-Achsenabschnitt sofort zu erkennen, da jeweils der Schnittpunkt der Geraden mit der y-Achse gegeben ist.

Seite 84

9 a) Da nach 8000 km etwa 1 mm Profil abgefahren werden und bis zur vorgeschriebenen Mindesttiefe von 1,6 mm noch 3,4 mm abgefahren werden können, kann Herr Fuchs mit diesem Reifen insgesamt
24 000 km + 3,4 · 8000 km = 51 200 km fahren.
b) Wenn der Reifen nach 8000 km um 1 mm abgefahren wird, reduziert sich die Profiltiefe nach 10 000 km um $\frac{10}{8}$ mm = 1,25 mm.
c) Bei 16 000 km betrug die Profiltiefe 6 mm, je 8000 km nimmt die Profiltiefe um 1 mm ab. Also hatten die Reifen neu eine Profiltiefe von 6 mm + 2 mm = 8 mm.
Hinweis: Die Lösung ist ebenso mit dem Funktionsterm $p(x) = -\frac{1}{8000}x + 8$ möglich, mit dessen Hilfe zu jeder Kilometerleistung x die Profiltiefe p(x) berechnet werden kann.

10 a) (1) bei Infusionsbeginn war es 1 l, nach 1 h sind es noch 0,6 l.
(2) Nach 2,5 h ist die Flasche leer.

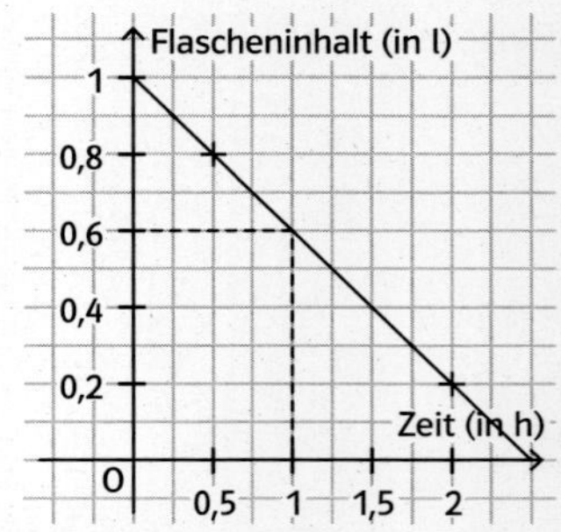

b) Die Punkte (0,5 | 0,8) und (2 | 0,2) liegen auf dem Graphen der gesuchten linearen Funktion f: x → mx + b.
Zuerst bestimmt man $m = \frac{0,2 - 0,8}{2 - 0,5} = -\frac{2}{5}$ und dann aus f(2) = 0,2 den Ordinatenabschnitt b = 1.
Also ist f(x) = −0,4x + 1.
Mit f(0) = 1, f(1) = 0,6 und f(2,5) = 0 werden die Antworten zu Teilaufgabe a) bestätigt.
Für die Funktion f sind nur positive Funktionswerte sinnvoll, positive Werte ergeben sich für $0 \leq x \leq 2,5$.

11 individuelle Lösung
Am einfachsten lassen sich die zugehörigen Funktionsterme von Geraden bestimmen, die durch mindestens zwei Gitterpunkte mit ganzzahligen Koordinaten verlaufen. Hilfreich ist es, wenn einer dieser Punkte auf der y-Achse liegt und damit der y-Achsenabschnitt bekannt ist.

12 individuelle Lösung, zum Beispiel für P(2 | 3) und Q(2,5 | 4,5):
Es gilt: $\frac{3}{2} = \frac{4,5}{3} = 1,5$.
Die Steigung der Geraden f durch P und Q lautet:
$m = \frac{4,5 - 3}{3 - 2} = \frac{1,5}{1} = 1,5$.
Es ist f(x) = 1,5x + b.
Einsetzen von P(2 | 3) in den Funktionsterm liefert:
$3 = 1,5 \cdot 2 + b \Rightarrow b = 0$
Also beträgt die Steigung der Geraden durch P und Q $\frac{3}{2}$ und der y-Achsenabschnitt ist 0.

5 Nullstellen und Schnittpunkte

Seite 85

Einstiegsaufgabe

In 5 Jahren ist die Elefantenkuh 28 Jahre alt. Da sie dann siebenmal so alt wie der Nachwuchs ist, ist der Nachwuchs $28:7 = 4$ Jahre alt. Der kleine Elefant ist also noch im Bauch.

Alternative Lösung:

Sei x das Alter des kleinen Elefanten.

In 5 Jahren ist die Kuh 28 Jahre alt und der Nachwuchs x + 5.

Es gilt: $28 = 7 \cdot (x + 5) \quad |:7$

$4 = x + 5 \quad |-5$

$-1 = x$

Seite 87

1 a) $4x + 5 = 7 \quad |-5$

$\Leftrightarrow \quad 4x = 2 \quad |:4$

$\Leftrightarrow \quad x = \frac{2}{4}$

$\Leftrightarrow \quad x = \frac{1}{2}$

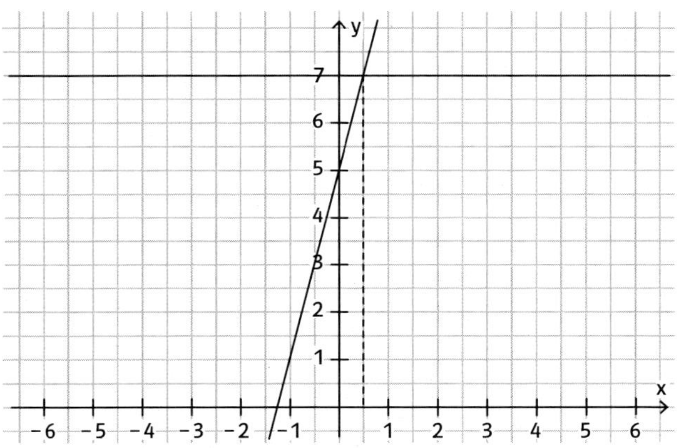

b) $0{,}2x - 4 = 1 \quad |+4$

$\Leftrightarrow \quad 0{,}2x = 5$

$\Leftrightarrow \quad x = 25$

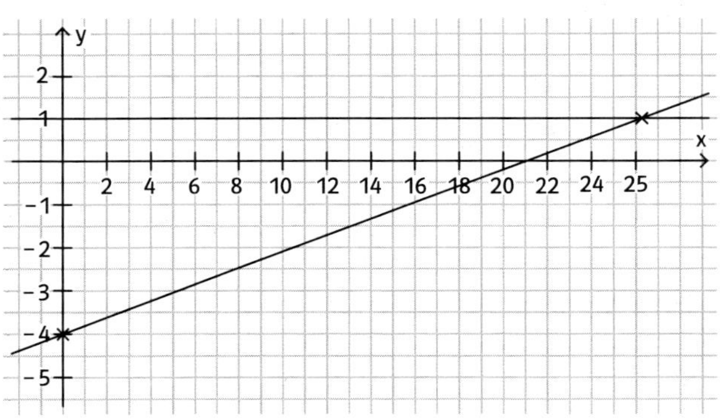

c) $-3 + 2x = 0 \quad |+3$

$\Leftrightarrow \quad 2x = 3 \quad |:2$

$\Leftrightarrow \quad x = \frac{3}{2}$

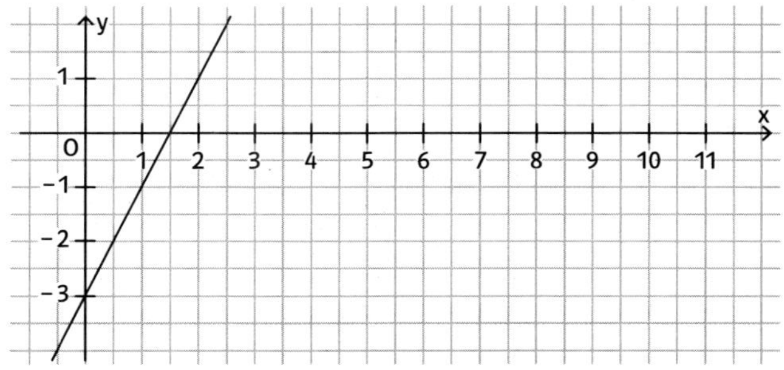

d) $-0{,}6x + 2 = -1 \quad |-2$

$\Leftrightarrow \quad -0{,}6x = -3 \quad |\cdot -\left(\frac{10}{6}\right)$

$\Leftrightarrow \quad x = 5$

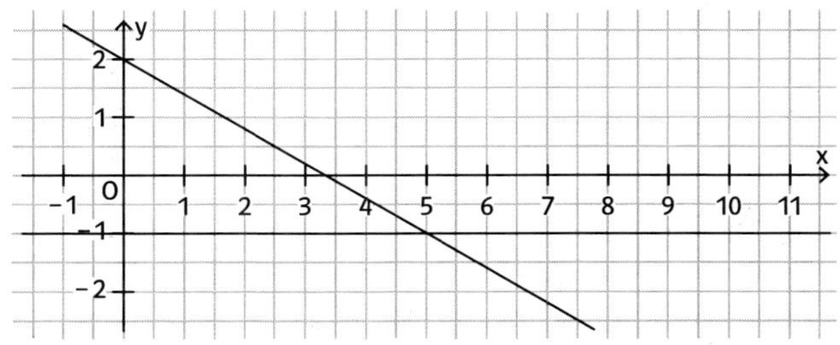

e) $5 + \frac{1}{3}x = 3 \quad |-5$

$\Leftrightarrow \quad \frac{1}{3}x = -2 \quad |\cdot 3$

$\Leftrightarrow \quad x = -6$

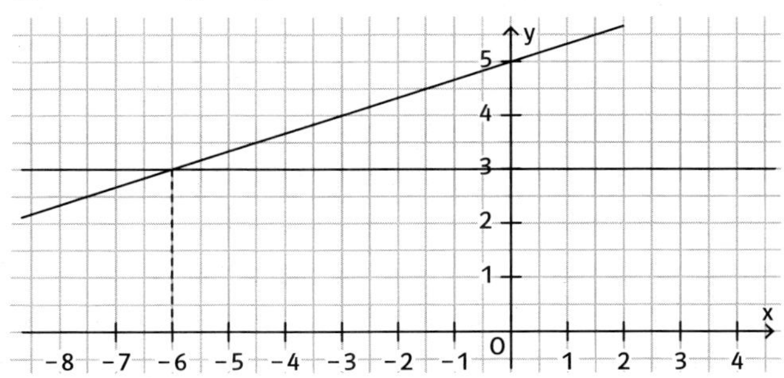

f) $-3x + 5 = 7 \quad |-5$

$\Leftrightarrow \quad -3x = 2 \quad |:(-3)$

$\Leftrightarrow \quad x = -\frac{2}{3}$

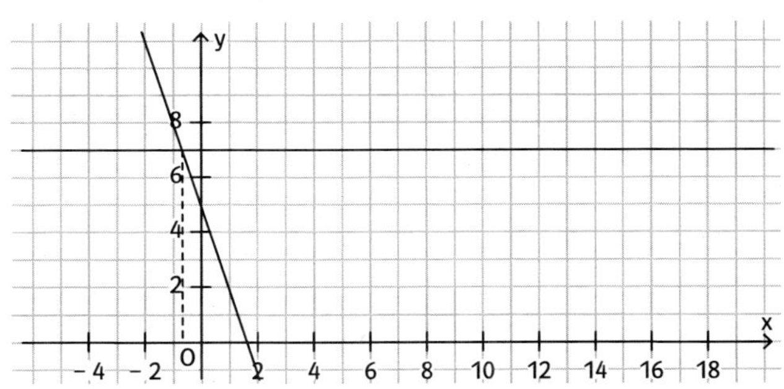

2 a) $f(x) = 0$

$2x - 6 = 0 \quad |+6$

$\Leftrightarrow \quad 2x = 6 \quad |:2$

$\Leftrightarrow \quad x = 3$

f besitzt die Nullstelle $x = 3$.

b) $f(x) = 0$

$3x + 8 = 0 \quad |-8$

$\Leftrightarrow \quad 3x = -8 \quad |:3$

$\Leftrightarrow \quad x = -\frac{8}{3}$

f besitzt die Nullstelle $x = -\frac{8}{3}$.

c) $f(x) = 0$

$\frac{1}{7}x - 4 = 0 \quad |+4$

$\Leftrightarrow \quad \frac{1}{7}x = 4 \quad |\cdot 7$

$\Leftrightarrow \quad x = 28$

f besitzt die Nullstelle $x = 28$.

d) $f(x) = 0$

$2(5 - x) = 0 \quad |:2$

$\Leftrightarrow \quad 5 - x = 0 \quad |+x$

$\Leftrightarrow \quad 5 = x$

f besitzt die Nullstelle $x = 5$.

e) $f(x) = 0$

$8x + 3 = 0 \quad |-3$

$\Leftrightarrow \quad 8x = -3 \quad |:8$

$\Leftrightarrow \quad x = -\frac{3}{8}$

f besitzt die Nullstelle $x = -\frac{3}{8}$.

f) $f(x) = 0$

$0{,}7x - 4 = 0 \quad |+4$

$\Leftrightarrow \quad 0{,}7x = 4 \quad |\cdot \frac{10}{7}$

$\Leftrightarrow \quad x = \frac{40}{7}$

f besitzt die Nullstelle $x = \frac{40}{7}$.

3 a) $\frac{1}{2}x + 1 = x - 2 \quad |-1$

$\Leftrightarrow \quad \frac{1}{2}x = x - 3 \quad |-x$

$\Leftrightarrow \quad -\frac{1}{2}x = -3 \quad |\cdot(-2)$

$\Leftrightarrow \quad x = 6$

y-Koordinate des Schnittpunktes: $6 - 2 = 4$

Schnittpunkt: $(6|4)$

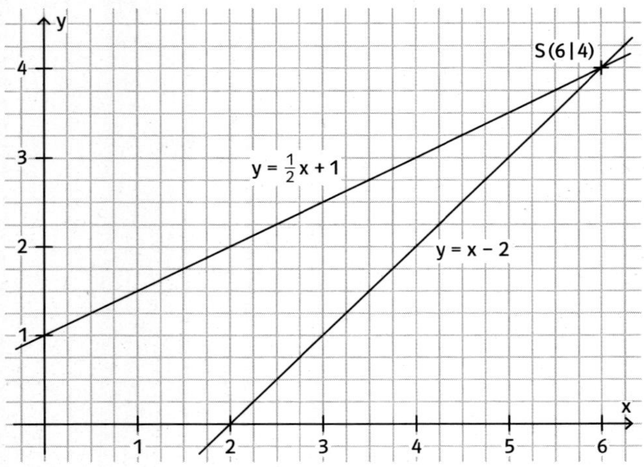

b) $-1{,}5x + 5 = \frac{1}{2}x - 1 \quad |-\frac{1}{2}x$

$\Leftrightarrow \quad -2x + 5 = -1 \quad |-5$

$\Leftrightarrow \quad -2x = -6 \quad |:(-2)$

$\Leftrightarrow \quad x = 3$

y-Koordinate des Schnittpunktes: $\frac{1}{2} \cdot 3 - 1 = 0{,}5$

Schnittpunkt: $(3|0{,}5)$

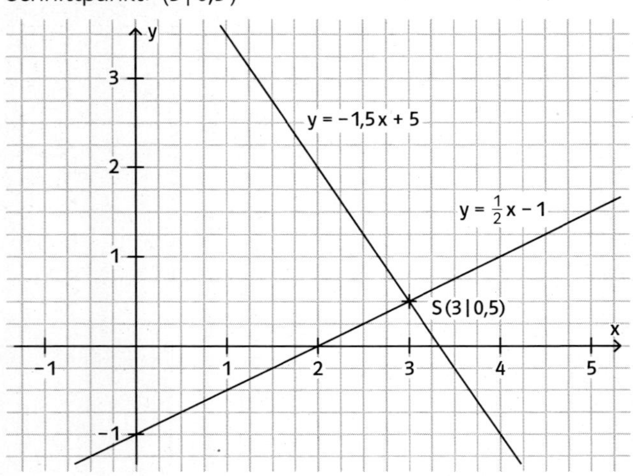

c) $\frac{1}{2}x - 2 = \frac{4}{5}x + 4 \quad |-\frac{4}{5}x$

$\Leftrightarrow \quad -0{,}3x - 2 = 4 \quad |+2$

$\Leftrightarrow \quad -0{,}3x = 6 \quad |:(-0{,}3)$

$\Leftrightarrow \quad x = -20$

y-Koordinate des Schnittpunktes: $\frac{1}{2} \cdot (-20) - 2 = -12$

Schnittpunkt: $(-20|-12)$

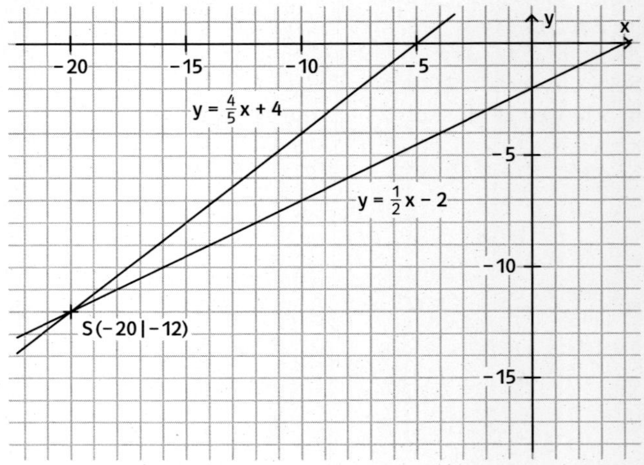

4 a) Funktionsterme:

$f(x) = -1{,}5x + 15$; $g(x) = -2{,}5x + 20$

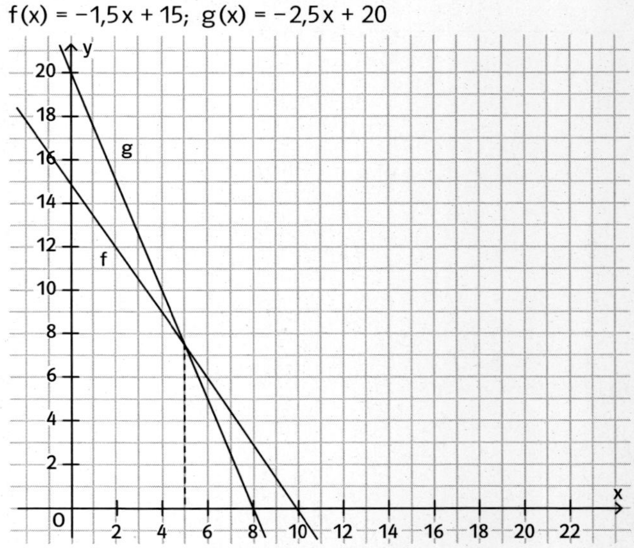

b) Die Kerzen haben nach 5 Stunden Brenndauer die gleiche Länge:

$f(5) = -1{,}5 \cdot 5 + 15 = 7{,}5$ und $g(5) = -2{,}5 \cdot 5 + 20 = 7{,}5$.

5 a) $b = 3$

$f(-3) = 0$

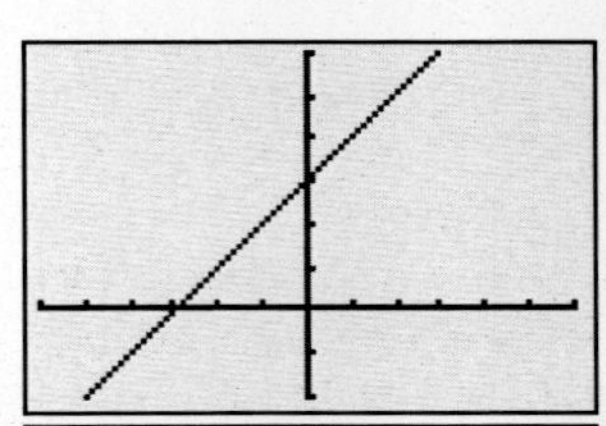

b) $m = -2{,}5$

$b = -10$

$f(-4) = 0$

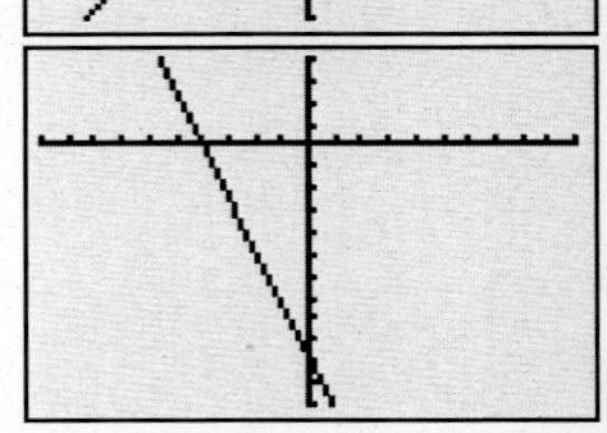

c) $b = 2{,}6$
$f\left(-\frac{13}{9}\right) = 0$

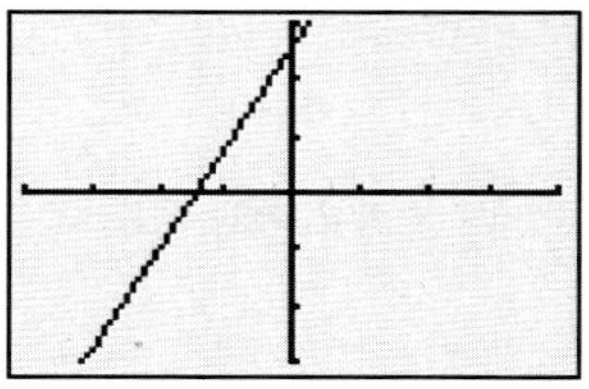

6 Aus den Angaben ergibt sich der Funktionsterm $f(x) = 2x - 8$. Die Lösung der Gleichung $f(x) = 5$ ist $x = 6{,}5$.

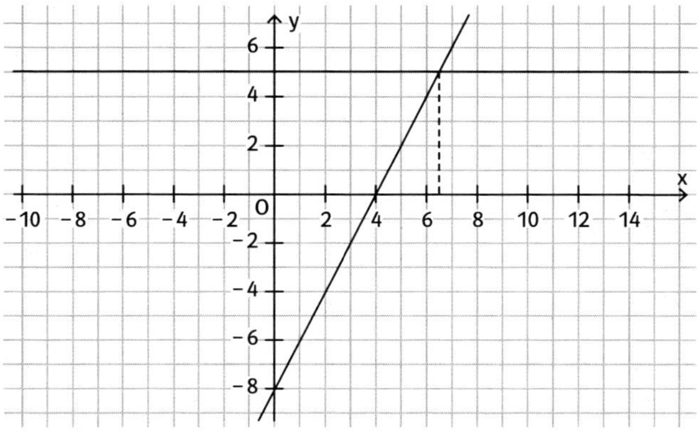

10 a)

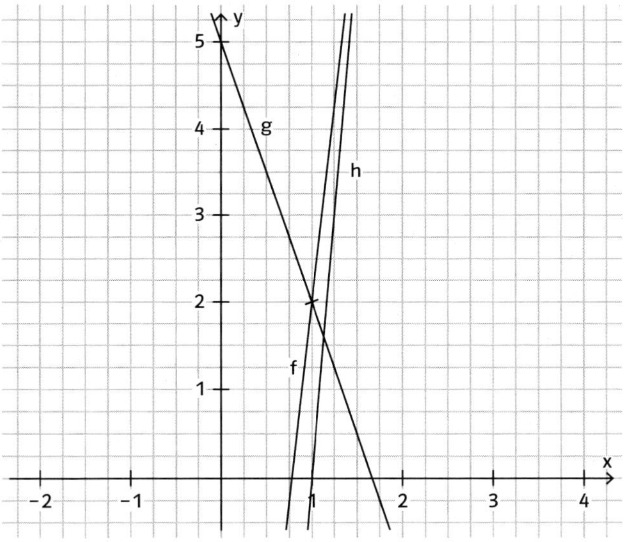

b) Schnittstelle von f und g: S(1 | 2)
Nullstelle von h: (1 | 0)
Die x-Koordinate der Schnittstelle von f und g ist gleich der x-Koordinate der Nullstelle ihrer Differenzfunktion.
c) An der Stelle, an der sich beide Graphen schneiden, ist die Differenz der Werte der Funktionsterme gleich 0.
d) k hat ebenfalls die Nullstelle (1 | 0).
e) Sucht man die Lösung der linearen Gleichung $ax + b = 0$, so genügt es, die lineare Funktion f mit $f(x) = ax + b$ zu betrachten.
Die Nullstelle von f ist derjenige x-Wert, für den gilt: $f(x) = 0$ bzw. $ax + b = 0$.

Seite 88

11 a) Die Geraden schneiden sich im 1. Quadranten bei etwa $x = 0{,}50$; $y = 0{,}83$.

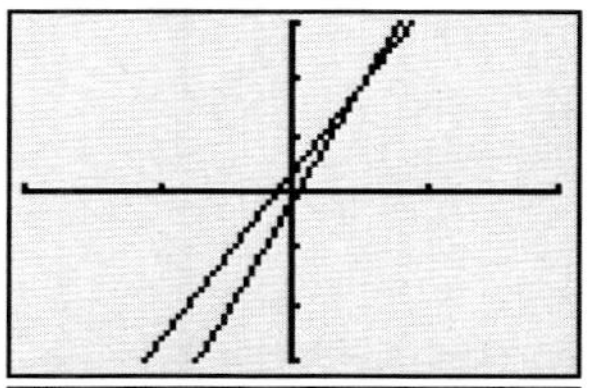

b) Die Geraden schneiden sich im 2. Quadranten bei $x = -6$; $y = 5$.

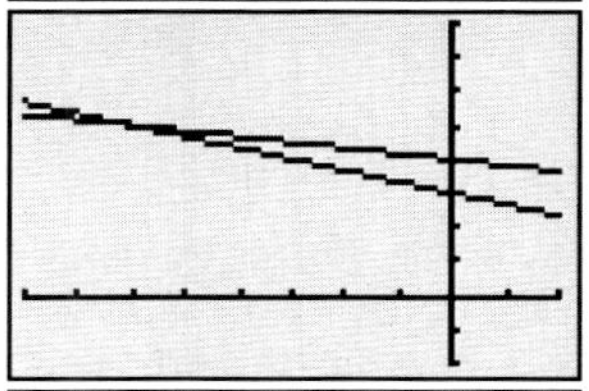

c) Die Geraden schneiden sich im 1. Quadranten bei $x = 1$; $y = 2{,}5$.

d) Die Geraden schneiden sich im 4. Quadranten bei etwa $x = 6{,}67$; $y = -2{,}80$.

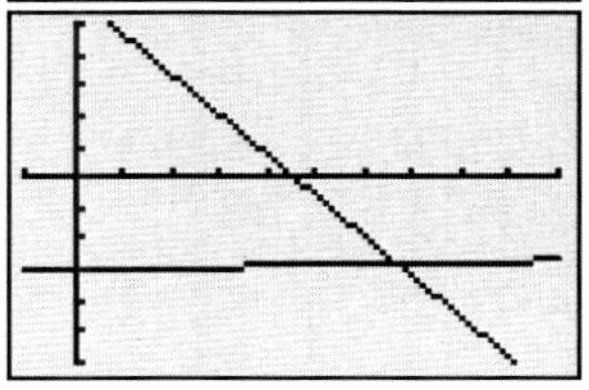

12 a) Die Graphen schneiden sich an zwei Stellen, die Gleichung hat also zwei Lösungen bei etwa $x = 0{,}41$ und etwa $x = -2{,}41$.

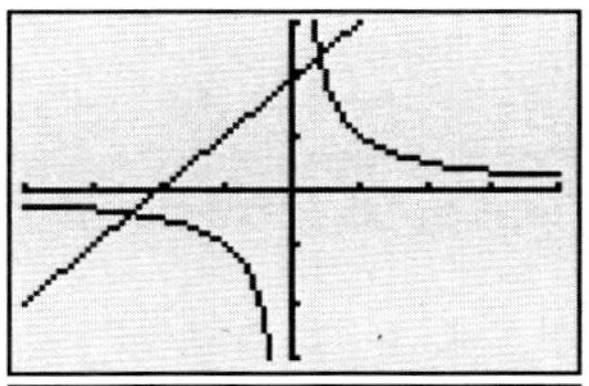

b) Die Graphen schneiden sich nicht, die Gleichung hat also keine Lösung.

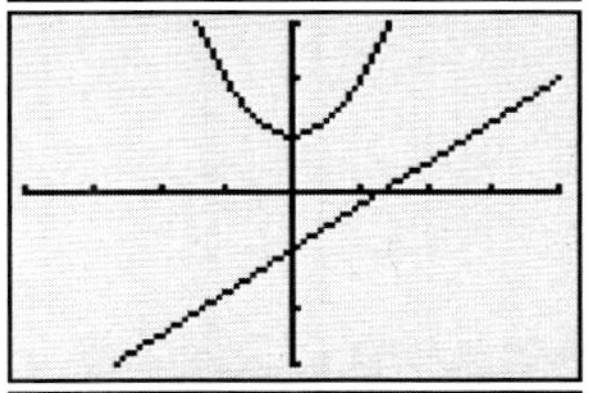

c) Die Graphen schneiden sich an zwei Stellen, die Gleichung hat also zwei Lösungen bei etwa $x = 0{,}18$ und etwa $x = 2{,}82$.

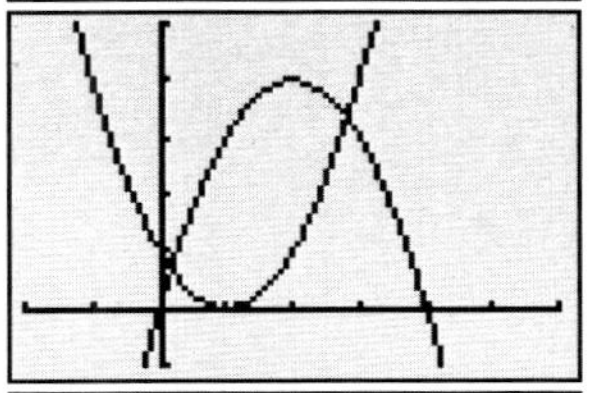

d) Die Graphen schneiden sich an zwei Stellen, die Gleichung hat also zwei Lösungen bei $x = 2$ und bei $x = -1$.

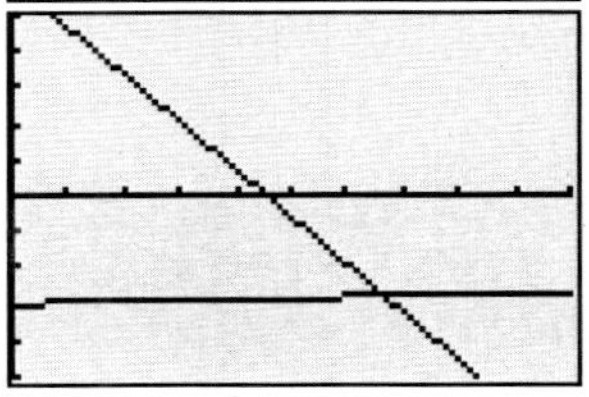

13 a) $1{,}2x + 0{,}1 = \frac{6}{5}x + \frac{2}{3}$ $\quad | -1{,}2x$

$0{,}1 = \frac{2}{3}$

Die Gleichung hat keine Lösung.

b)

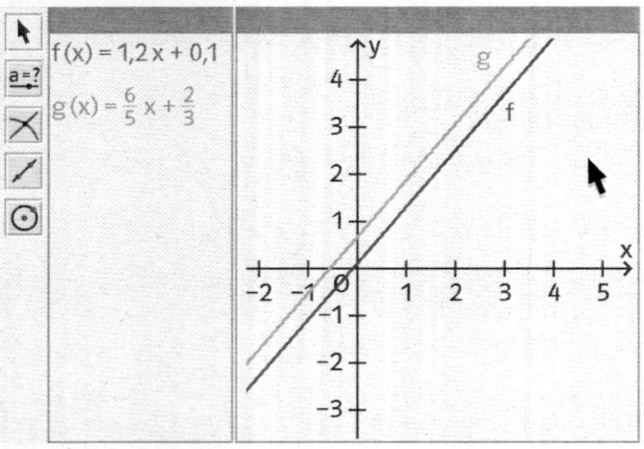

Die Graphen der Funktionen f und g sind parallele Geraden und haben daher keinen Schnittpunkt.
Das heißt, es gibt keine Stelle x, an der die Funktionen den gleichen Wert haben. Daraus folgt: Gleichsetzen der Terme liefert keine Lösung.

c) individuelle Lösung
Für die Funktionen f und g gilt:
- sie haben genau einen Schnittpunkt, wenn $m \neq n$;
- sie haben keinen Schnittpunkt, wenn sie zueinander parallel sind, also wenn $m = n$ und $b \neq c$ ist;
- sie haben mehr als einen Schnittpunkt, wenn sie identisch sind, also wenn $m = n$ und $b = c$ ist.

Gleichsetzen der Funktionsterme von f und g entspricht der Gleichung $mx + b = nx + c$: Hat diese eine Lösung, so gibt es ein x, für das die Funktionen den gleichen y-Wert haben; hat sie keine Lösung, so gibt es keine gemeinsamen Werte.

d) Die Funktion f hat
- genau eine Nullstelle, wenn ihr Graph nicht parallel zur x-Achse ist, also wenn $m \neq 0$ ist.
- keine Nullstelle, wenn $m = 0$ ist.
- mehr als eine Nullstelle, wenn der Graph mit der x-Achse identisch ist, also wenn $m = 0$ und $b = 0$ ist.

Dieser Fall kann als ein Spezialfall von Teilaufgabe c) betrachtet werden, für $g = 0$ (also Graph von g = x-Achse).

14 individuelle Lösung, zum Beispiel:
Parallelogramm: $f(x) = 2x + 2$; $g(x) = 2x - 1$; $h(x) = -x + 2$; $k(x) = -x - 1$
Raute: $f(x) = \frac{2}{3}x + 2$; $g(x) = \frac{2}{3}x - 2$; $h(x) = -\frac{2}{3}x + 2$; $k(x) = -\frac{2}{3}x - 2$

Parallelogramm

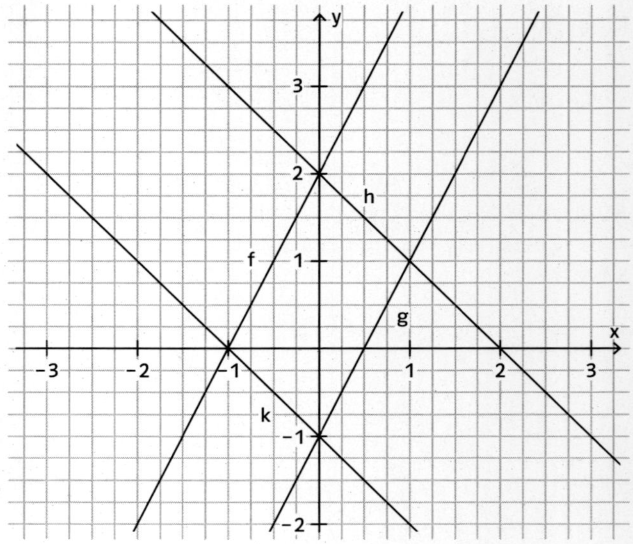

Raute

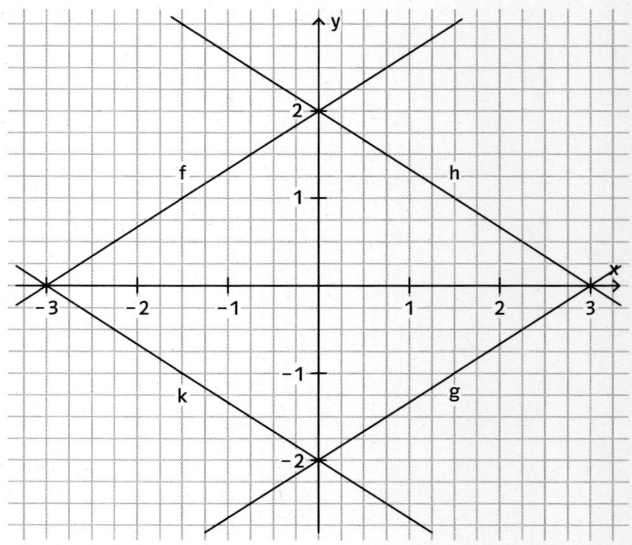

6 Lineare Regression

Seite 89

Einstiegsaufgabe

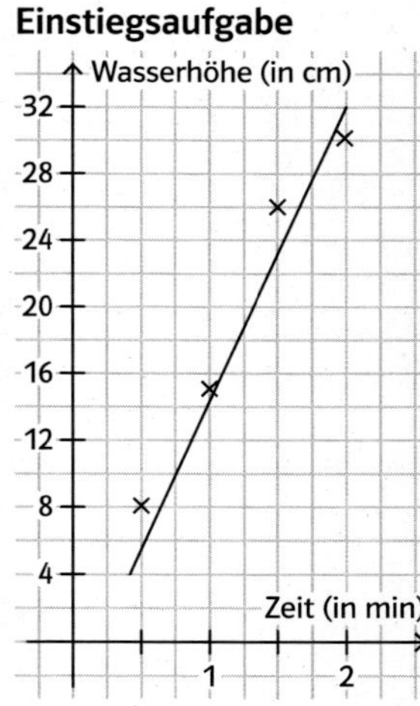

Man kann eine Gerade so legen, dass alle Punkte möglichst nah daran liegen.

Seite 91

1 (1) mögliche Regressionsgerade: y = 3x − 3

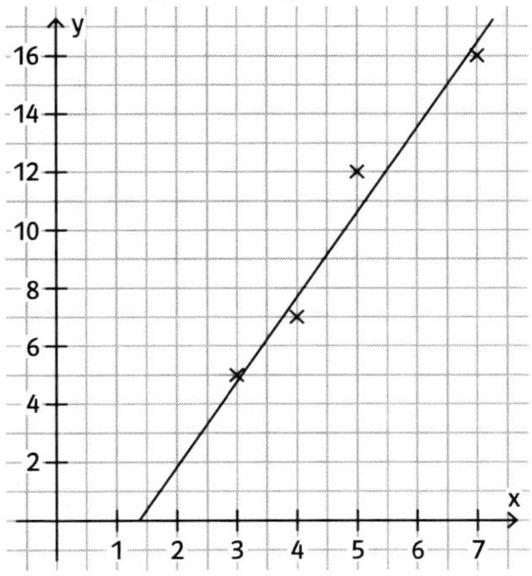

(2) mögliche Regressionsgerade: y = −0,65x + 7,5

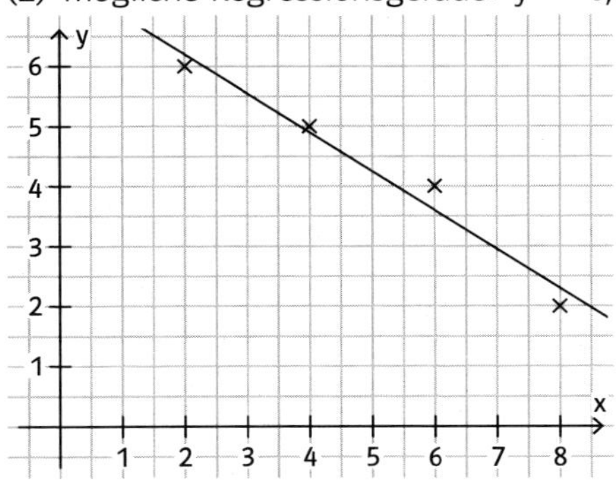

b) (1) Regressionsgerade: y = 2,85714x − 3,57143

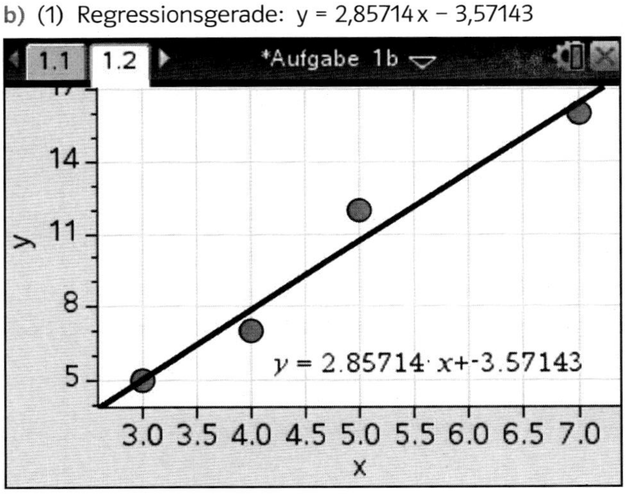

(2) Regressionsgerade: y = −0,65x + 7,5

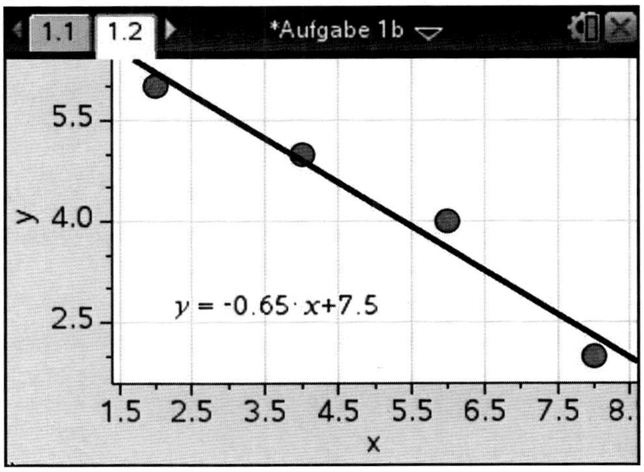

Die handgezeichneten Regressionsgeraden liegen ausreichend bis sehr nah an den errechneten.

2 Regressionsgerade: y = 0,04245x − 0,791443
ungefähre Wassertemperatur in 350 m Tiefe: 14,07 °C

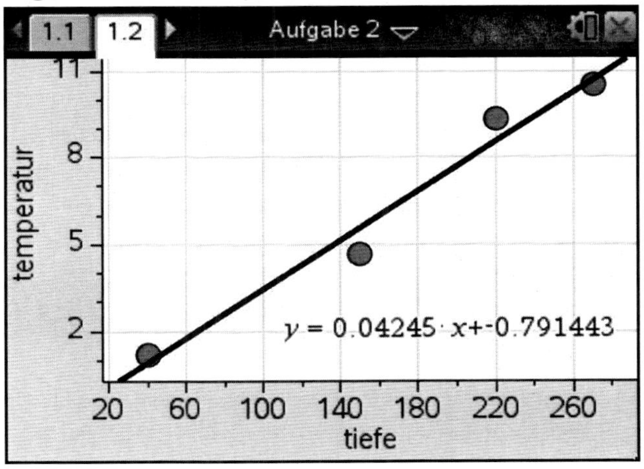

Seite 92

4 a)

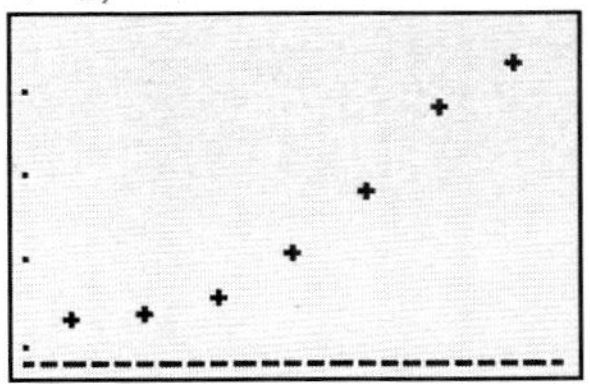

b) Man kann ab ca. 70 km/h einen linearen Zusammenhang vermuten.
y = 0,71x + 0,53

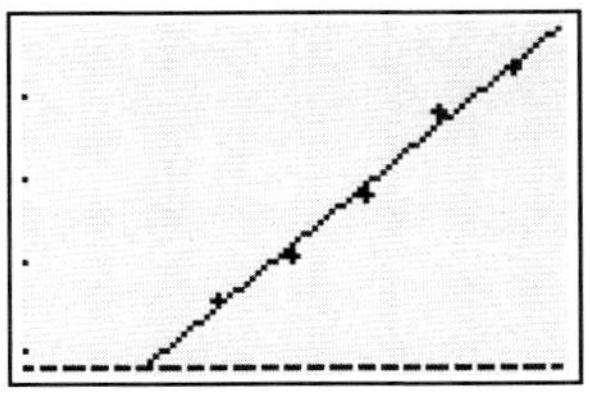

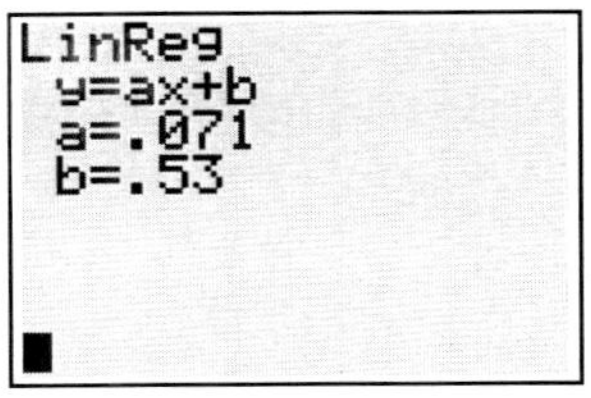

5 a) Regressionsgerade: $y = 54{,}7543x - 108118$

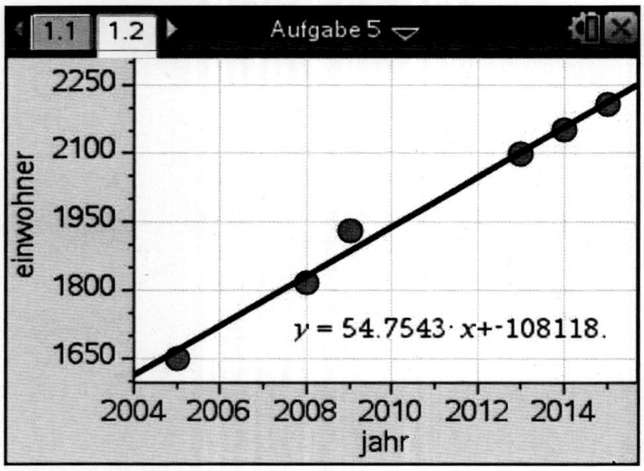

b) Aus der Abbildung ablesen oder mithilfe der Regressionsgeraden rechnen:
$54{,}7543x - 108118 = 2000 \Rightarrow x = 2011{,}129...$
Im Jahr 2011 hatte das Dorf erstmals mehr als 2000 Einwohner. Das Dorf wird im Jahr 2029 mehr als 3000 Einwohner (bei gleichbleibendem Trend) haben.

6 a) Regressionsgerade: $y = 0{,}354945x - 671{,}352$

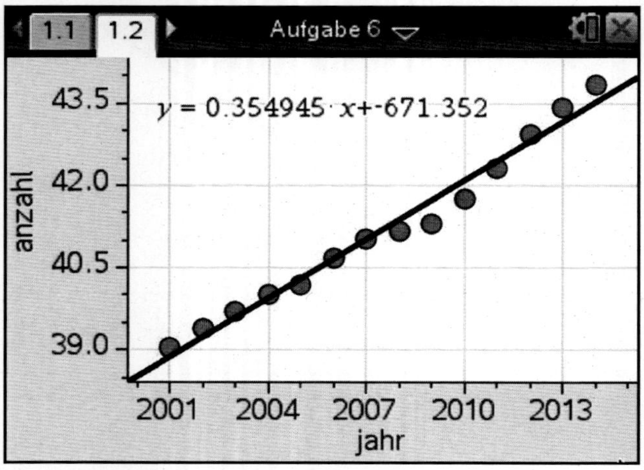

b) Wenn sich der bisherige Trend fortsetzt, dann werden im Jahr 2023 ca. 46,70 Pkw registriert sein.

Vertiefen und Vernetzen

Seite 93

1 a) $f(x) = -x + 5$ b) $f(x) = \frac{1}{3}x - \frac{5}{3}$

c) $f(x) = -\frac{5}{7}x + \frac{25}{7}$ d) $f(x) = \frac{7}{9}x - \frac{35}{9}$

2 Die Gerade durch die Punkte $A(1|0)$ und $B(-2|-4{,}5)$ hat die Gleichung $y = 1{,}5x - 1{,}5$. Die Koordinaten von $C(3|3)$ erfüllen den zugehörigen Funktionsterm dieser Geraden: $3 = 1{,}5 \cdot 3 - 1{,}5$. Also liegen die Punkte A, B und C auf einer Geraden.

3 (A) – (3); (B) – (1); (C) – (2); (D) – (4)
Ergänzen und Beschriften der Graphen begründet den jeweiligen Zusammenhang.

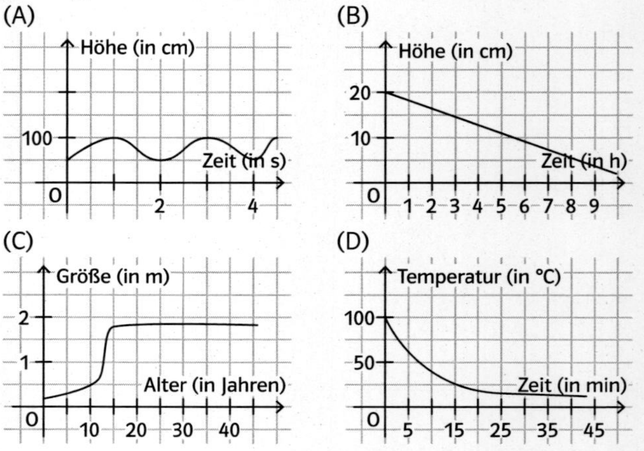

4 Nein, Frida hat nicht recht. Nur die Graphen in (1) und (2) stellen zwar die gleiche Funktion $g: x \rightarrow 2x + 2{,}5$ dar, die Gerade in (3) hat die Steigung 1 und ist Graph der Funktion $h: x \rightarrow x + 2{,}5$.

5 a), b)

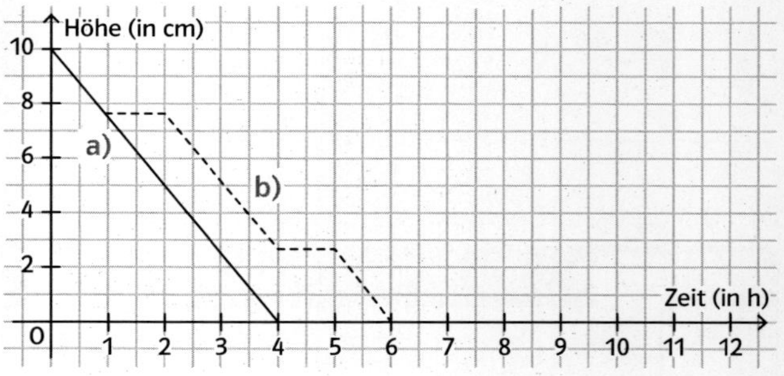

6 Achsenschnittpunkte: $(3{,}2|0)$ und $(0|-4)$.

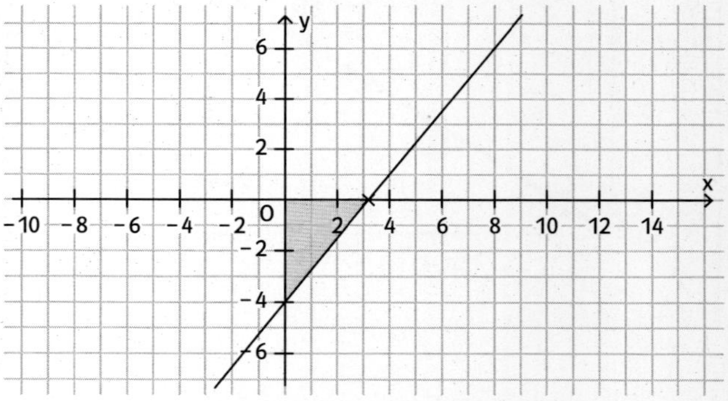

Der Flächeninhalt des Dreiecks ist $A = 6{,}4$.

7 a) Die Gerade hat die Steigung $m = \frac{6-3}{3-(-1)} = \frac{3}{4}$.
Der Funktionsterm der gesuchten Funktion h ist $h(x) = \frac{3}{4}x$.
b) Der Funktionsterm der gesuchten Funktion p ist $p(x) = \frac{3}{4}x + 3$.

8 a) Die Gleichung $-\frac{2}{3}x - 2 = \frac{1}{3}x + 1$ liefert die Schnittstelle $x = -3$. Mit $a(-3) = b(-3) = 0$ ergibt sich der Schnittpunkt $(-3\,|\,0)$.
Zeichnerische Lösung: vgl. Teilaufgabe b)
b) Das Drachenviereck hat den Flächeninhalt $A = 9$.

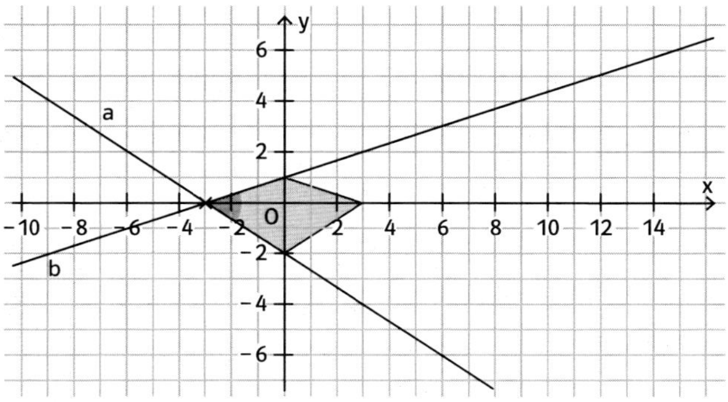

c) Spiegelung der Gerade a: $a'(x) = \frac{2}{3}x - 2$

Spiegelung der Gerade b: $b'(x) = -\frac{1}{3}x + 1$

Diese Geraden haben jeweils den gleichen y-Achsenabschnitt wie die ursprünglichen. Ihre Steigung hat jeweils den gleichen Betrag wie die Steigung der ursprünglichen Geraden, nur mir entgegengesetztem Vorzeichen.

Seite 94

9 a) $f(x) = \frac{1}{3}x - 3$ b) $f(x) = -0{,}5x + 2{,}5$

10 a) $f: x \to 2500 + 200x$; Graph vgl. Teilaufgabe c)
b) Die Gleichung $3250 = 2500 + 200x$ hat die Lösung $x = 3{,}75$. Nach 3 Minuten und 45 Sekunden enthält der Behälter 3250 Liter Wasser.
c) $g: x \to 2500 - 400x$

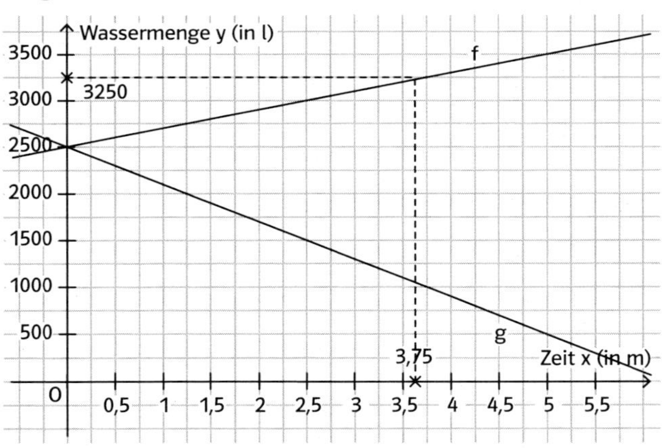

11 a) Da das entstehende Dreieck gleichschenklig ist, entsteht h aus der Spiegelung von g an der y-Achse.
Es ist: $g: x \to -2x + 5$.

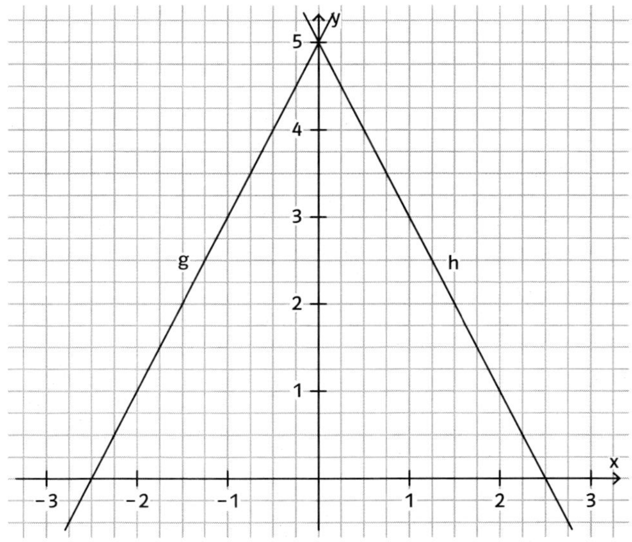

b) Da beide Funktionen durch $(0\,|\,5)$ gehen, gilt: $c = d = 5$.
Aus der Symmetrie folgt: $b = -a$.
c) $A = \frac{1}{2} \cdot a \cdot b$; Einsetzen der gegebenen Größen:

$20 = \frac{1}{2} \cdot a \cdot 5 \Rightarrow a = 8$ LE

Das heißt die Nullstellen der Geraden liegen 8 LE voneinander entfernt bzw. jeweils 4 LE vom Ursprung entfernt.
Nullstelle von g: $(-4\,|\,0)$; Nullstelle von h: $(4\,|\,0)$
Damit erhält man: $g(x) = x + 5$; $h(x) = -x + 5$.

12 a) Mit t für die Fahrzeit (in min) ergibt sich die Funktionsvorschrift $t \to 10 - t \cdot \frac{10}{34}$. Der Funktionswert gibt die restliche Fahrstrecke (in km) an.

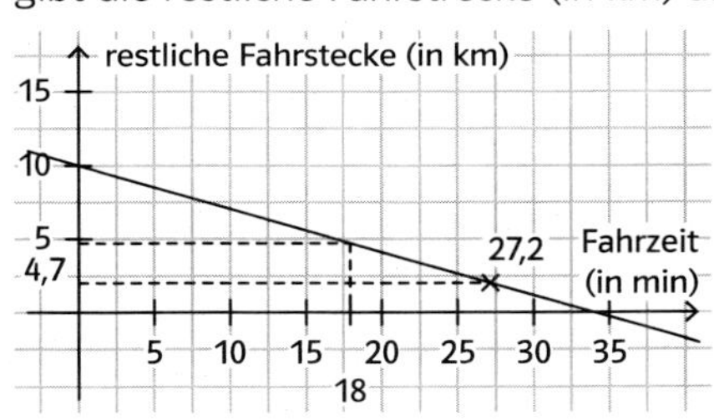

b) $10 - 18 \cdot \frac{10}{34} = 4{,}705\ldots$
Er muss noch etwa 4,7 km fahren.
c) Die Gleichung $2 = 10 - t \cdot \frac{10}{34}$ liefert $t = 27{,}2$.
Nach 77 min 12 s beträgt die Reststrecke noch 2 km.

13 a)

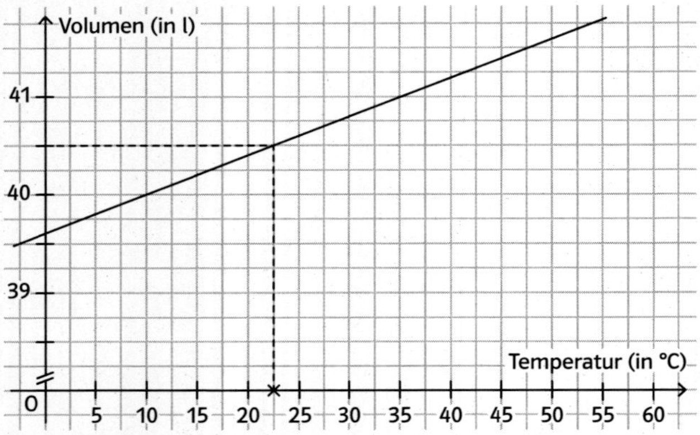

b) Die Gleichung $39{,}6 + 0{,}04T = 40 + 0{,}5$ liefert $T = 22{,}5$.
Bei einer Temperatur von 22,5 °C hat der Tankinhalt um einen halben Liter zugenommen.

14 a) Alter: x Jahre; Milchleistung: y l
Funktionsterm: $y = 1{,}925x + 58{,}725$
Für $x = 5$ folgt $y = 1{,}925 \cdot 5 + 58{,}725 = 68{,}35$.
Mit 5 Jahren liegt die Milchleistung bei etwa 68,35 l.
b) Die Gleichung $120 = 1{,}925x + 58{,}725$ liefert
$x = 31{,}83\ldots$
Das Rechenergebnis ist nicht realistisch, weil der Funktionsterm nur für $3 \leqq x \leqq 7$ sinnvolle Funktionswerte liefert.

Exkursion: Von der Messreihe zur Funktion

Seite 95

1 a) individuelle Lösung
b) individuelle Lösung
c) z. B.: $f: x \rightarrow \frac{5}{6}x$

2 a) individuelle Lösung; Die Messpunkte werden wahrscheinlich nicht auf einer Geraden liegen, können aber durch eine Gerade angenähert werden.
b) individuelle Lösung

3 a) individuelle Lösung
b) individuelle Lösung
c) Die Funktion ist annähernd linear, z. B. in Fig. 3:
$f: x \rightarrow 1{,}4x + 16$
d) Länge des Schaftes: 16 mm;
„Gewindesteigung“: 1,4 mm

IV Flächeninhalte und Volumina

Lösungshinweise zu den Erkundungen

Seite 100

Flächeninhalte von Vielecken
- individuelle Lösung
- individuelle Lösung
- Die folgenden Gleichungen können das Ergebnis der Schülerarbeit sein.
  Dreieck: $A = \frac{1}{2} \cdot g \cdot h$ (wobei g die Grundseite und h die Höhe des Dreiecks ist)
  Trapez: $A = \frac{1}{2} \cdot (a + c) \cdot h$ (wobei a und c die zueinander parallelen Seiten des Trapezes sind und h die Höhe auf a bzw. c ist)
  Parallelogramm: $A = g \cdot h$ (wobei g die Grundseite und h die Höhe des Parallelogramms ist)
  symmetrischer Drachen: $A = \frac{1}{2} \cdot e \cdot f$ (wobei e und f die Diagonalen des symmetrischen Drachens sind)

Bewohnbare Prismen (Projekt)
- Sogenannte Nurdachhäuser sind mathematisch betrachtet Prismen. Es treten neben der Grundfläche und den Dachflächen (jeweils Rechtecke und damit bekannt) die Giebelwände als Dreiecksflächen auf.
- individuelle Lösung, zum Beispiel:
  Das Modellhaus ist rund 15 cm breit und 21 cm lang, die Höhe beträgt etwa 13 cm.
- Das Haus ist in Wirklichkeit wahrscheinlich ca. 5 m hoch.
- Nimmt man für die Originalhöhe rund 5 m an, so ergibt sich ein Maßstab von etwa 1:40. An dieser Stelle ist es vollkommen ausreichend, überschlägig den Maßstab zu bestimmen. (Es reicht, eine Größenordnung zu errechnen.)
- Breite ≈ 6 m, Länge ≈ 8,40 m, Grundfläche ≈ 50 m^2
- Man nimmt eine maximale Höhe von 2 m an. Nachmessen am Modell ergibt eine „Standbreite" von rund 9 cm, also 3,60 m in Wirklichkeit. Daraus ergibt sich eine „Standfläche" von ca. $3{,}60\,m \cdot 8{,}50\,m = 30{,}6\,m^2$.
- Es muss in beiden Stockwerken mindestens eine Deckenhöhe von 2,00 m eingehalten werden. Wegen der Schräge im oberen Stockwerk sollte hier die Stockwerkhöhe größer sein als unten, damit sich eine akzeptable „Standfläche" ergibt.
- Je tiefer die Zwischendecke eingezogen wird, desto größer ist die gesamte Fläche mit Standhöhe (solange der Abstand zum Boden mindestens 2,00 m beträgt). Die maximal erzielbare „Standfläche" beträgt demnach 30,6 m^2 im Erdgeschoss zuzüglich ca. $1{,}2\,m \cdot 8{,}50\,m = 10{,}2\,m^2$ im ersten Stock, also insgesamt ca. 40,8 m^2.
- individuelle Lösung
- Die Möbel bieten im unteren Teil viel Stauraum. Allerdings müssen solche Möbel immer einzeln angefertigt und eingepasst werden.

Seite 101

- Größe der Fensterverglasung: $2{,}60\,m \cdot 2{,}20\,m = 5{,}72\,m^2$ (Die beiden Dreiecksflächen können zu einem Rechteck zusammengesetzt werden.)
  Kosten der Fensterverglasung:
  $5{,}72\,m^2 \cdot 65\,€/m^2 = 371{,}80\,€$
  Die Fensterverglasung kostet 371,80 €.
- $A = 6{,}1\,m^2$
  Das ist ein Viertel der Gesamtfläche (also 25 %), denn die untere Fläche besteht aus drei Dreiecken, die jeweils die Fläche der oberen Glasfläche besitzen.
- $A = 18{,}3\,m^2$
  $2 \cdot 18{,}3\,m^2 \cdot 5{,}20\,€/m^2 + 2 \cdot 6{,}1\,m^2 \cdot 65\,€/m^2 = 983{,}32\,€$
  Die Gesamtkosten betragen 983,32 €.
- Bei dieser Aufgabe sind unterschiedliche Lösungswege möglich.
  individuelle Lösung, zum Beispiel:
  Holzverkleidung:

$A = 4{,}80\,m \cdot 5{,}60\,m$	2 Giebelwände
$- 1{,}05\,m \cdot 2{,}10\,m$	Tür
$- \left(1{,}00\,m \cdot 2{,}10\,m + \frac{0{,}9\,m \cdot 2{,}10\,m}{2}\right)$	Trapezfenster vorne
$- \frac{1{,}60\,m \cdot 1{,}85\,m}{2}$	Dreiecksfenster hinten
$- 2{,}25\,m \cdot 1{,}30\,m$	Rechteckfenster hinten
$\approx 17{,}2\,m^2$	

  Kosten: $\approx 17{,}2\,m^2 \cdot 5{,}20\,€/m^2 \approx 89\,€$

  Dachziegel:
  Es wird angenommen, dass die andere Dachseite keine Fenster hat.

$A = 2 \cdot 8{,}35\,m \cdot 6{,}09\,m$	2 Dachflächen
$- 2 \cdot 0{,}90\,m \cdot 1{,}60\,m$	2 Dachfenster oben
$- 2{,}20\,m \cdot 2{,}28\,m$	Fenster unten
$\approx 93{,}8\,m^2$	

  Kosten: $\approx 93{,}8\,m^2 \cdot 17{,}90\,€/m^2$
  $\approx 1679\,€$

  Betonfundament:
  $A = 8{,}35\,m \cdot 4{,}8\,m = 40{,}08\,m^2$
  Kosten: $\approx 40\,m^2 \cdot 120\,€/m^2 = 4800\,€$

  Fensterglas:
  ($65\,€/m^2$ ist ein gemittelter Wert. Für nicht rechteckige Fenster wird ein höherer Preis pro m^2 berechnet als für rechteckige Formen.)
  $A \approx 15{,}3\,m^2$
  Kosten: $> 15{,}3\,m^2 \cdot 65\,€/m^2 \approx 995\,€$

  Farbe:
  $A \approx 19{,}41\,m^2$ (vgl. Berechnung der Holzfläche und Türfläche)
  Es werden 2 Eimer benötigt, die 77 € kosten.
- individuelle Lösung, zum Beispiel:
  Zunächst wird das Volumen des gesamten Daches berechnet. Dafür ist es hilfreich, das Dach so zu zerlegen und neu zusammenzusetzen, dass daraus ein Quader entsteht.

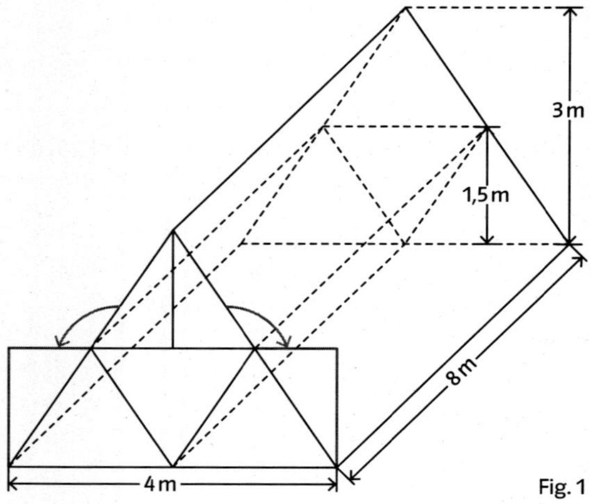

Fig. 1

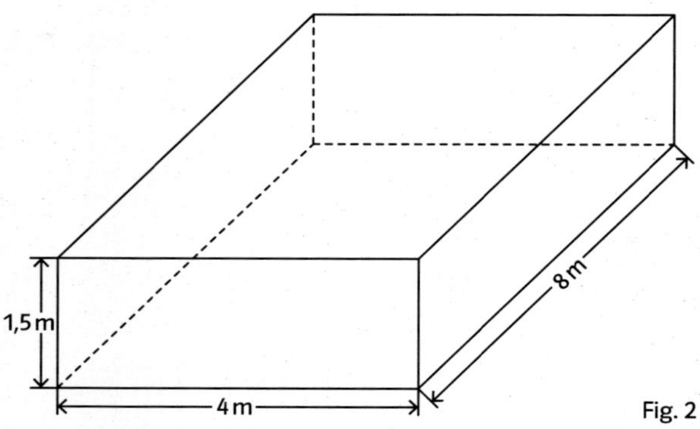

Fig. 2

Die beiden Körper in Fig. 1 und Fig. 2 haben die gleiche Grundfläche $A = 4\,m \cdot 8\,m = 32\,m^2$ und das gleiche Volumen $V = 4\,m \cdot 8\,m \cdot 1{,}5\,m = 48\,m^3$.
Die beiden Räume haben jeweils ein Volumen von $(48\,m^3 - 6\,m^3) : 2 = 21\,m^3$. Die Grundfläche der beiden Räume kann man ermitteln, indem man das Volumen durch die durchschnittliche Höhe des Daches (1,5 m) teilt: $A = 21\,m^3 : 1{,}5\,m = 14\,m^2$.

1 Flächeninhalt eines Parallelogramms

Seite 102

Einstiegsaufgabe
Das Material reicht, um den ganzen Boden damit auszulegen. Der Teppich und die Bodenfläche des Zimmers haben den gleichen Flächeninhalt. Man muss auf der rechten Seite des Teppichs ein „überstehendes" rechtwinkliges Dreieck ausschneiden, parallel nach links ziehen und damit die „Lücke" auf der linken Seite auslegen.

Seite 103

1 a) $A = 24\,cm^2$ b) $A = 20\,cm^2$

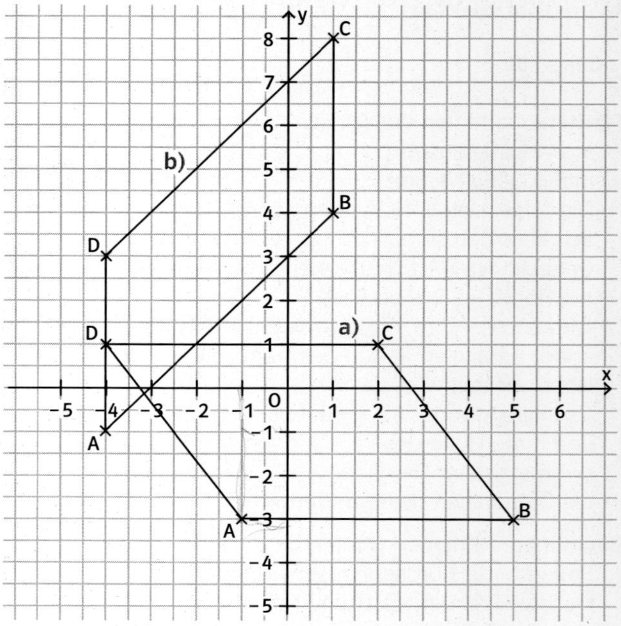

2 individuelle Lösung

3

	a)	b)	c)	d)	e)
a	4 cm	6,12 m	**16,8 dm**	**5 cm**	6 km
b	**7 cm**	7,2 m	5,6 dm	4 cm	**10 km**
h_a	3,5 cm	**6 m**	14 cm	**2,48 cm**	**$8\frac{1}{3}$ km**
h_b	2 cm	**5,1 m**	**4,2 dm**	**3,1 cm**	5 km
A	**14 cm²**	36,72 m²	23,52 dm²	0,124 dm²	**50 km²**
U	22 cm	**26,64 m**	**44,8 dm**	18 cm	32 km

4 (Zeichnungen im Maßstab 1 : 2 verkleinert)
$a + \beta = 180°$; $\alpha + \beta + \gamma + \delta = 360°$

a)

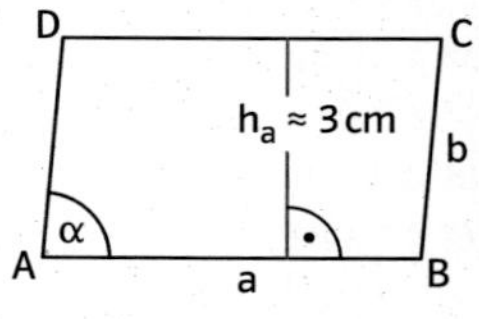

$\alpha = \gamma = 85°$
$\beta = \delta = 95°$
$A \approx 15\,cm^2$

b)

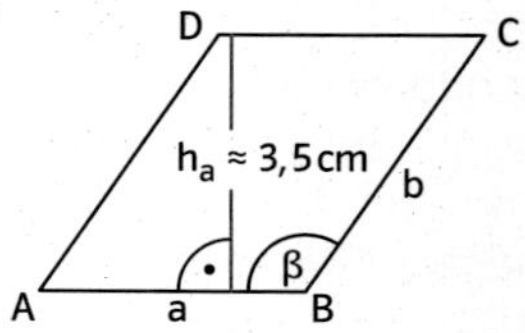

$\alpha = \gamma = 56°$
$\beta = \delta = 124°$
$A \approx 12{,}25\,cm^2$

Seite 104

5 $U = 2(a + b)$
$a = 63\,dm^2 : 7\,dm = 9\,dm$
$b = (4{,}16\,m : 2) - 0{,}9\,m = 1{,}18\,m$

6 a)

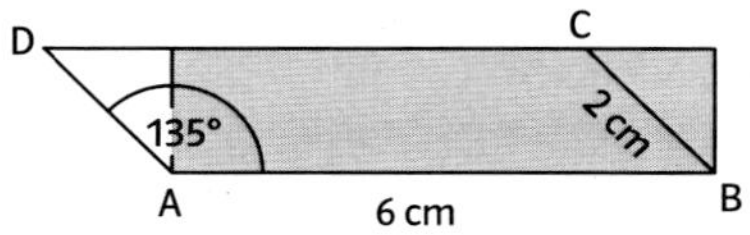

b)

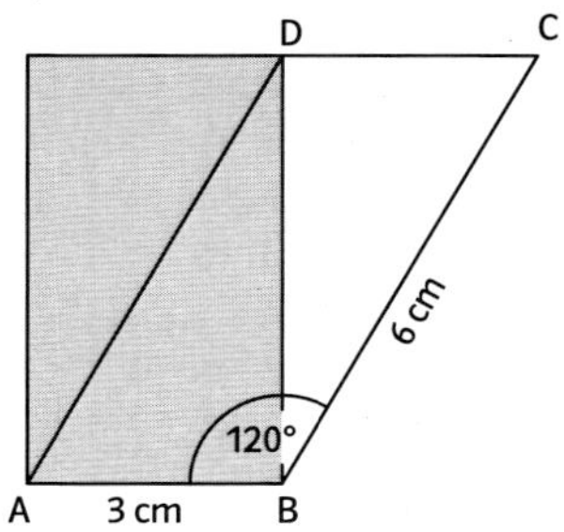

9 Alle drei Parallelogramme haben den gleichen Flächeninhalt.
Begründung für $A_{gelb} = A_{grün}$: Die blauen Seiten sind in beiden Parallelogrammen gleich lang, ebenso die zugehörigen Höhen (Abstand der Parallelen).
Begründung für $A_{gelb} = A_{orange}$: Die roten Seiten sind in beiden Parallelogrammen gleich lang, ebenso die zugehörigen Höhen (Abstand der Parallelen).
Damit sind auch die Flächeninhalte des grünen und des orangen Parallelogramms gleich groß.

10 $a = 4{,}5\,cm$, $h_a = 6{,}8\,cm$, $b = 8{,}5\,cm$, $h_b = 3{,}6\,cm$
Es sind zwei zueinander kongruente Parallelogramme möglich, da keine Winkel festgelegt sind.

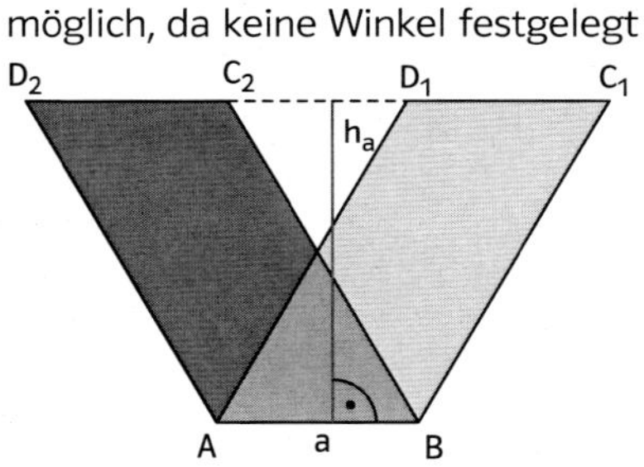

Das gleiche Ergebnis erhält man, wenn man b und h_b zugrunde legt.

11 Anfertigen der Parallelogramme: individuelle Lösung
Gemeinsamkeiten: Hat man die DIN-A6-Bögen vor dem Schneiden übereinandergelegt, dann sind die spitzen wie auch die stumpfen Winkel bei den entstandenen Parallelogrammen jeweils gleich groß. Außerdem können nur zwei Sorten von Parallelogrammen entstehen.
Wenn der gerade Schnitt nicht parallel zu einer der Seiten ausgeführt wird, muss eine der Höhen entweder 148 mm betragen (Länge des DIN-A6-Bogens) oder 105 mm (Breite des DIN-A6-Bogens).

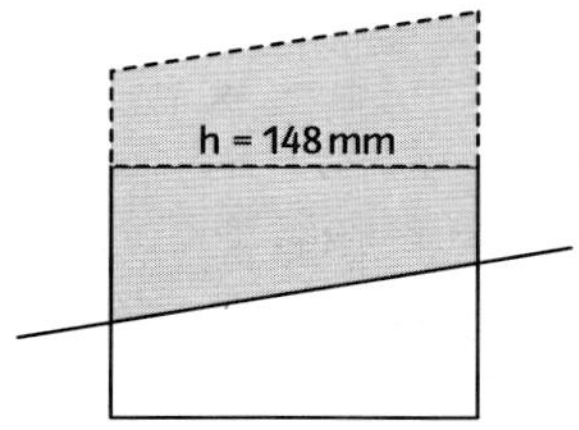

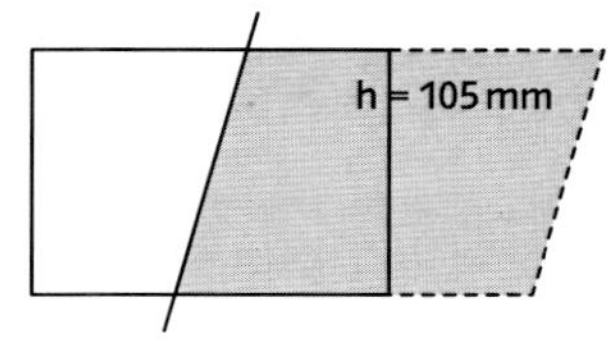

Eine Ausnahme davon ergibt sich nur, wenn der Schnittpunkt parallel zu einem der Seitenpaare durch die Mittelpunkte des anderen Seitenpaares führt. Dann entstehen jeweils Rechtecke.

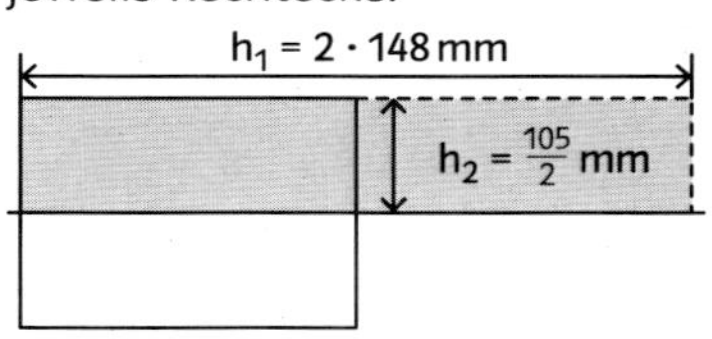

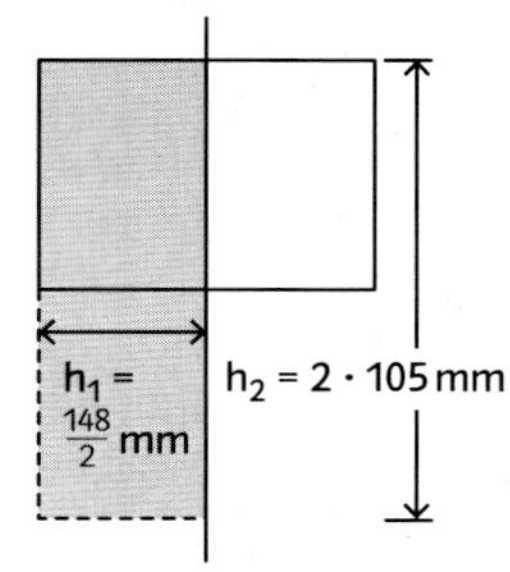

Erfolgt der Schnitt parallel zu einem der Seitenpaare, aber nicht durch die Mittelpunkte des anderen Seitenpaares, kann man die entstandenen Teile zwar zu einem Rechteck und damit einem Parallelogramm zusammenlegen, aber es entsteht jeweils das ursprüngliche Rechteck, der DIN-A6-Bogen.

12 a) Jedes der vier Parallelogramme (je zwei auf beiden Seiten der Brücke) hat einen Flächeninhalt von $1{,}10\,m \cdot 6\,m = 6{,}6\,m^2$, bei den zwei Rechtecken beträgt der Flächeninhalt jeweils $1{,}10\,m \cdot 8\,m = 8{,}8\,m^2$.
b) $b_1 \approx 90\,cm$, $b_2 \approx 100\,cm$

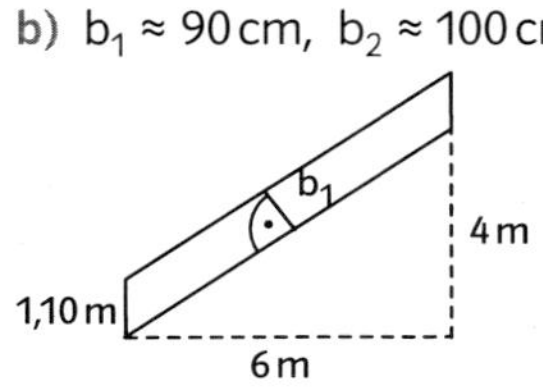

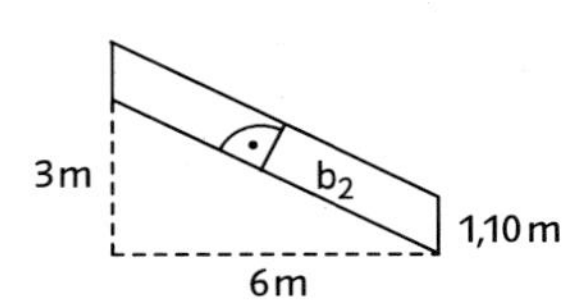

(Zeichnungen verkleinert)

13 a) Betrachtet man eine gegebene Seite, so wird die zugehörige Höhe (und damit der Flächeninhalt) maximal, wenn der anliegende Winkel ein rechter Winkel ist; also ist das Parallelogramm ein Rechteck.
b) Flächeninhalt des Rechtecks: $A = 69\,cm^2$
maximaler Flächeninhalt des Parallelogramms nach Teilaufgabe a): $A = 63{,}75\,cm^2$ (stets kleiner als das Rechteck)

Seite 105

14 a) Maßstab 1:1000

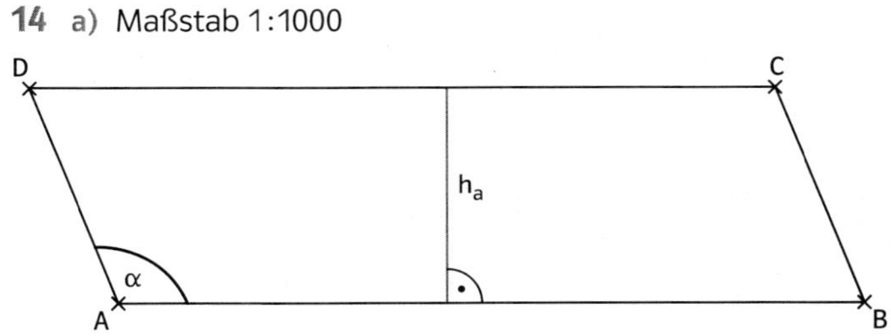

Aus der Zeichnung liest man $h_a \approx 22\,m$ ab.
$A \approx 75\,m \cdot 22\,m = 1650\,m^2$
b) $a = 50\,m$, $A \approx 1650\,m^2 \leqq a \cdot b$
$b \geqq 1650\,m^2 : 50\,m = 33\,m$
Die andere Seite muss mindestens 33 m lang sein.

15 **a)** und **b)** Der Flächeninhalt ist in beiden Fällen kleiner geworden. Parallelogramme haben stets einen kleineren Flächeninhalt als die Rechtecke, die mit ihnen in beiden Seitenlängen übereinstimmen. Nur beim Rechteck entsprechen die Seitenlängen den Höhen und die Höhen werden dadurch maximal.

16 **a)** Die Zeichnung der Wegeanlage muss 9 cm breit und 5,5 cm hoch sein.
b) zwei Rechtecke links und rechts; vier parallelogrammförmige Wegabschnitte
$(1{,}5\,m \cdot 1{,}5\,m) \cdot 2 + (0{,}75\,m \cdot 3\,m) \cdot 4 = 13{,}5\,m^2$
c) Aus der Zeichnung entnimmt man folgende Werte.
Seite: 3,6 m, zugehörige Höhe: 3,3 m
Somit ist die eingeschlossene Fläche ca. $11{,}88\,m^2$ groß.
Hinweis (nicht in der Aufgabe verlangt): Das exakte Ergebnis erhält man, wenn man die Flächen in zwei zueinander kongruente Dreiecke zerlegt (Grundseite: 6 m, Höhe: 2 m): $2 \cdot \frac{1}{2} \cdot 6\,m \cdot 2\,m = 12\,cm^2$.

17 **a)**

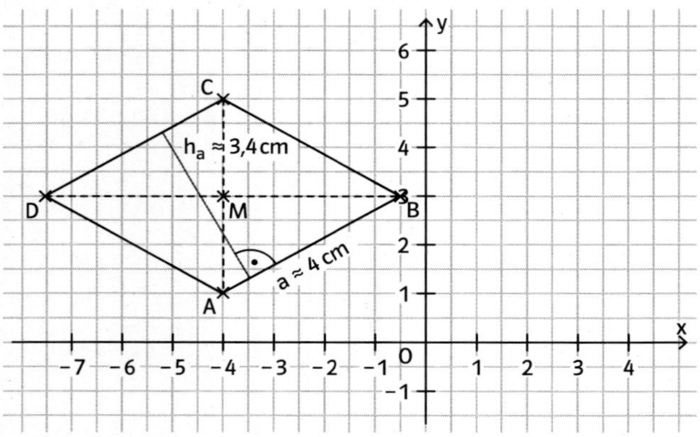

b) $a \approx 4\,cm$, $h_a \approx 3{,}4\,cm$, $A \approx 13{,}6\,cm^2$
exakter Wert (nicht in der Aufgabe verlangt):
Mithilfe der Diagonalen wird die Raute in vier gleich große (Beweis: vgl. Aufgabe 18 b)) rechtwinklige Dreiecke AMD, ABM, BCM und DMC unterteilt.
Es gilt $A_{Raute} = 4 \cdot A_{AMD}$, also
$A_{Raute} = 4 \cdot \frac{1}{2} \cdot 3{,}5\,cm \cdot 2\,cm = 14\,cm^2$.

18 **a)**

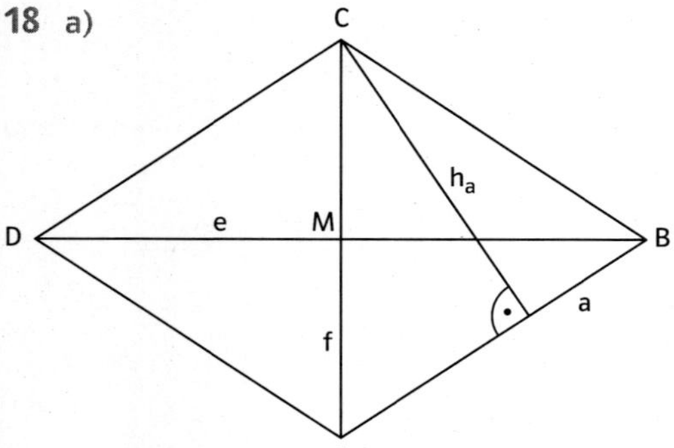

Messung: $a \approx 3{,}6\,cm$, $h_a \approx 3{,}3\,cm$
$A = a \cdot h_a \approx 3{,}6\,cm \cdot 3{,}3\,cm = 11{,}88\,cm^2$
b) In einer Raute lässt sich der Flächeninhalt auch leicht durch die Zerlegung in Dreiecke berechnen. Im Gegensatz zu beliebigen Parallelogrammen hat die Raute nämlich die Besonderheit, dass ihre Diagonalen senkrecht aufeinanderstehen.
Der Beweis hierzu erfolgt über den Kongruenzsatz sss: Die Raute ist ein Parallelogramm, daher halbieren sich die Diagonalen an ihrem Schnittpunkt M. Es gilt: $\overline{AM} = \overline{MC}$ und $\overline{DM} = \overline{MB}$.
Zuerst wird gezeigt, dass die Diagonalen sich im Schnittpunkt M halbieren. Die gleichschenkligen Teildreiecke ABD und BCD stimmen in allen drei Seitenlängen überein, sind also zueinander kongruent (sss). Daher stimmen sie in ihren Winkeln, also auch in allen Basiswinkeln überein. Die Dreiecke AMD und MCD stimmen in zwei Seiten und den enthaltenen Winkel überein, sind also zueinander kongruent (sws). Damit stimmen sie auch in der dritten Seite überein: $\overline{AM} = \overline{MC}$.
Entsprechend gilt für die Teildreiecke in der anderen „Richtung“: ABC und ACD sind nach sss zueinander kongruent, also sind die Dreiecke MCD und BCM nach sws zueinander kongruent. Damit ist: $\overline{DM} = \overline{MB}$.
(Alternativ dazu: Man argumentiert, dass die Diagonalen sich halbieren, weil die Raute ein Parallelogramm ist.)
Nun kann gezeigt werden, dass die Diagonalen senkrecht aufeinander stehen.
Die vier Teildreiecke ABM, BCM, CDM und AMD sind daher zueinander kongruent (sss); folglich liegen an M vier gleich große Winkel $(360° : 4 = 90°)$.
Für den Flächeninhalt einer Raute gilt also
$A_{Raute} = A_{ABC} + A_{ACD} = \frac{1}{2} \cdot f \cdot \frac{e}{2} + \frac{1}{2} \cdot f \cdot \frac{e}{2} = \frac{1}{2} \cdot e \cdot f$.
Diese Berechnung ist nicht bei jedem Parallelogramm möglich, da die beiden Diagonalen im Allgemeinen nicht senkrecht aufeinanderstehen.

2 Flächeninhalt eines Trapezes

Seite 106

Einstiegsaufgabe
Emmi legt die zwei zueinander kongruenten Trapeze so aneinander, dass jeweils die kürzere Parallele des ersten Trapezes die Verlängerung der längeren Parallele des anderen ist. Es entsteht ein Parallelogramm der gleichen Höhe wie die Trapeze. Die Grundseite des Parallelogramms ist genauso lang wie die Summe der Längen der zwei parallelen Seiten je eines Trapezes. Aufgrund der Konstruktion ist jedes Trapez halb so groß wie das Parallelogramm.

Seite 107

1 **a)** $A = 46{,}69\,cm^2$ **b)** $A = 344{,}4\,cm^2$
c) $A = 85{,}12\,dm^2$ **d)** $A = 31{,}5\,dm^2$

2 **a)** $A = 10\,cm^2$ **b)** $A = 5{,}25\,cm^2$ **c)** $A = 5{,}625\,cm^2$

3 a) $A = \frac{1}{2} \cdot (3\,\text{cm} + 8\,\text{cm}) \cdot 3\,\text{cm} = 16{,}5\,\text{cm}^2$

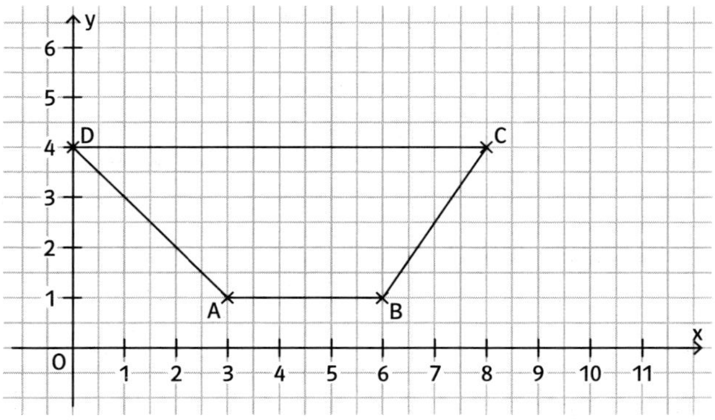

b) $A = \frac{1}{2} \cdot (3\,\text{cm} + 6\,\text{cm}) \cdot 4\,\text{cm} = 18\,\text{cm}^2$

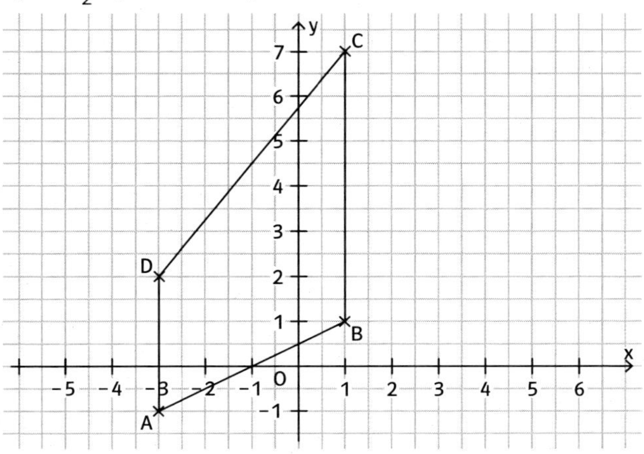

c) $A = \frac{1}{2} \cdot (5\,\text{cm} + 4\,\text{cm}) \cdot 1{,}5\,\text{cm} = 6{,}75\,\text{cm}^2$

d) $A = \frac{1}{2} \cdot (4\,\text{cm} + 0{,}5\,\text{cm}) \cdot 3{,}5\,\text{cm} = 7{,}875\,\text{cm}^2$

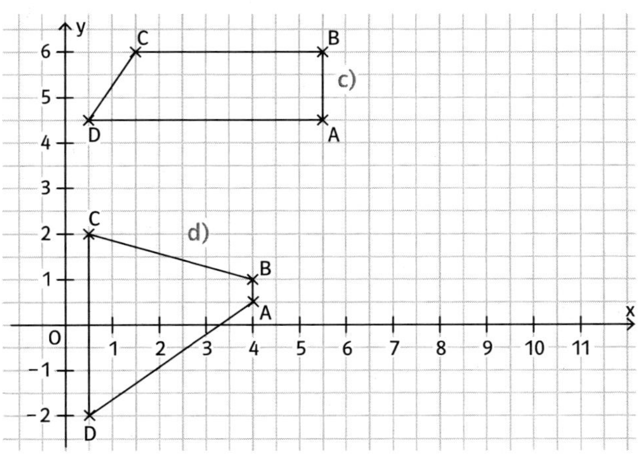

4 Benötigte Gleichungen:

$A = \frac{1}{2}(a + c) \cdot h = m \cdot h$ bzw. $h = \frac{A}{m}$ und $m = \frac{A}{h}$

$m = \frac{1}{2}(a + c)$ bzw. $a = 2m - c$ und $c = 2m - a$

	a)	b)	c)	d)
a	13 cm	60 cm	5 m	4 m
c	12 cm	6 dm = 60 cm	3 m	**4 m**
m	**12,5 cm**	**60 cm**	**4 m**	**4 m**
h	7 cm	12 cm	**0,05 cm**	6 m
A	**87,5 cm²**	**720 cm²**	20 cm²	24 m²

	e)	f)	g)	h)
a	**165 cm**	20 cm	4,6 cm	**0,2 m**
c	35 cm	**20 cm**	**19,4 cm**	100 cm = 1 m
m	**1 m = 100 cm**	**0,2 m = 20 cm**	120 mm = 12 cm	6 dm = 0,6 m
h	1 m	1,2 m	6 cm	**50 m**
A	1 m²	0,24 m²	**72 cm²**	30 m²

Die Trapeze in b), d) und f) sind Parallelogramme, weil die Seiten a und c gleich lang sind.

5 individuelle Lösung, zum Beispiel:
Dreiecke (a bzw. h_a):
6 cm bzw. 8 cm, 12 cm bzw. 4 cm, 24 cm bzw. 2 cm
Parallelogramme (a bzw. h_a):
2 cm bzw. 12 cm, 4 cm bzw. 6 cm, 3 cm bzw. 8 cm
Trapez (a + c bzw. h):
6 cm bzw. 8 cm, 12 cm bzw. 4 cm, 24 cm bzw. 2 cm

6 a) Es entsteht folgendes Dreieck:

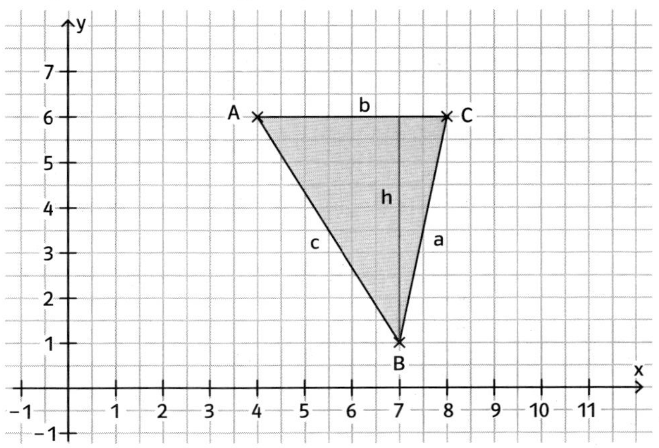

$b = 8 - 4 = 4,\; h = 6 - 1 = 5,\; A = \frac{1}{2} \cdot 4 \cdot 5 = 10$

b) Es entsteht folgendes Dreieck:

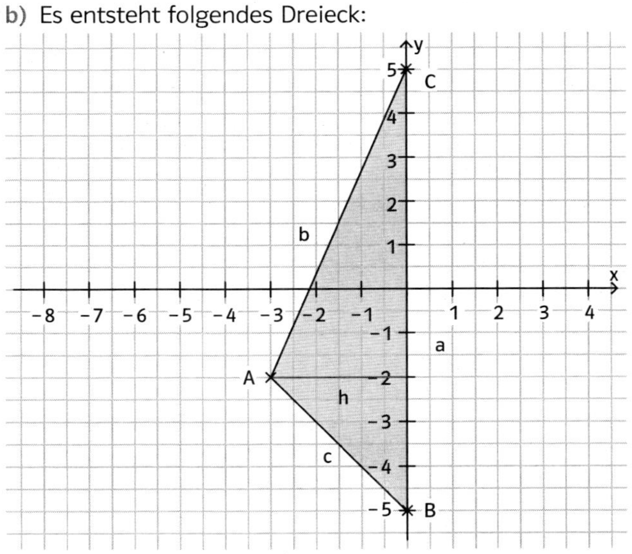

$a = 5 + 5 = 10,\; h = 3,\; A = \frac{1}{2} \cdot 10 \cdot 3 = 15$

c) Es entsteht folgendes Parallelogramm:

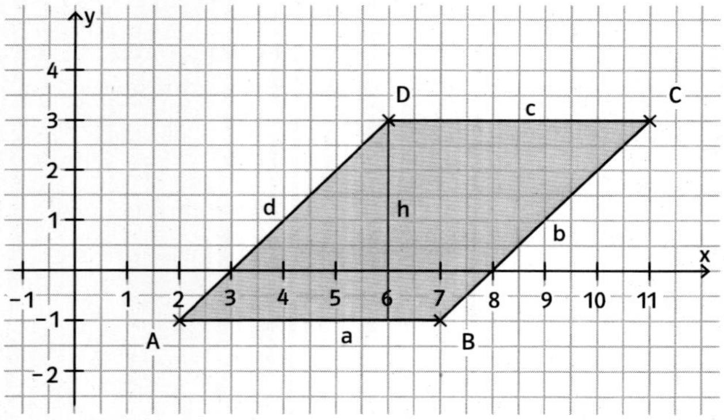

a = 5, h = 4, A = 5 · 4 = 20

d) Es entsteht folgendes Trapez:

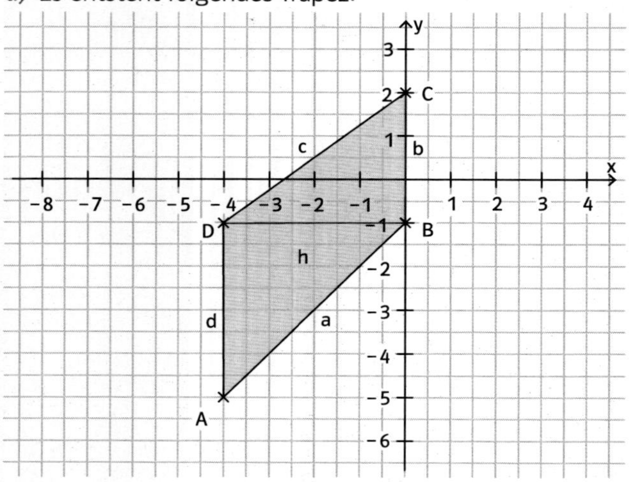

b = 3, d = 4, h = 4, $A = \frac{1}{2} \cdot (4 + 3) \cdot 4 = 14$

e) Es entsteht folgendes Trapez:

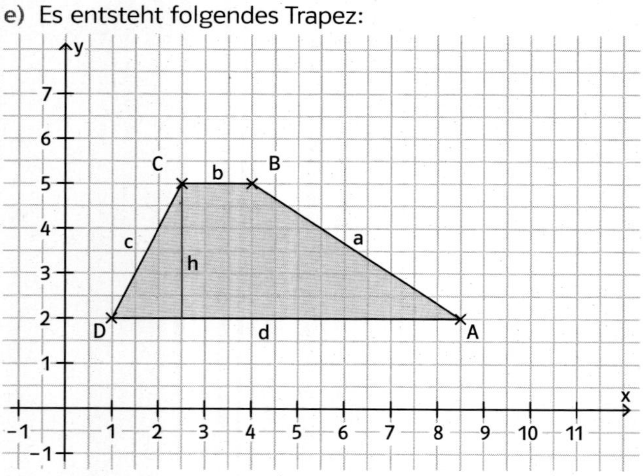

b = 1,5, d = 7,5, h = 3

$A = \frac{1{,}5 + 7{,}5}{2} \cdot 3 = \frac{9}{2} \cdot 3 = \frac{27}{2} = 13{,}5$

f) Es entsteht folgendes Trapez:

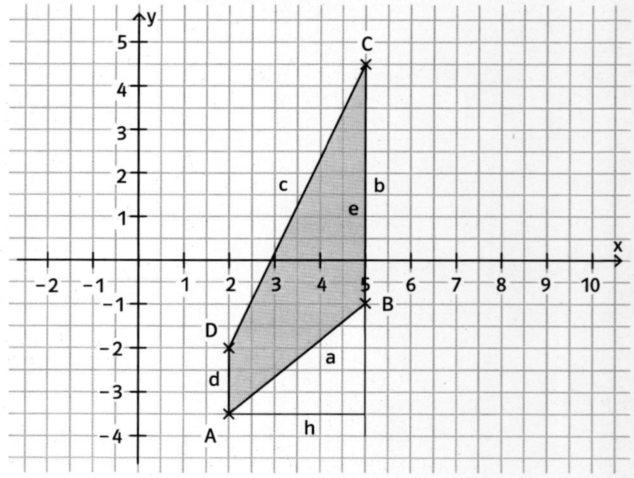

b = 5,5, d = 1,5, h = 3

$A = \frac{5{,}5 + 1{,}5}{2} \cdot 3 = \frac{7}{2} \cdot 3 = \frac{21}{2} = 10{,}5$

Seite 108

9 a)

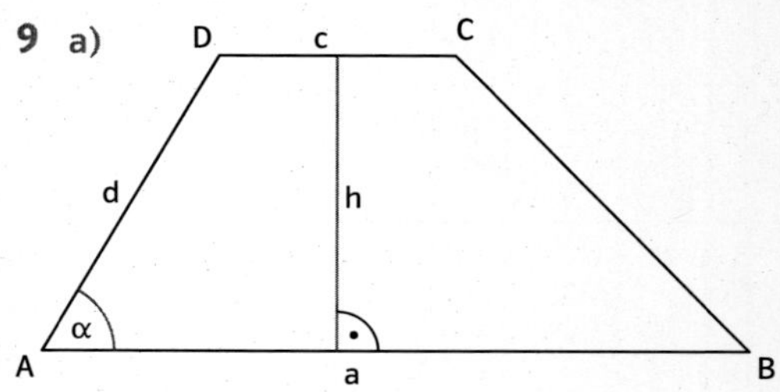

h ≈ 2,6 cm, A ≈ 10,4 cm^2

b)

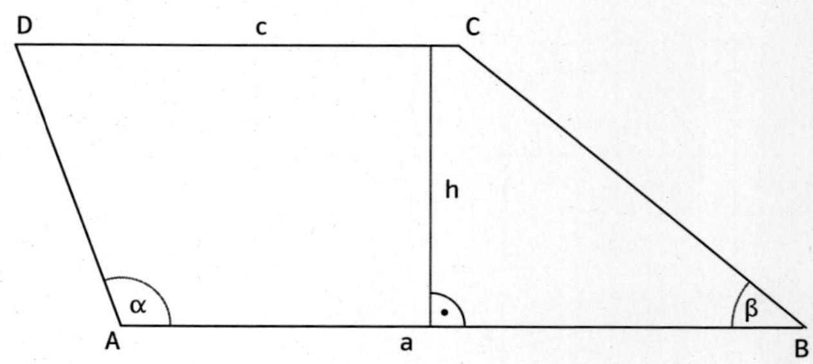

c ≈ 4,5 cm, A ≈ 17,25 cm^2

c)

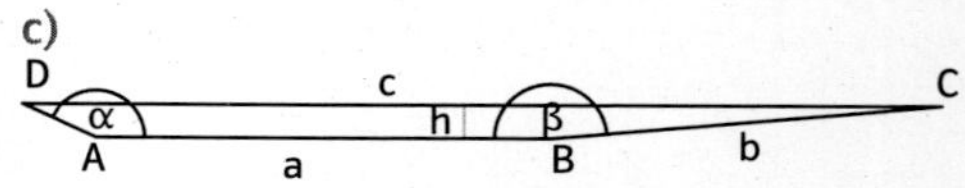

h ≈ 2 mm, c ≈ 6,1 cm, A = 0,91 cm^2

d) Zur Konstruktion benötigt man die Größe des Winkels γ. Man erhält γ = 120°.

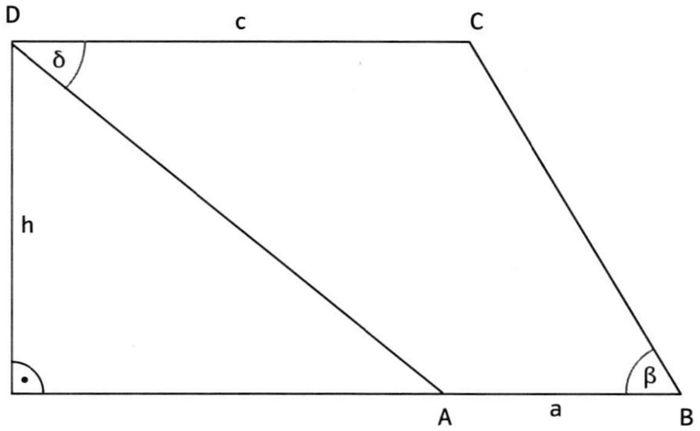

$a \approx 2{,}5\,\text{cm}$, $A \approx 15\,\text{cm}^2$

10 Straße 1 (von links nach rechts):
$A_1 = 140\,\text{m} \cdot 16{,}5\,\text{m} = 2310\,\text{m}^2$
Straße 2 (von unten nach oben):
$A_2 = 17{,}5\,\text{m} \cdot 250\,\text{m} = 4375\,\text{m}^2$
Fläche, die durch den Bau der Straßen verloren geht:
$A = A_1 + A_2 - A_{\text{Kreuzung}}$
$A = 2310\,\text{m}^2 + 4375\,\text{m}^2 - 17{,}5\,\text{m} \cdot 16{,}5\,\text{m}$
$= 6396{,}25\,\text{m}^2$
Der Inhalt der Wiesenfläche, der verloren geht, kann auch berechnet werden, indem man von der ursprünglichen Wiesenfläche (Rechteck) die Flächen der vier übrig gebliebenen trapezförmigen Wiesenstücke abzieht.

11 Maßstab 1:2

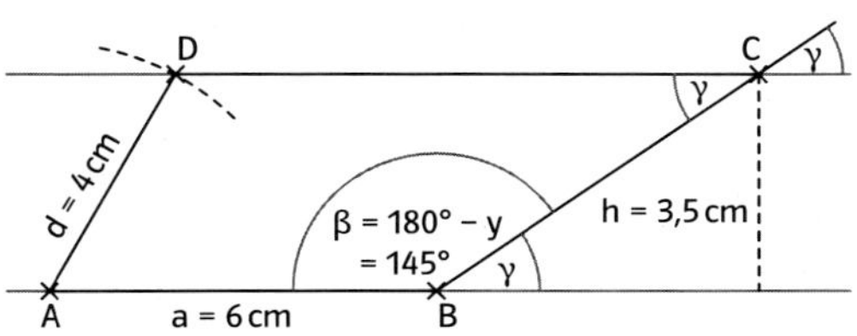

$c \approx 7{,}5\,\text{cm}$, $A \approx 23{,}625\,\text{cm}^2$

12 a) Maßstab 1:100

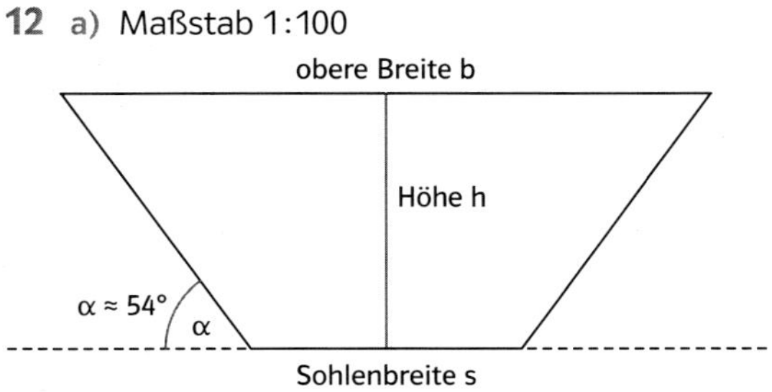

b) $A = \frac{1}{2} \cdot (b + s) \cdot h = \frac{1}{2} \cdot (6{,}0\,\text{m} + 2{,}5\,\text{m}) \cdot 2{,}4\,\text{m} = 10{,}2\,\text{m}^2$
c) individuelle Lösung
Beispiele für die Maße für die Kanalprofile:
- obere Breite: 5,5 m, Sohle: 2,5 m, Höhe: 2,55 m
- obere Breite: 6,5 m, Sohle: 2,0 m, Höhe: 2,4 m

Man erhält auch verschiedene (nicht mehr symmetrische) Trapeze mit gleichem Flächeninhalt, wenn man die Längen der zueinander parallelen Seiten und die Höhe beibehält, aber die Winkelgrößen ändert.

13 a) $A = \frac{125\,\text{cm} + 101\,\text{cm}}{2} \cdot 40\,\text{cm} = 4520\,\text{cm}^2$
Es werden $0{,}452\,\text{m}^2$ Holz benötigt.
b) individuelle Lösung, zum Beispiel:

Vorderseite:	$125\,\text{cm} \cdot 40\,\text{cm} = 5000\,\text{cm}^2$
Rückseite:	$101\,\text{cm} \cdot 40\,\text{cm} = 4040\,\text{cm}^2$
Ablage:	$50\,\text{cm} \cdot 50\,\text{cm} = 2500\,\text{cm}^2$
linke Seite (vgl. a)):	$4520\,\text{cm}^2$
rechte Seite (vgl. a)):	$4520\,\text{cm}^2$
Summe:	$20\,580\,\text{cm}^2 = 2{,}058\,\text{m}^2$

Es werden also ca. $2{,}1\,\text{m}^2$ Holz für die Produktion des Stehpultes benötigt.

14 a) $A_{\text{Rechteck}} = 13\,\text{m} \cdot 6{,}80\,\text{m} = 88{,}4\,\text{m}^2$
Die rechteckige Dachfläche ist etwa $88\,\text{m}^2$ groß.
b) $A_{\text{Trapez}} = \frac{1}{2} \cdot (7\,\text{m} + 13\,\text{m}) \cdot 6{,}80\,\text{m} = 68\,\text{m}^2$
Die trapezförmige Dachfläche ist $68\,\text{m}^2$ groß.

15 a) $A = \frac{1}{2} \cdot (45\,\text{m} + 20\,\text{m}) \cdot 25\,\text{m} = 812{,}5\,\text{m}^2$
812,5 · 80 € = 65 000 €
Familie Müller hat 65 000 € für das Grundstück bezahlt.
b) $A_{\text{Haus}} = 12\,\text{m} \cdot 9{,}50\,\text{m} = 114\,\text{m}^2$

$$\begin{array}{r} 812{,}5\,\text{m}^2 \\ -\,114{,}0\,\text{m}^2 \\ \hline 698{,}5\,\text{m}^2 \end{array}$$

Für den Garten bleiben $698{,}5\,\text{m}^2$ übrig.

Seite 109

16 a) $2 \cdot A_{\text{Seite}} = 2 \cdot \frac{1}{2} \cdot (2{,}45\,\text{m} + 1{,}80\,\text{m}) \cdot 4{,}00\,\text{m} = 17\,\text{m}^2$
b) $A_{\text{Front}} = 5{,}70\,\text{m} \cdot 1{,}80\,\text{m} = 10{,}26\,\text{m}^2$
$A_{\text{Glas}} = 17\,\text{m}^2 + 10{,}26\,\text{m}^2 = 27{,}26\,\text{m}^2$
Angebot 2: 27,26 · 110 € = 2998,60 €
Angebot 2 ist preiswerter.

17 a) Die Dreiecke AEM und MDH sind zueinander kongruent (wsw). Auch die Dreiecke FBN und NGC sind zueinander kongruent (wsw).
Die Vierecke stimmen in der gemeinsamen weißen Fläche (Sechseck EFNCDM) und in den gleichfarbigen Dreiecken überein. Sie haben deshalb den gleichen Flächeninhalt.
b) m hat die gleiche Länge wie $\overline{EF}$.
$A_{\text{Trapez}} = A_{\text{Rechteck}} = m \cdot h$

18 a) Maßstab 1:20

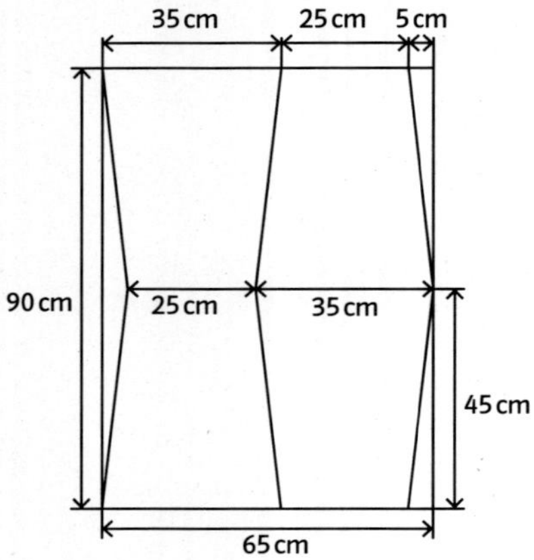

b) Rechteck:

$A_{Rechteck} = 65\,cm \cdot 90\,cm = 5850\,cm^2$

$A_{Trapez} = \frac{1}{2} \cdot (35\,cm + 25\,cm) \cdot 45\,cm = 1350\,cm^2$

$4 \cdot A_{Trapez} = 5400\,cm^2$

$A_{Verschnitt} = 5850\,cm^2 - 5400\,cm^2 = 450\,cm^2$

19 a) $A = \frac{1}{2}h_c \cdot c,\ h_c = 2c,\ A = \frac{1}{2} \cdot 2c \cdot c = c^2$

Da $A = 20\,cm^2$ ist, muss c die Zahl sein, die mit sich selbst multipliziert 20 ergibt. Wegen $4^2 = 16$ und $5^2 = 25$ muss c zwischen 4 und 5 liegen. Durch Probieren erhält man eine gute Näherung mit $c \approx 4{,}5\,cm$. Für h_c ergibt sich damit $h_c \approx 9\,cm$

b) $A = \frac{a + c}{2} \cdot h,\ c = 3a,\ A = \frac{a + 3a}{2} \cdot h = 2a \cdot h$

Da $A = 12\,cm^2$ und $h = 1{,}5\,cm$ ist, gilt

$a = \frac{A}{2h} = \frac{12\,cm^2}{3\,cm} = 4\,cm$ und somit $c = 12\,cm$.

Zeichnung: individuelle Lösung (Bemerkung: Es gibt unterschiedliche zueinander nicht kongruente Trapeze mit den berechneten Seitenlängen.)

c) $A = \frac{a + c}{2} \cdot h,\ h = 2a,\ c = 3a$

$A = \frac{a + 3a}{2} \cdot 2a = 4a^2$

20 Das gleichschenklige Dreieck ABC mit Schenkellänge a und Höhe h kann konstruiert werden, wenn a und h bekannt sind.

Konstruktion des Dreiecks ABC:
- Zwei parallele Geraden g und h im Abstand h werden gezeichnet.
- Ein Punkt C wird auf der Geraden g gewählt.
- Der Kreis mit Mittelpunkt C und Radius a schneidet h in A und B.

Nun kann die Länge der Basis b des Dreiecks gemessen werden.

Konstruktion des Trapezes ABDE:
- Die Kreise mit Mittelpunkt A bzw. B und Radius a schneiden die Gerade g in den Punkten E bzw. D.

Laut Konstruktion besteht ABDE aus drei kongruenten, gleichschenkligen Dreiecken. (Alle Dreiecke haben die Schenkellänge a und die Höhe h. Die Konstruktion mit a und h ist eindeutig.)

Berechnung des Flächeninhalts von ABDE:

1. Möglichkeit:

$A_{ABDE} = 3 \cdot A_{ABC} \Rightarrow A_{ABDE} = 3 \cdot \frac{1}{2} \cdot b \cdot h = \frac{3}{2} b \cdot h$

2. Möglichkeit:

$A_{ABDE} = A_{ABCE} + A_{BDC} = A_{ABCE} + A_{ABC}$

Das Viereck ABCE ist ein Parallelogramm, denn es gilt: $\overline{AB} \parallel \overline{EC}$ nach Konstruktion und $\overline{AE} \parallel \overline{BC}$ denn $\sphericalangle ACB = \sphericalangle CAE$ (Wechselwinkel). Also ist:

$A_{ABDE} = b \cdot h + \frac{1}{2} b \cdot h = \frac{3}{2} b \cdot h$

3. Möglichkeit (über die Formel für Trapeze):

$A_{ABDE} = \frac{1}{2}(\overline{AB} + \overline{ED}) \cdot h = \frac{1}{2}(b + 2b) \cdot h = \frac{3}{2} b \cdot h$

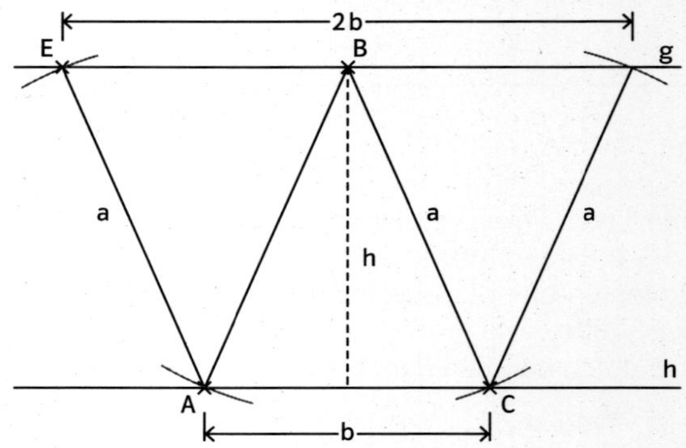

*3 Flächeninhalt eines symmetrischen Drachens und einer Raute

Seite 110

Einstiegsaufgabe

Britt hat recht. Zwei Drachen, deren Seiten die gleichen Längen haben, können unterschiedliche Flächeninhalte haben, wie die beiden folgenden Beispiele bei symmetrischen Drachen bereits zeigen.

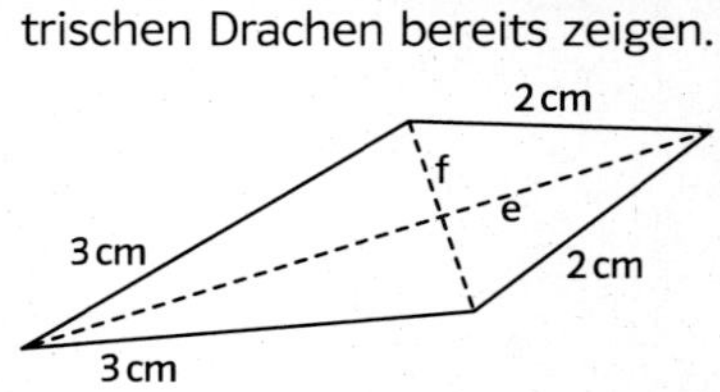

$e \approx 4{,}8\,cm,\ f \approx 1{,}5\,cm,\ A = 2 \cdot \left(\frac{1}{2} \cdot e \cdot \frac{f}{2}\right) \approx 3{,}6\,cm^2$

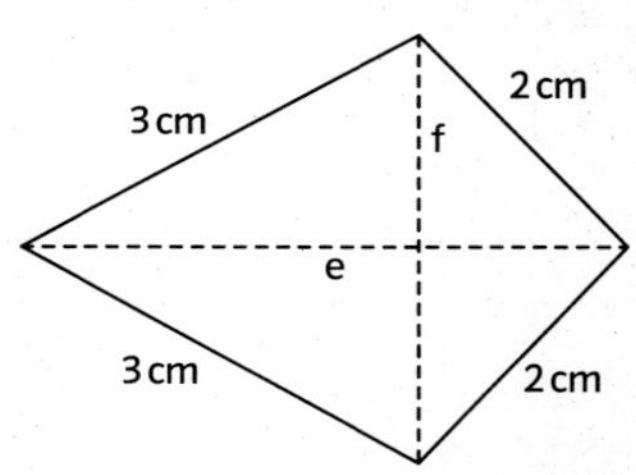

$e \approx 4\,cm,\ f \approx 2{,}9\,cm,\ A = 2 \cdot \left(\frac{1}{2} \cdot e \cdot \frac{f}{2}\right) \approx 5{,}8\,cm^2$

Seite 111

1 a) $A = 30\,cm^2$ b) $A = 3{,}15\,m^2$

2 a) $U \approx 10{,}3\,cm$, $A = 6\,cm^2$ b) $U \approx 12{,}8\,cm$, $A = 10\,cm^2$

c) $U \approx 13{,}9\,cm$, $A = 11\,cm^2$ d) $U \approx 14{,}8\,cm$, $A = 12{,}5\,cm^2$

3 a) $U = 20\,cm$, $A = 24\,cm^2$ b) $U \approx 20{,}1\,cm$, $A = 22{,}5\,cm^2$

4 a)

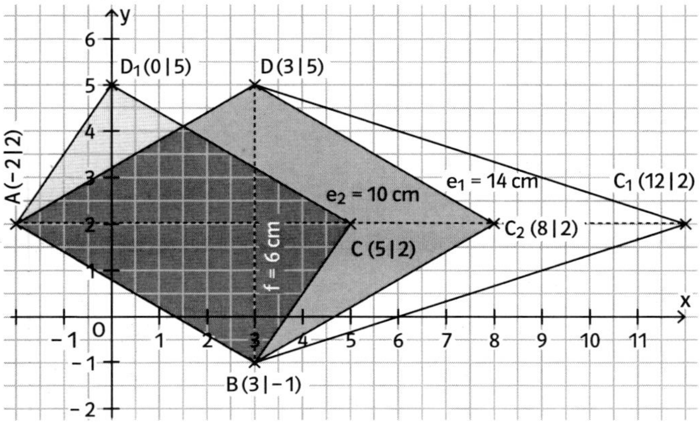

b) $\overline{BD} = f = 6\,cm$, $A = \frac{e \cdot f}{2} = 42\,cm^2$
Daraus folgt $e_1 = 14\,cm$, also $C_1(12\,|\,2)$.
c) $e_2 = 10\,cm$, also $C_2(8\,|\,2)$ und $A = \frac{e \cdot f}{2} = 30\,cm^2$
d) $D_1(0\,|\,5)$
Das Parallelogramm ist ein Rechteck.
$\overline{AC} = 7\,cm$
$A = A_{ABC} + A_{ACD_1} = \frac{1}{2} \cdot 7\,cm \cdot 3\,cm + \frac{1}{2} \cdot 7\,cm \cdot 3\,cm = 21\,cm^2$

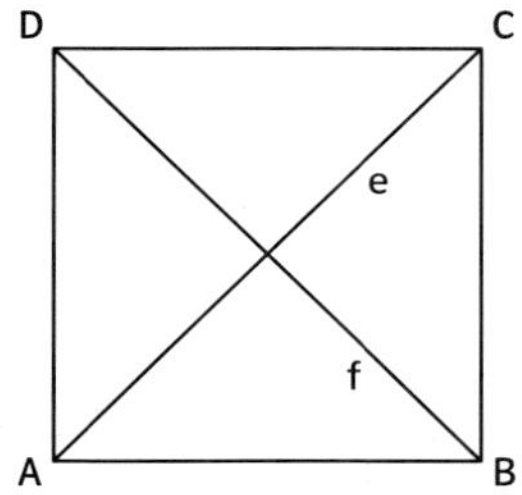

7 Zur Konstruktion muss man berücksichtigen, dass AC die Winkelhalbierende von α ist.

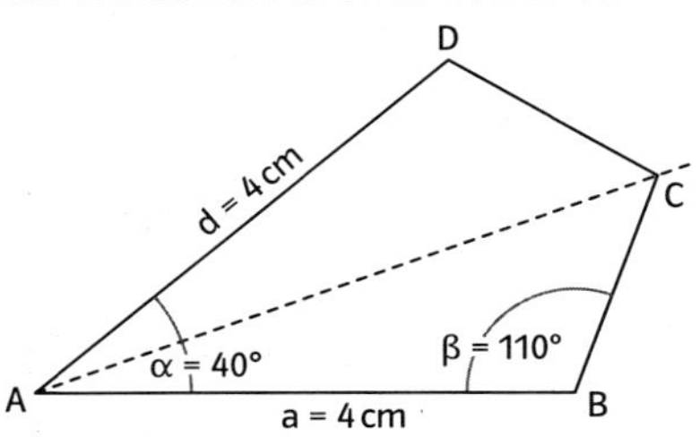

$\overline{AC} \approx 4{,}9\,cm$ und $\overline{BD} \approx 2{,}7\,cm$
$A \approx 6{,}6\,cm^2$

8 Es sei $e = 8\,cm$ eine der beiden Diagonalen des symmetrischen Drachens, die andere sei f. Dann gilt $A = 48\,cm^2 = \frac{1}{2} \cdot e \cdot f = \frac{1}{2} \cdot 8\,cm \cdot f$, also $f = 12\,cm$.
Wenn g und h die Diagonalen eines symmetrischen Drachens sind, deren Längenverhältnis 2:3 beträgt, dann gilt (wenn e länger als f ist) $2e = 3f$ oder $e = \frac{3}{2}f$.
Aus $A = 48\,cm^2 = \frac{1}{2} \cdot e \cdot f = \frac{1}{2} \cdot \frac{3}{2} \cdot f \cdot f = \frac{3}{4}f^2$ folgt $f^2 = 64\,cm^2$. Durch Probieren erhält man $f = 8\,cm$ und damit $e = 12\,cm$.

9 a) Bei einem Quadrat sind beide Diagonalen gleich lang. Daher gilt $A = \frac{1}{2} \cdot 6\,cm \cdot 6\,cm = 18\,cm^2$.
Aus einer Zeichnung entnimmt man, dass die Seitenlänge des Quadrats etwa 4,25 cm lang ist.
b) Wie in Teilaufgabe a) gesagt wurde, sind die Diagonalen in einem Quadrat gleich lang. Da es sich bei einem Quadrat um einen symmetrischen Drachen handelt, gilt für den Flächeninhalt $A = \frac{1}{2} \cdot e \cdot f = \frac{1}{2} \cdot e^2 = 8\,cm^2$, also $e^2 = 16\,cm^2$.
Durch Probieren erhält man $e = 4\,cm$.
Aus einer Zeichnung entnimmt man, dass die Seitenlänge des Quadrats etwa 2,8 cm lang ist.

4 Flächeninhalt geradlinig begrenzter Figuren

Seite 112

Einstiegsaufgabe
Wenn man eine „senkrechte Linie" von der Dachspitze zum Boden zieht, wird die Wandfläche in zwei Trapeze geteilt. Es gilt:
$A_{Wand} = A_{Trapez\ links} + A_{Trapez\ rechts}$
$= \frac{1}{2} \cdot (9{,}78\,m + 2{,}80\,m) \cdot 5{,}44\,m$
$\approx 34{,}22\,m^2$
$A_{Trapez\ rechts} = \frac{1}{2} \cdot (9{,}78\,m + 6{,}30\,m) \cdot 5{,}81\,m$
$\approx 46{,}71\,m^2$
Somit ist $A_{Wand} \approx 34{,}22\,m^2 + 46{,}71\,m^2 = 80{,}93\,m^2$.

Seite 113

1 $\overline{EB} = \overline{GE} + \overline{BG} = 75\,m$, $\overline{EH} = \overline{EB} - \overline{FH} - \overline{BF} = 14\,m$
$A = A_1 + A_2 + A_3 + A_4 + A_5$
$= \frac{1}{2} \cdot 32\,m \cdot 47\,m + \frac{1}{2} \cdot 20\,m \cdot 35\,m$
$+ \frac{1}{2}(35\,m + 24\,m) \cdot 41\,m$
$+ \frac{1}{2} \cdot 14\,m \cdot 24\,m + \frac{1}{2} \cdot 28\,m \cdot 32\,m$
$= 2927{,}5\,m^2$
Einer maßstäblichen Zeichnung entnimmt man:
$U \approx 210\,m$.

2 Alle Seitenlängen in cm, alle Flächeninhalte in cm^2:
a) Man kann die Figur zu einem Rechteck ergänzen und dann vom Flächeninhalt des Rechtecks den Flächeninhalt von vier rechtwinkligen Dreiecken abziehen.
$A = 2{,}5 \cdot 4 - \left(\frac{1}{2} \cdot \frac{1}{2} \cdot 2 + \frac{1}{2} \cdot 2 \cdot 2 + \frac{1}{2} \cdot \frac{1}{2} \cdot 3 + \frac{1}{2} \cdot 2 \cdot 1\right)$
$= 10 - \left(\frac{1}{2} + 2 + \frac{3}{4} + 1\right) = 10 - \frac{17}{4} = \frac{23}{4} = 5{,}75$
b) Man kann die Figur zu einem Rechteck ergänzen und vom Flächeninhalt des Rechtecks den Flächeninhalt der zwei entstandenen rechtwinkligen Dreiecke und des entstandenen Trapezes abziehen.
$A = 3 \cdot 4 - \left(\frac{1}{2} \cdot 1{,}5 \cdot 4 + \frac{1}{2} \cdot 3 \cdot 1{,}5 + \frac{1}{2} \cdot (0{,}5 + 1{,}5) \cdot 2{,}5\right)$
$= 12 - (3 + 2{,}25 + 2{,}5) = 4{,}25$
Man könnte auch auf die Idee kommen, die Figur in ein Parallelogramm und ein Dreieck zu zerlegen. Man erhält dann $A = 4{,}375$. Dieses Ergebnis ist aber nicht korrekt, da der linke Teil der Figur kein Parallelogramm ist.

c) Man kann die Figur z. B. in ein Rechteck, fünf Dreiecke und ein Trapez zerlegen. Man erhält

$A = 2{,}5 \cdot 1 + \frac{1}{2} \cdot 1 \cdot 2 + \frac{1}{2} \cdot 2 \cdot 0{,}5 + \frac{1}{2} \cdot 1 \cdot 0{,}5 + \frac{1}{2} \cdot 1 \cdot 0{,}5$

$+ \frac{1}{2} \cdot 1{,}5 \cdot 1 + \frac{1}{2} \cdot (0{,}5 + 1) \cdot 0{,}5$

$= 2{,}5 + 1 + 0{,}5 + 0{,}25 + 0{,}25 + 0{,}75 + 0{,}375 = 5{,}625.$

d) Die Figur ist achsensymmetrisch. Die linke Hälfte der Figur lässt sich zu einem Rechteck ergänzen, von dessen Flächeninhalt man dann den Flächeninhalt von fünf rechtwinkligen Dreiecken abziehen kann.

$A_{links} = 2 \cdot 3 - (0{,}5 + 0{,}25 + 0{,}5 + 0{,}25 + 0{,}5) = 6 - 2 = 4$

Der Flächeninhalt der gesamten Figur beträgt somit $A = 8$.

e) Die Figur lässt sich durch Hinzufügen von vier rechtwinkligen Dreiecken sowie der „Augen" und des „Mundes" zu einem Rechteck ergänzen. Man muss also vom Flächeninhalt des Rechtecks den Flächeninhalt der vier ergänzten Dreiecke sowie den Flächeninhalt der Figuren innen abziehen.

$A = 3 \cdot 3{,}5 - (0{,}75 + 0{,}75 + 0{,}25 + 0{,}25 + 0{,}25 + 0{,}25 + 1)$

$= 10{,}5 - 3{,}5 = 7$

f) Man kann die Figur zu einem Rechteck ergänzen und vom Flächeninhalt des Rechtecks den Flächeninhalt von fünf Dreiecken und zwei Trapezen abziehen.

$A = 4{,}5 \cdot 3 - (0{,}375 + 0{,}375 + 0{,}75 + 0{,}75 + 0{,}5 + 1{,}5 + 1{,}25)$

$= 8$

3 a)

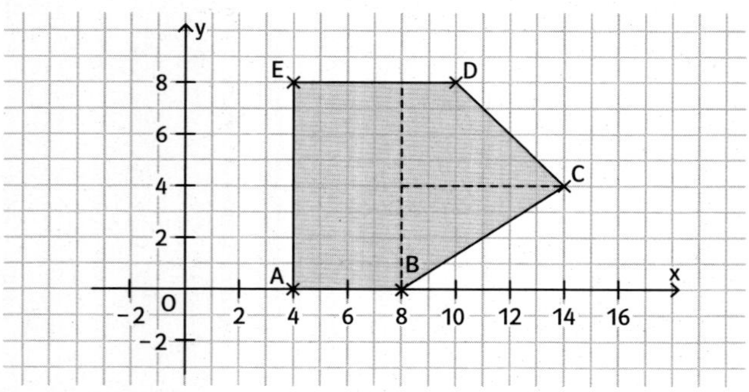

$A = \left(4 \cdot 8 + \frac{6 \cdot 4}{2} + \frac{6 + 2}{2} \cdot 4\right) cm^2 = 60\,cm^2$

$U \approx 8\,cm + 4\,cm + 7{,}2\,cm + 5{,}7\,cm + 6\,cm \approx 30{,}9\,cm$

(durch Messen im richtigen Maßstab 1 LE = 1 cm)

b)

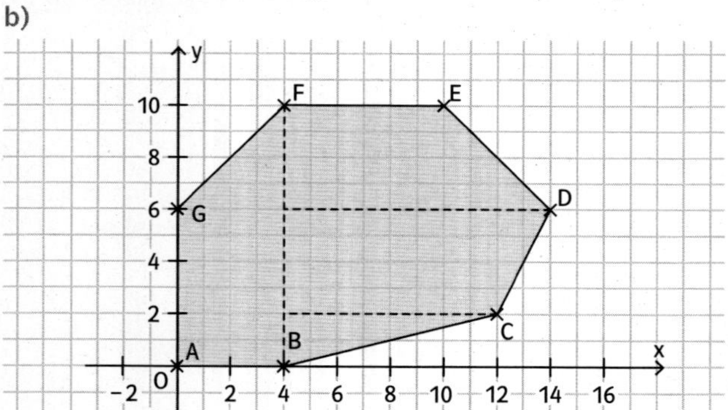

$A = \left(2 \cdot \frac{10 + 6}{2} \cdot 4 + \frac{10 + 8}{2} \cdot 4 + \frac{8 \cdot 2}{2}\right) cm^2 = 108\,cm^2$

$U \approx 4\,cm + 8{,}2\,cm + 4{,}5\,cm + 5{,}7\,cm + 6\,cm + 5{,}7\,cm + 6\,cm$

$= 40{,}1\,cm$ (durch Messen im richtigen Maßstab 1 LE = 1 cm)

4 Die Terme für A_1, A_3 und A_5 können verwendet werden, um den Flächeninhalt der Figur zu berechnen. Bei A_1 werden von dem Flächeninhalt des großen Quadrats $(a + b)^2$ die Flächeninhalte der vier rechtwinkligen Dreiecke mit jeweils dem Flächeninhalt $\frac{1}{2}ab$ abgezogen. Man kann durch Anwenden einer binomischen Formel zeigen, dass die Terme A_1, A_3 und A_5 zueinander wertgleich sind.

$A_1 = (a + b)^2 - 4 \cdot \frac{1}{2}ab = a^2 + 2ab + b^2 - 2ab$

$= a^2 + b^2 = A_5$

$A_3 = (a - b)^2 + 4 \cdot \frac{1}{2}ab = a^2 - 2ab + b^2 + 2ab$

$= a^2 + b^2 = A_5 = A_1$

Seite 114

5 a)

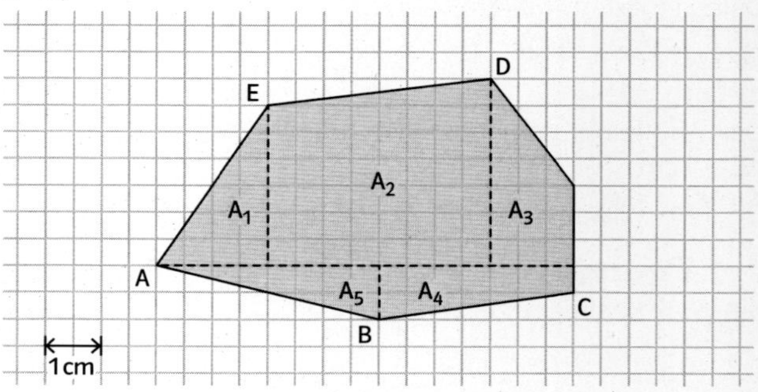

$A = A_1 + A_2 + A_3 + A_4 + A_5$

$= \frac{2\,cm \cdot 3\,cm}{2} + \frac{1}{2}(3\,cm + 3{,}5\,cm) \cdot 4\,cm$

$+ \frac{1}{2}(3{,}5\,cm + 1{,}5\,cm) \cdot 1{,}5\,cm$

$+ \frac{1}{2}(1\,cm + 0{,}5\,cm) \cdot 3{,}5\,cm + \frac{1\,cm \cdot 4\,cm}{2}$

$= 24{,}375\,cm^2$

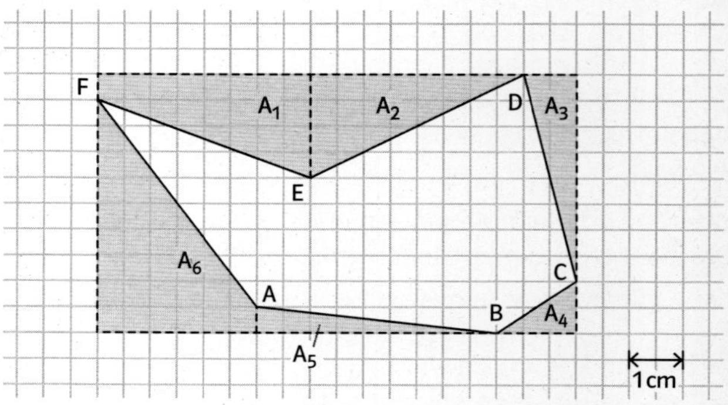

$A = A_{Rechteck} - (A_1 + A_2 + A_3 + A_4 + A_5 + A_6)$

$= 9\,cm \cdot 5\,cm - \Big[\frac{1}{2}(2\,cm + 0{,}5\,cm) \cdot 4\,cm$

$+ \frac{2\,cm \cdot 4\,cm}{2} + \frac{1\,cm \cdot 4\,cm}{2} + \frac{1{,}5\,cm \cdot 1\,cm}{2} + \frac{0{,}5\,cm \cdot 4{,}5\,cm}{2}$

$+ \frac{1}{2}(0{,}5\,cm + 4{,}5\,cm) \cdot 3\,cm\Big]$

$= 25{,}625\,cm^2$

Das linke Sechseck ist mit $24{,}375\,cm^2$ kleiner als das rechte mit $25{,}625\,cm^2$.

b) linkes Sechseck: $U \approx 19{,}8\,cm$

rechtes Sechseck: $U \approx 24{,}2\,cm$

Das rechte Sechseck hat einen größeren Umfang.

8 a) $\overline{EH}$, $\overline{HD}$, $\overline{HF}$, $\overline{FC}$, $\overline{FB}$, $\overline{EG}$, $\overline{BG}$ und $\overline{GA}$
Dominik bestimmt die Flächeninhalte der Teildreiecke und des Trapezes HFCD.
b) Abhängig von welchem Eckpunkt man ausgeht, z. B. Dreieck ABC, Dreieck ACD, Dreieck ADE

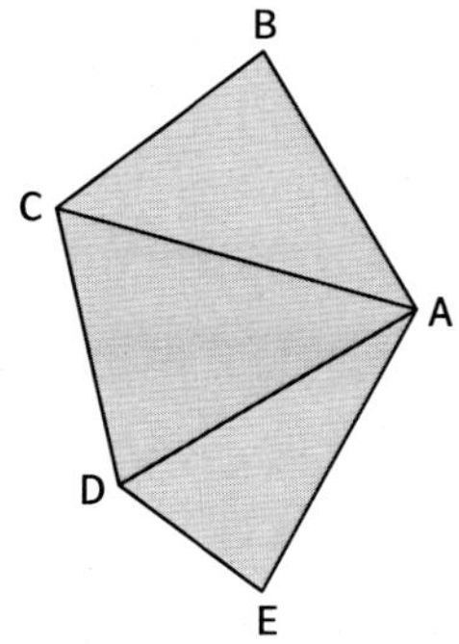

c) Thomas will die Flächeninhalte der Dreiecke ABE und DIC sowie des Trapezes EBID berechnen.

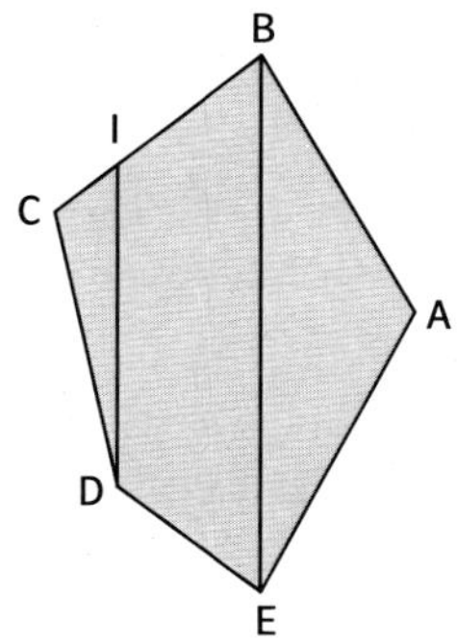

d) individuelle Lösung

9 Es gibt verschiedene Möglichkeiten, die Fläche durch Trapeze anzunähern. Man kann z. B. die Flächen ober- und unterhalb der x-Achse jeweils durch ein Trapez annähern oder man zerlegt die Fläche in ein Rechteck und zwei Halbkreise und nähert die Halbkreise durch Trapeze an. Man erhält so für den Flächeninhalt der Laufbahn $A \approx 10\,000\,m^2$.

10

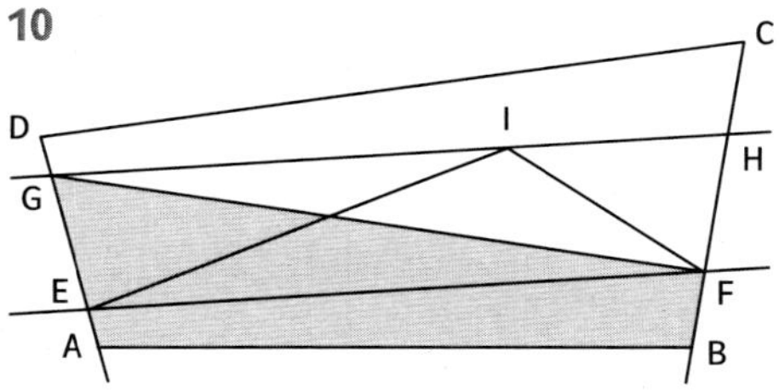

Zeichne eine Parallele zu EF durch I. Das Dreieck EFG hat den gleichen Flächeninhalt wie das Dreieck EFI, da beide Dreiecke in der Seite $\overline{EF}$ und der zugehörigen Höhe übereinstimmen.
Neues Feld (gleich groß zu „gelbem" Feld): ABFG oder ABHE.

Seite 115

11 a) Fig. 1: $A = 2 \cdot \frac{1}{2}\big(((a+b)-b) \cdot ((a+b)-b)\big) = a^2$

Fig. 2: Basis eines weißen Dreiecks: $(a + b) - 2b = a - b$;
Höhe: $\frac{1}{2} \cdot [(a + b) - 2b] = \frac{1}{2}(a - b)$
Die Höhe kann zum Beispiel entlang einer der eingezeichneten Achsen berechnet werden.

Zeichnet man als Hilfslinie eine Diagonale des Quadrats, so sieht man, dass der Abstand zwischen den Spitzen von zwei weißen Dreiecken entlang der Symmetrieachse 2b beträgt.
$A = 4 \cdot \frac{1}{2} \cdot (a - b) \cdot \frac{1}{2}(a - b) = (a - b)^2$
b) Fig. 3: $A = 2 \cdot \frac{1}{2} \cdot a \cdot ((a + b) - b) = a^2$
Fig. 4: $A_{weiß} = A_{Rechteck} - A_{gefärbt}$
Berechnung der gefärbten Fläche:
Aus der Summe der Flächeninhalte der zwei Streifen muss der Inhalt der gemeinsamen Fläche in der Mitte abgezogen werden. Diese Fläche ist ein Quadrat: Die Diagonalen stehen senkrecht aufeinander und alle Winkel sind rechte Winkel. Eine Diagonale dieses Quadrats hat die Länge b.

$$A_{weiß} = a \cdot (a + b) - \left(2 \cdot b \cdot a - \frac{1}{2} \cdot b \cdot b\right)$$
$$= a^2 + a \cdot b - 2 \cdot a \cdot b - \frac{1}{2} \cdot b^2$$
$$= a^2 - a \cdot b - \frac{1}{2} \cdot b^2$$

12 (1) $A = \frac{1}{2}ab + a^2 + b^2$

(2) $A = \frac{1}{2}b(a + b) + (a + b)(a - b) + b^2 + \frac{1}{2}b^2$
$= \frac{1}{2}ab + \frac{1}{2}b^2 + a^2 - b^2 + \frac{3}{2}b^2 = \frac{1}{2}ab + a^2 + b^2$
Beide Vielecke haben den gleichen Flächeninhalt.

13 a) Bei der Konstruktion ist es hilfreich zu wissen, dass jeder Mittelpunktswinkel 60° beträgt.

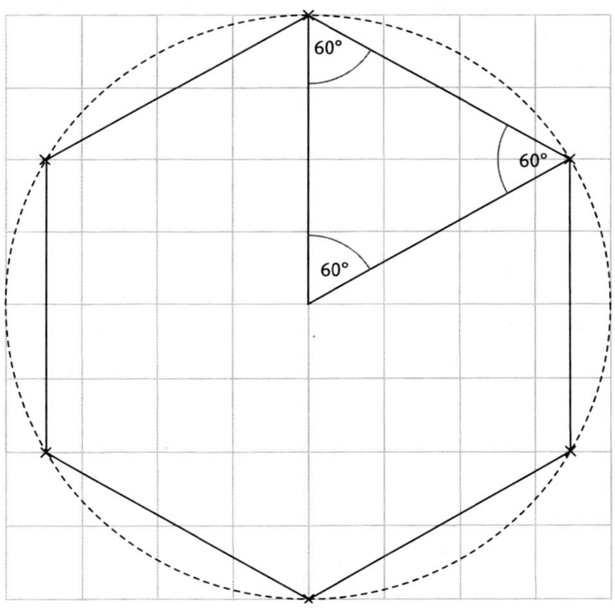

b) Der Flächeninhalt des Sechsecks wird durch Quadrate der Seitenlänge 1 cm abgeschätzt. Der Flächeninhalt des Sechsecks ist etwa so groß wie 40 dieser Quadrate, also $A \approx 40\,cm^2$. Wenn man kleinere Quadrate verwendet, wird die Schätzung genauer. Der exakte Wert ist $A = 41{,}56\ldots cm^2$.

c) Zerlegung in sechs gleichseitige Dreiecke:

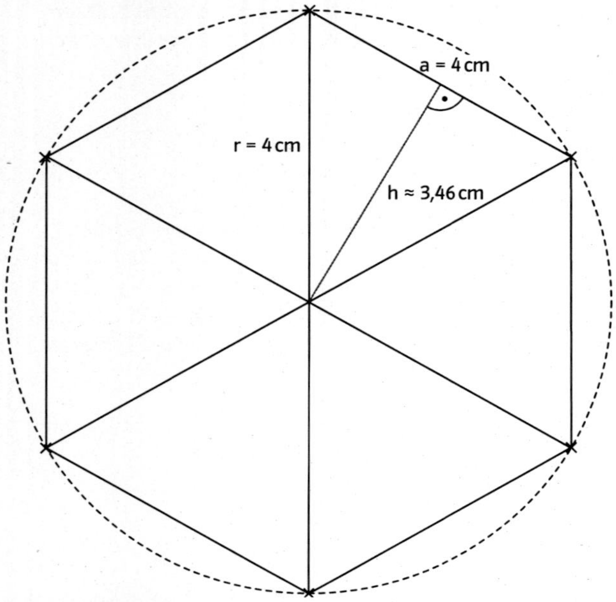

Flächeninhalt eines Dreiecks: $A_\Delta = \frac{1}{2} \cdot a \cdot h \approx 6{,}9\,cm^2$

d) Flächeninhalt des regelmäßigen Sechsecks:
$A = 6 \cdot A_\Delta \approx 41{,}4\,cm^2$

14 a)

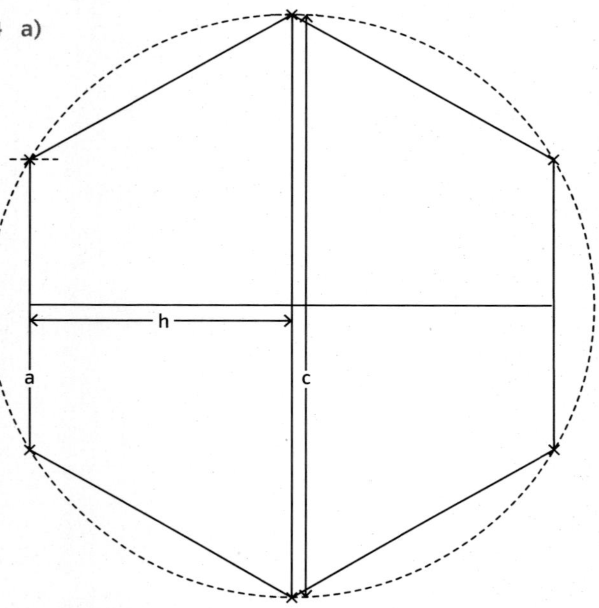

b) $a = 4\,cm$, $c = 8\,cm$, $h \approx 3{,}46\,cm$
Flächeninhalt eines Trapezes:
$A_T \approx \frac{1}{2} \cdot (4\,cm + 8\,cm) \cdot 3{,}4\,cm = 20{,}76\,cm^2$

c) Flächeninhalt des Sechsecks:
$A = 2 \cdot A_T \approx 41{,}52\,cm^2$
Das Ergebnis stimmt mit dem aus Aufgabe 13 d) recht gut überein.

d) Nein, das ist zum jetzigen Zeitpunkt noch nicht möglich. Man muss etwa für die Höhe des Trapezes die Höhe eines gleichseitigen Dreiecks berechnen können. Das ist später mit dem Satz des Pythagoras möglich.

e) individuelle Lösung, zum Beispiel:
Man kann, wie in der folgenden Abbildung gezeigt, dem Kreis ein regelmäßiges Sechseck umbeschreiben.

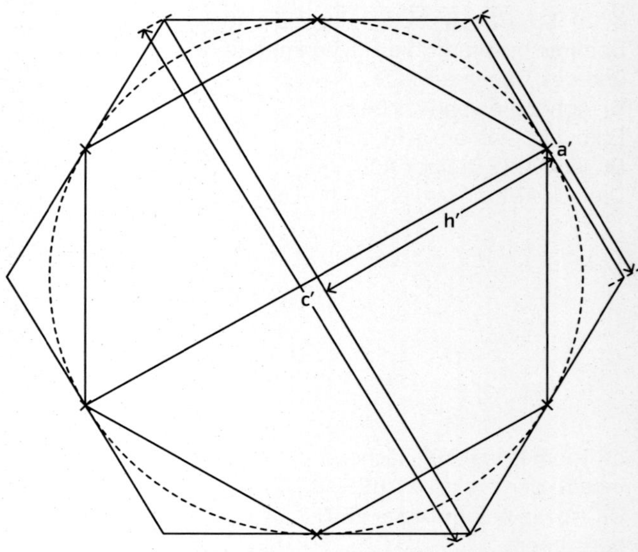

Dieses regelmäßige Sechseck kann man wieder in zueinander kongruente Dreiecke oder zueinander kongruente Trapeze unterteilen. Hier wird die Unterteilung in zwei zueinander kongruente Trapeze verwendet. Wenn man die Längen der Seiten a' und c' misst, kann man den Flächeninhalt jedes dieser beiden Trapeze bestimmen, da man die Höhe $h' = 4\,cm$ kennt. Der Flächeninhalt des Umkreises liegt zwischen dem Flächeninhalt des Sechsecks aus Teilaufgabe a) und dem des hier gezeichneten Sechsecks.

Flächeninhalt des Sechsecks aus Teilaufgabe a):
$A_1 \approx 41{,}5\,cm^2$

Flächeninhalt des hier gezeichneten Sechsecks:
$A_2 = 2 \cdot \frac{1}{2} \cdot (a' + c') \cdot h' \approx 2 \cdot \frac{1}{2} \cdot (4{,}6\,cm + 9{,}25\,cm) \cdot 4\,cm$
$= 55{,}4\,cm^2$

Für den Flächeninhalt A_U des Umkreises gilt somit
$A_1 < A_U < A_2$, also $41{,}5\,cm^2 < A_U < 55{,}4\,cm^2$.
Hinweis: Der exakte Wert ist $A_U = 50{,}26\ldots\,cm^2$.

5 Prismen und ihre Eigenschaften

Seite 116

Einstiegsaufgabe

Die Körper (1), (3), (4), (5) und (7) haben alle zwei zueinander kongruente parallele Flächen und eine dazu passende Anzahl von rechteckigen Seitenflächen.
Bei Körper (1) sind die parallelen Flächen Dreiecke, bei Körper (3) Rechtecke, bei Körper (4) Sechsecke, bei Körper (5) Quadrate und bei Körper (7) Trapeze.
Die Körper (3) und (5) haben noch weitere Gemeinsamkeiten: alle ihre Flächen sind ausschließlich rechteckig.
Die Körper (2), (6) und (8) haben alle eine Basis und eine gegenüberliegende Spitze. Die Basis ist ein Vieleck (ein Quadrat bei (2) bzw. ein Dreieck bei (8)) oder ein Kreis.
Die Körper könnten außerdem der Anzahl ihrer Flächen oder ihrer Ecken entsprechend eingeteilt werden.

Seite 117

1 (1) Knochenstein: Prisma mit zueinander parallelen Zwölfecken als Grund- und Deckfläche und zwölf rechteckigen Seitenflächen
(2) Litfaßsäule: kein Prisma, da zwar zueinander parallele Grund- und Deckflächen existieren, diese aber kreisförmig sind und damit keine rechteckigen Seitenflächen entstehen können
(3) Gewächshaus: Prisma mit zueinander parallelen Fünfecken als Grund- und Deckfläche und fünf rechteckigen Seitenflächen
(4) Keksschachtel: Prisma mit zueinander parallelen Sechsecken als Grund- und Deckfläche und sechs rechteckigen Seitenflächen

2 a) wahr (zwei Sechsecke und sechs Rechtecke)
b) Falsch, nur Prismen mit rechteckiger Grund- und Deckfläche sind Quader.
c) wahr, nämlich beim Würfel
d) Falsch, die Anzahl der Kanten ist das 1,5-Fache der Anzahl der Ecken. (Mit Ecken sind nicht die der Grundflächen gemeint, sondern die des ganzen Prismas. So hat z. B. ein siebeneckiges Prisma 14 Ecken! Dies kann manchmal zu Verwirrung führen.)
e) wahr (Quadrate sind natürlich auch Rechtecke)

3 a) (1) zu (A), (2) zu (C), (3) zu (D), (4) zu (B)
b) (1), (2) und (4) sind Prismen, sie haben zueinander parallele kongruente Grundflächen, die senkrecht übereinanderliegen, und rechteckige Seitenflächen.

5 individuelle Lösung, zum Beispiel (Grundflächen maßstabsgerecht aus dem Buch übernommen):
(1)

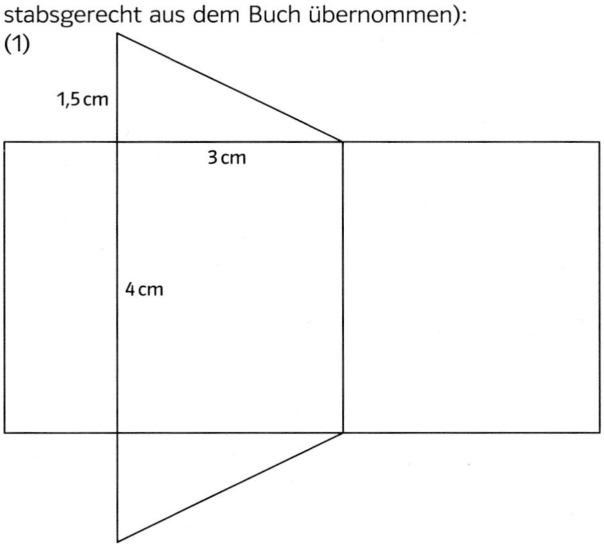

(2)

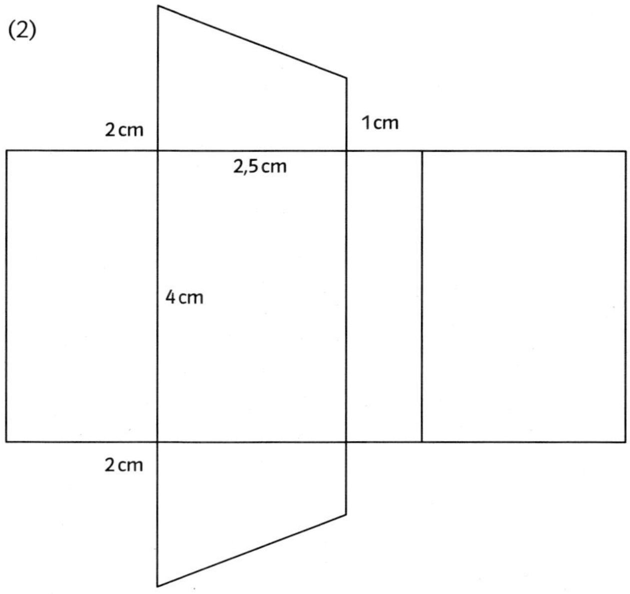

(3)

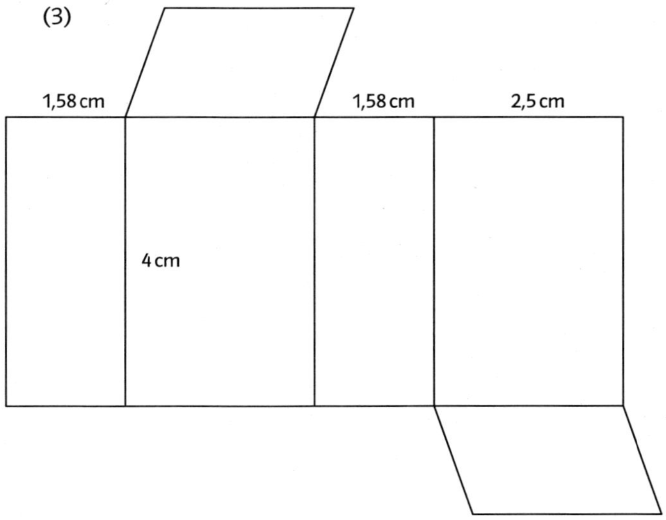

6 a) individuelle Lösung, zum Beispiel (drei Netze genügen):

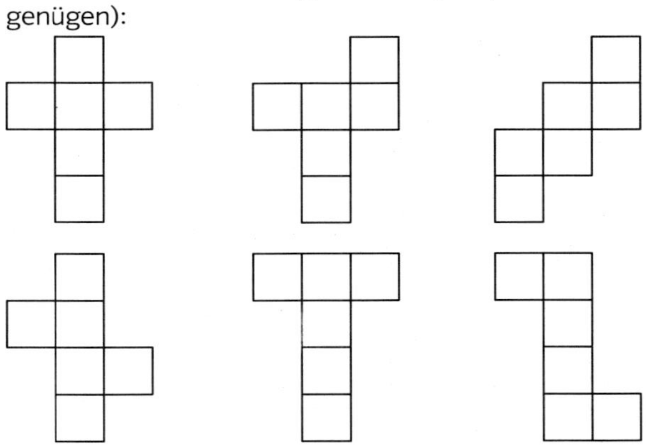

b) Es gibt insgesamt elf verschiedene Würfelnetze. Diese kann man finden, indem man zum Beispiel von einem Netz ausgeht und dann immer wieder eines der sechs Quadrate verschiebt und prüft, ob dabei ein gültiges Netz entsteht.

6 Volumen und Oberflächeninhalt von Prismen

Seite 118

Einstiegsaufgabe

Bert täuscht sich. Es ist nicht egal, wie das Papier gefaltet wird. Die Art der Faltung bestimmt Breite, Länge und Höhe des Prismas.

Beispiel (zwei Schachteln mit den Höhen 2 cm bzw. 4 cm):

Maße rechteckiges Papier: 10 cm · 15 cm

Höhe h der Schachtel: 2 cm bzw. 4 cm

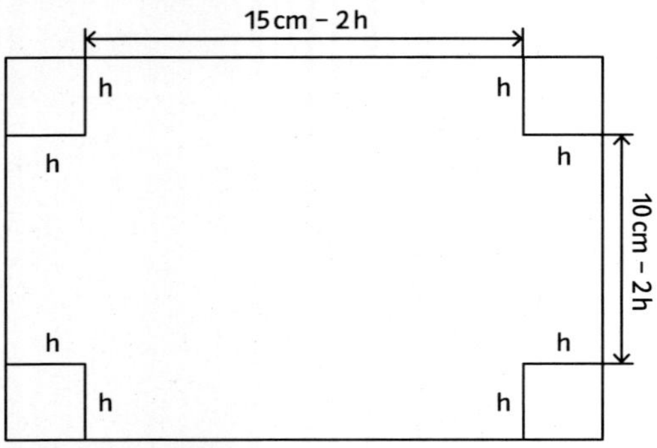

(Abbildung verkleinert)

Maße Grundfläche:

$(10\,\text{cm} - 2 \cdot 2\,\text{cm}) \cdot (15\,\text{cm} - 2 \cdot 2\,\text{cm}) = 6\,\text{cm} \cdot 11\,\text{cm}$
$= 66\,\text{cm}^2$

bzw.

$(10\,\text{cm} - 2 \cdot 4\,\text{cm}) \cdot (15\,\text{cm} - 2 \cdot 4\,\text{cm}) = 2\,\text{cm} \cdot 7\,\text{cm} = 14\,\text{cm}^2$

Volumen Quader:

$66\,\text{cm}^2 \cdot 2\,\text{cm} = 132\,\text{cm}^3$ bzw. $14\,\text{cm}^2 \cdot 4\,\text{cm} = 56\,\text{cm}^3$

Die Schachtel mit einer Höhe von 2 cm hat ein größeres Volumen, umfasst also auch mehr Murmeln.

Seite 119

1 a) $V = 1{,}44\,\text{dm}^3$ b) $V = 0{,}45\,\text{m}^3$

2 a) $V = \frac{a \cdot b}{2} \cdot h = 14{,}4\,\text{cm}^3$ b) $V = \frac{a \cdot h_a}{2} = 19{,}89\,\text{cm}^3$

c) $V = \frac{c \cdot h_c}{2} \cdot h = 129{,}888\,\text{cm}^3$ d) $V = \frac{b \cdot h_b}{2} \cdot h = 60{,}48\,\text{cm}^3$

Seite 120

3 a) $b = d = 4{,}6\,\text{cm}$ (gemessen)

$V = \frac{a + c}{2} \cdot h_T \cdot h = 75{,}68\,\text{cm}^3$

$O = (a + c) \cdot h_T + h(a + c + 2 \cdot b) = 111{,}94\,\text{cm}^2$

b) $b = d = 10{,}5\,\text{cm}$ (gemessen)

$V = 10\,125\,\text{cm}^3$

$O \approx 3705\,\text{cm}^2$

4 a) $V = 57{,}8\,\text{dm}^3$ $O = 3{,}2\,\text{m}^2$

b) $c = 0{,}03\,\text{cm}$ $O = 2349{,}468\,\text{cm}^2$

c) $a = 35\,\text{dm}$ $O = 2{,}7\,\text{m}^2$

d) $c = 1{,}5\,\text{mm}$ $V = 9{,}0\,\text{mm}^3$

e) Es müssen die Gleichungen $a + b = 13\,\text{dm}$ und $a \cdot b = 36\,\text{dm}^2$ gelten. Durch Probieren erhält man $a = 4{,}0\,\text{dm}$ und $b = 9{,}0\,\text{dm}$ oder $a = 9{,}0\,\text{dm}$ und $b = 4{,}0\,\text{dm}$.

f) Es müssen die Gleichungen $a + c = 3\,\text{cm}$ und $a \cdot c = 2\,\text{cm}^2$ gelten. Durch Probieren erhält man $a = 1{,}0\,\text{cm}$ und $c = 2{,}0\,\text{cm}$ oder $a = 2{,}0\,\text{cm}$ und $b = 1{,}0\,\text{cm}$.

5 $V = 3 \cdot a \cdot h_a \cdot h_P$

$V = 121{,}7\,\text{cm}^3$

$O = 2 \cdot 3 \cdot a \cdot h_a + 6 \cdot a \cdot h_P = 140{,}4\,\text{cm}^2$

6 (1) $V = \left(\frac{4\,\text{cm} \cdot 6\,\text{cm}}{2} + 2\,\text{cm} \cdot 6\,\text{cm}\right) \cdot 8\,\text{cm} = 192\,\text{cm}^3$

(2) $V = \frac{4{,}2\,\text{cm} + 2\,\text{cm}}{2} \cdot 6{,}2\,\text{cm} \cdot 2\,\text{cm} = 38{,}44\,\text{cm}^3$

7 (1)

$V = G \cdot h$
$= (12\,\text{mm} \cdot 50\,\text{mm} + (60\,\text{mm} - 12\,\text{mm}) \cdot 12\,\text{mm}) \cdot 2800\,\text{mm}$
$= 1176\,\text{mm}^2 \cdot 2800\,\text{mm}$
$= 3\,292\,800\,\text{mm}^3$
$\approx 3{,}3\,\text{dm}^3$

$O = 2 \cdot G + U \cdot h$
$= 2352\,\text{mm}^2 + (2 \cdot 50\,\text{mm} + 2 \cdot 60\,\text{mm}) \cdot 2800\,\text{mm}$
$= 618\,352\,\text{mm}^2$
$\approx 61{,}8\,\text{dm}^2$

(2)

$V = G \cdot h$
$= (2 \cdot 12\,\text{mm} \cdot 60\,\text{mm} + 55\,\text{mm} \cdot 12\,\text{mm} - 2 \cdot (12\,\text{mm})^2)$
$\cdot 2800\,\text{mm}$
$= 1812\,\text{mm}^2 \cdot 2800\,\text{mm}$
$= 5\,073\,600\,\text{mm}^3$
$\approx 5{,}1\,\text{dm}^3$

$O = 2 \cdot G + U \cdot h$
$= 3624\,\text{mm}^2 + (2 \cdot 55\,\text{mm} + 2 \cdot 60\,\text{mm}$
$+ 2 \cdot (60\,\text{mm} - 12\,\text{mm})) \cdot 2800\,\text{mm}$
$= 916\,424\,\text{mm}^2$
$\approx 91{,}6\,\text{dm}^2$

10 a) Es müssen etwa $234{,}5\,\text{m}^3$ Erde ausgebaggert werden.

b) Die Baugrube wäre 1,95 m tief.

11 a) $V = G \cdot h = \frac{1}{2} \cdot (25\,\text{cm} + 40\,\text{cm}) \cdot 30\,\text{cm} \cdot 60\,\text{cm}$
$= 58\,500\,\text{cm}^3$

Der Trog fasst 58,5 l Futter.

b) Wenn das Futter bis zur halben Höhe steht, sind die Grundflächen zwei Trapeze, bei denen die kürzere der zueinander parallelen Seiten 25 cm lang und die längere so lang wie die Mittelparallele der Trapeze ist, die die Grundseite des Futtertroges bilden, also

$\frac{1}{2} \cdot (25\,\text{cm} + 40\,\text{cm}) = 32{,}5\,\text{cm}$.

$V = G \cdot h = \frac{1}{2} \cdot (25\,\text{cm} + 32{,}5\,\text{cm}) \cdot 15\,\text{cm} \cdot 60\,\text{cm}$
$= 25\,875\,\text{cm}^3$

Es sind 25,875 l Futter enthalten.

Seite 121

12 a) Man benötigt $3570\,\text{m}^3$ Erde.

b) Man benötigt Grassamen für $420\,\text{m}^2$.

13 a) $h = 55\,\text{dm}$

b) $h_T = 12\,\text{cm}$; Höhe des Prismas: 10,5 cm

14 Bei dem gegebenen Prisma beträgt der Anteil der Mantelfläche an der Gesamtoberfläche ca. 57,4 %. Durch das Halbieren der Höhe verkleinert sich der Oberflächeninhalt um die halbe Mantelfläche, also um ca. 28,7%. Die Anzahl der Seiten des Prismas ist hierbei irrelevant, vorausgesetzt, das Flächenverhältnis von ca. 57,4 % bleibt Ausgangsbasis.

15 Höhe des Prismas: $h = 8\,dm = 80\,cm$
a) Da c die längste Seite ist, ist γ der rechte Winkel.
$V = \frac{1}{2} \cdot a \cdot b \cdot h = 7680\,cm^3 = 7{,}68\,dm^3$
$O = 2 \cdot \frac{1}{2} \cdot a \cdot b + (a + b + c) \cdot h = 4032\,cm^2 = 40{,}32\,dm^2$
b) $V = \frac{1}{2} \cdot a \cdot h_D \cdot h = 860\,cm^3$
$O = 2 \cdot \frac{1}{2} \cdot a \cdot h_D + 3a \cdot h = 1221{,}5\,cm^2 = 12{,}215\,dm^2$
c) $V = a \cdot h_R \cdot h = 1080\,cm^3 = 1{,}080\,dm^3$
$O = 2 \cdot a \cdot h_R + 4a \cdot h = 1467\,cm^2 = 14{,}67\,dm^2$
d) $V = \frac{1}{2} \cdot (a + c) \cdot h_T \cdot h = 720\,cm^3$
$O = 2 \cdot G + (a + 2b + c) \cdot h = 1138\,cm^2 = 11{,}38\,dm^2$

16 a) Term (1): Die Figur setzt sich aus zwei Quadern zusammen. Der untere Quader hat die Tiefe $a + 2$, die Höhe $\frac{a}{2}$ und die Breite a. Also gilt für das Volumen des unteren Quaders $V = (a + 2) \cdot \frac{a}{2} \cdot a$. Der obere Quader hat die Höhe $\frac{a}{2}$, die Tiefe $a + 2$ und die Breite $\frac{a}{2}$. Daher gilt für das Volumen des oberen Quaders:
$V = \frac{a}{2} \cdot \frac{a}{2} \cdot (a + 2)$. Der Term (1) ergibt sich als Summe der beiden Volumina der Quader.
Term (2): Die Grundfläche des Prismas (vordere und hintere Flächen) setzt sich aus drei Quadraten mit der Seitenlänge $\frac{a}{2}$ zusammen. Für die Grundfläche gilt somit $G = 3 \cdot \frac{a}{2} \cdot \frac{a}{2}$. Die Höhe des Prismas beträgt $a + 2$. Mithilfe der Gleichung $V = G \cdot h$ erhält man dann den Term (2).
Term (3): Wenn man von dem Quadrat mit der Seitenlänge a ein kleines Quadrat mit der Seitenlänge $\frac{a}{2}$ abzieht, erhält man für die Grundfläche G des Prismas: $G = a^2 - \frac{1}{4}a^2$. Die Höhe des Prismas beträgt $a + 2$. Mithilfe der Gleichung $V = G \cdot h$ erhält man dann den Term (3).
b) Die Terme sind alle wertgleich, denn:
(1) $(a + 2) \cdot \frac{a}{2} \cdot a + \frac{a}{2} \cdot \frac{a}{2} \cdot (a + 2)$
$= \frac{1}{2}a^3 + a^2 + \frac{1}{4}a^3 + \frac{1}{2}a^2 = \frac{3}{4}a^3 + \frac{3}{2}a^2$
(2) $3 \cdot \frac{a}{2} \cdot \frac{a}{2}(a + 2) = \frac{3}{4}a^3 + \frac{3}{2}a^2$
(3) $(a + 2) \cdot \left(a^2 - \frac{1}{4}a^2\right)$
$= (a + 2) \cdot \frac{3}{4}a^2 = \frac{3}{4}a^3 + \frac{3}{2}a^2$
c) individuelle Lösung
d) $O = 5{,}5a^2 + 8a$

17 a) Oberflächeninhalte:
(I) $O = 4 \cdot (x + 1) \cdot 2x + 2 \cdot (2x)^2 = 16x^2 + 8x$
(II) $O = 2 \cdot (x + 2) \cdot (x + 1) + 2 \cdot (x + 2) \cdot x + 2 \cdot (x + 1) \cdot x$
$= 6x^2 + 12x + 4$
(III) $O = 2 \cdot (x + 1)^2 + 4 \cdot (2x + 1) \cdot (x + 1)$
$= 10x^2 + 16x + 6$
Volumina:
(I) $V = (x + 1) \cdot 2x \cdot 2x = 4x^3 + 4x^2$
(II) $V = (x + 2) \cdot (x + 1) \cdot x = x^3 + 3x^2 + 2x$
(III) $V = (x + 1)^2 \cdot (2x + 1) = 2x^3 + 5x^2 + 4x + 1$
b) individuelle Lösung, zum Beispiel:
Wenn man wie bei der Berechnung des Volumens von (III) ein Produkt vom Typ $(x + 1)(x + 1)(2x + 1)$ ausmultiplizieren möchte, dann berechnet man zuerst das Produkt von 2 Klammern und vereinfacht das Ergebnis. Dann multipliziert man dieses Ergebnis mit dem dritten Faktor:
$(x + 1)(x + 1)(2x + 1)$ — Berechnen von $(x + 1)(x + 1)$
$= (x^2 + x + x + 1)(2x + 1)$ — Vereinfachen
$= (x^2 + 2x + 1)(2x + 1)$ — Multiplizieren mit dem 3. Faktor
$= 2x^3 + 4x^2 + 2x + x^2 + 2x + 1$ — Vereinfachen
$= 2x^3 + 5x^2 + 4x + 1$
c) individuelle Lösung, zum Beispiel für (I) und $x = 3$:
$a = 4$, $b = c = 6$, $O = 2 \cdot 4 \cdot 6 + 2 \cdot 4 \cdot 6 + 2 \cdot 6 \cdot 6 = 168$,
$V = 4 \cdot 6 \cdot 6 = 144$
Diese Ergebnisse entsprechen den Werten der Terme aus Teilaufgabe a) für die Einsetzung $x = 3$:
$O = 16 \cdot 3^2 + 8 \cdot 3 = 168$ und $V = 4 \cdot 3^3 + 4 \cdot 3^2 = 144$.

7 Aus Prismen zusammengesetzte Körper

Seite 122

Einstiegsaufgabe
Der Gerüstbock kann in folgende Teilprismen zerlegt werden:
- Prisma mit kreuzförmigen Grundflächen (die Basis des Gerüstbocks),
- vier Dreiecksprismen (die Stützen) und
- Quader (mittlerer Körper).

Ingo muss somit die Volumina dreier unterschiedlicher Körper berechnen. Für das Gesamtvolumen gilt:
$V = V_{Kreuzprisma} + 4 \cdot V_{Dreiecksprisma} + V_{Quader}$.

Seite 123

1 Zusammengesetzt aus Quadern,
z.B.: $1\,m \cdot 0{,}2\,m \cdot 0{,}2\,m = 40\,dm^3$
$0{,}6\,m \cdot 0{,}2\,m \cdot 0{,}2\,m = 24\,dm^3$
$0{,}2\,m \cdot 0{,}2\,m \cdot 0{,}2\,m = 8\,dm^3$
$V = 40\,dm^3 + 24\,dm^3 + 8\,dm^3 = 72\,dm^3$

2 a) Aus Platzgründen wurde bei den beiden folgenden Abbildungen ein Maßstab von 1:200 gewählt.
Zerlegung in drei Quader:

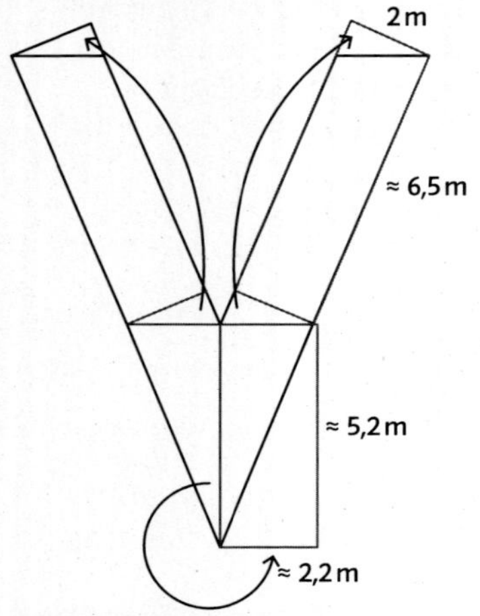

Zerlegung in einen Quader:

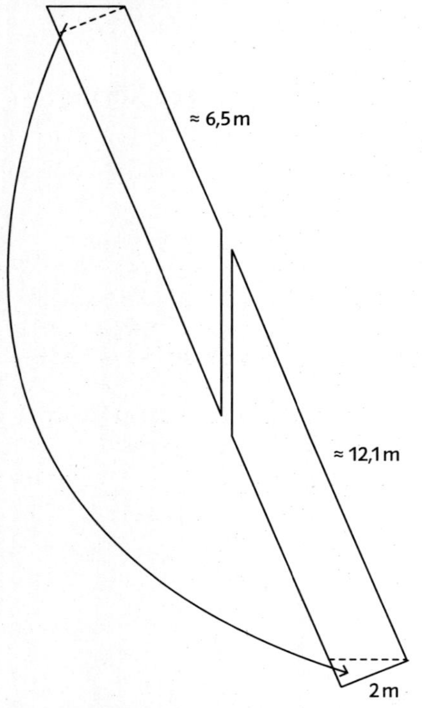

b) bei einer Zerlegung in drei Quader:
$V \approx 6{,}5\,m \cdot 2\,m \cdot 3\,m + 6{,}5\,m \cdot 2\,m \cdot 3\,m + 5{,}2\,m \cdot 2{,}2\,m \cdot 3\,m$
$= 112{,}32\,m^3$
bei einer Zerlegung in einen Quader:
$V \approx (6{,}5\,m + 12{,}1\,m) \cdot 2\,m \cdot 3\,m = 111{,}6\,m^3$
Tatsächlich beträgt das Volumen des Körpers etwa 110 cm³.

3

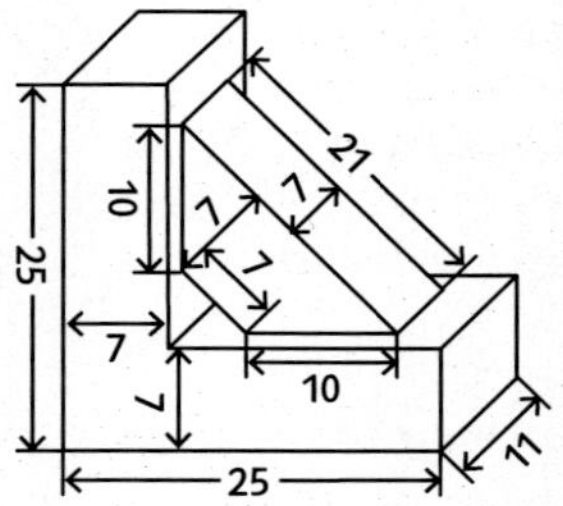

$O = 2 \cdot (25\,cm \cdot 25\,cm - 18\,cm \cdot 18\,cm)$
$+ 2 \cdot 25\,cm \cdot 11\,cm + 2 \cdot 7\,cm \cdot 11\,cm$
$+ 2 \cdot 18\,cm \cdot 11\,cm - 2 \cdot 10\,cm \cdot 7\,cm$
$+ 7\,cm \cdot 21\,cm + 7\,cm \cdot 7\,cm$
$+ 2 \cdot 0{,}5 \cdot (21\,cm + 7\,cm) \cdot 7\,cm$
$= 1954\,cm^2$
Es muss eine Fläche von 1954 cm² gestrichen werden.

4 a) individuelle Lösung, zum Beispiel:
$V = (6\,cm)^3 - 3 \cdot (6\,cm \cdot 3\,cm \cdot 3\,cm)$
$+ 2 \cdot (3\,cm \cdot 3\,cm \cdot 3\,cm)$
$= 108\,cm^3$
$V = (6\,cm)^3 - 6 \cdot (1{,}5\,cm \cdot 3\,cm \cdot 3\,cm)$
$- 3\,cm \cdot 3\,cm \cdot 3\,cm$
$= 108\,cm^3$
b) $O = 6 \cdot [(6\,cm)^2 - (3\,cm)^2] + 6 \cdot 4 \cdot 3\,cm \cdot 1{,}5\,cm$
$= 270\,cm^2$

5 Ausgangsvolumen des Hauses:
$V_H = 10{,}00\,m \cdot 8{,}00\,m \cdot 2{,}90\,m + \frac{8{,}00\,m \cdot 4{,}00\,m}{2} \cdot 10{,}00\,m$
$= 392{,}00\,m^3$
Grundflächen der Gauben:
$G = \frac{1}{2} \cdot 2{,}60\,m \cdot 4{,}00\,m = 5{,}20\,m^2$
Volumen einer Dachgaube:
$V_G = G \cdot 2{,}00\,m = 10{,}40\,m^3$
$\frac{2V_G}{V_H} \approx 0{,}053$
Der umbaute Raum nimmt um ca. 5,3 % zu.

6 Bei beiden Körpern ist die Berechnung mit der Zerlegungs- und Ergänzungsmethode möglich.
(1) zum Beispiel mit der Ergänzungsmethode:
$V = (4{,}5\,cm \cdot 4{,}5\,cm - 1{,}5\,cm \cdot 3\,cm) \cdot 9\,cm$
$= 141{,}75\,cm^3$
(2) zum Beispiel mit der Zerlegungsmethode:
$V = \left(\frac{7\,m \cdot 1{,}5\,m}{2} + 7\,m \cdot 4{,}5\,m\right) \cdot 18\,m = 661{,}5\,m^3$

Seite 124

8 a) Körper 1: Die drei aufeinandergesetzten immer kleiner werdenden Quader bilden eine Stufenpyramide.
Körper 2: In dem großen Quader sind zwei kleinere Quader ausgespart, sodass sich eine Art abgestufter Trichter bildet.

b)

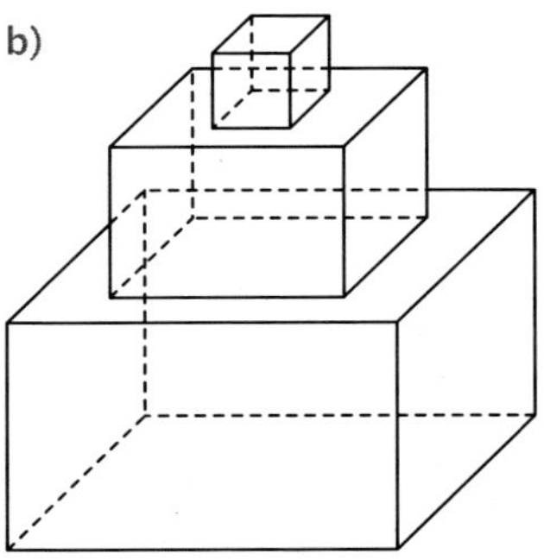

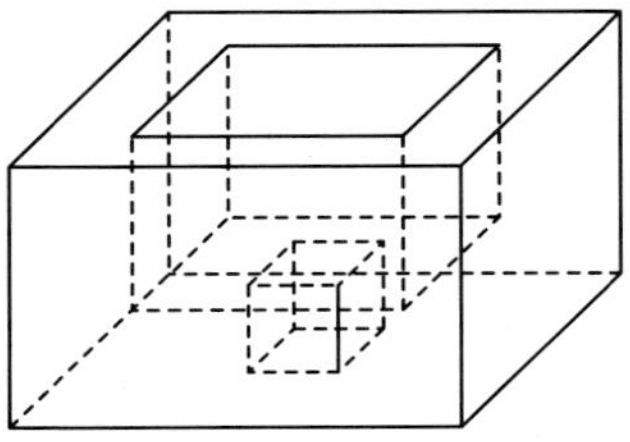

c) Q1: $l = b = 12{,}5\,cm$ $h = 7{,}5\,cm$
Q2: $l = b = 7{,}5\,cm$ $h = 5{,}0\,cm$
Q3: $l = b = 2{,}5\,cm$ $h = 2{,}5\,cm$

Körper 1:
$V = V_{Q1} + V_{Q2} + V_{Q3}$
$= (12{,}5\,cm)^2 \cdot 7{,}5\,cm + (7{,}5\,cm)^2 \cdot 5{,}0\,cm + (2{,}5\,cm)^3$
$= 1468{,}75\,cm^3$
$O = 2 \cdot G_{Q1} + M_{Q1} + M_{Q2} + M_{Q3}$
$= 2 \cdot (12{,}5\,cm)^2 \cdot 2 + (12{,}5\,cm \cdot 7{,}5\,cm) \cdot 4$
$+ (7{,}5\,cm \cdot 5{,}0\,cm) \cdot 4 + (2{,}5\,cm)^2 \cdot 4$
$= 862{,}5\,cm^2$

Körper 2:
$V = V_{Q1} - V_{Q2} - V_{Q3} = 875\,cm^3$
$O = 2 \cdot G_{Q1} + M_{Q1} + M_{Q2} + M_{Q3} - 2 \cdot G_{Q3} = 850\,cm^2$
Obwohl sich die Volumina der beiden Körper deutlich unterscheiden, sind ihre Oberflächeninhalte fast gleich.

9 Hausquader: $729{,}675\,m^3$, Dach: $299{,}9775\,m^3$, zusammen ca. $1030\,m^3$, 3 % Mauerwerk: $30{,}9\,m^3$, umbauter Raum: $999\,m^3 \approx 1000\,m^3$

10 Höhe des äußeren Dreiecks (gemessen):
$h_a \approx 2{,}6\,cm$
Höhe des inneren Dreiecks (gemessen):
$h_i \approx 1{,}3\,cm$
Volumen des äußeren Prismas:
$V_a = \frac{1}{2} \cdot a \cdot h_a \cdot h_P \approx \frac{1}{2} \cdot 3\,cm \cdot 2{,}6\,cm \cdot 3\,cm = 11{,}7\,cm^3$
Volumen des inneren Prismas:
$V_i = \frac{1}{2} \cdot \frac{a}{2} \cdot h_i \cdot h_P \approx \frac{1}{2} \cdot \frac{3\,cm}{2} \cdot 1{,}3\,cm \cdot 3\,cm = 2{,}925\,cm^3$
Volumen des entstandenen Körpers:
$V = V_a - V_i \approx 8{,}775\,cm^3$
Oberflächeninhalt des äußeren Prismas:
$O_a = 2 \cdot \frac{1}{2} \cdot a \cdot h_a + 3 \cdot a \cdot h_P$
$\approx 2 \cdot \frac{1}{2} \cdot 3\,cm \cdot 2{,}6\,cm + 3 \cdot 3\,cm \cdot 3\,cm = 34{,}8\,cm^2$
Inhalt einer Grundfläche des inneren Prismas:
$G_i = \frac{1}{2} \cdot \frac{a}{2} h_i \approx \frac{1}{2} \cdot \frac{3\,cm}{2} \cdot 1{,}3\,cm = 0{,}975\,cm^2$
Inhalt der Mantelfläche des inneren Prismas:
$M_i = 3 \cdot \frac{a}{2} \cdot h_P = 3 \cdot \frac{3\,cm}{2} \cdot 3\,cm = 13{,}5\,cm$
Oberflächeninhalt des entstandenen Körpers
$O = O_a - 2 \cdot G_i + M_i \approx 46{,}35\,cm^2$

11 Fig. 4: $G = (6 \cdot 2)\,cm^2 = 12\,cm^2$
Masse: $12\,cm^2 \cdot 180\,cm \cdot 2{,}7\,\frac{g}{cm^3} = 5823\,g \approx 5{,}8\,kg$
Fig. 5: $G = (4^2 - 2 \cdot 2)\,cm^2 = 12\,cm^2$
Masse: $12\,cm^2 \cdot 180\,cm \cdot 2{,}7\,\frac{g}{cm^3} = 5832\,g \approx 5{,}8\,kg$
Fig. 6: $G = (6 \cdot 2 + 2 \cdot 2)\,cm^2 = 16\,cm^2$
Masse: $16\,cm^2 \cdot 180\,cm \cdot 2{,}7\,\frac{g}{cm^3} = 7776\,g \approx 7{,}8\,kg$

Seite 125

12 Gegebenenfalls fehlende Maße sind einer maßstabsgetreuen Zeichnung zu entnehmen.
(1) $V = 116{,}64\,cm^3$, $O = 186\,cm^2$
(2) $V = 198{,}94\,cm^3$, $O = 253{,}82\,cm^2$
(3) $V = 8\,cm \cdot 4{,}5\,cm \cdot 15{,}2\,cm + 3\,cm \cdot 4\,cm \cdot 15{,}2\,cm$
$= 729{,}6\,cm^3$
Einer Zeichnung entnimmt man: Die schräge Dachkante ist ca. 5 cm lang.
$O = 506{,}4\,cm^2$
(4) $V = 225{,}12\,cm^3$, $O = 350{,}08\,cm^2$

13 a) Überschlag:
$4\,m \cdot 15\,m \cdot 6\,m + 1\,m \cdot 10\,m \cdot 6\,m = 360\,m^3 + 60\,m^3$
$= 420\,m^3$
Rechnung:
$V = \left(3{,}5\,m \cdot 2{,}5\,m) - \frac{1}{2} \cdot (10\,m + 8\,m) \cdot 2{,}7\,m\right) \cdot 6{,}2\,m$
$= 391{,}84\,m^3$
b) $V = 391{,}84\,m^3 - (25\,m \cdot 6{,}2\,m \cdot 0{,}2\,m) = 360{,}84\,m^3$

14 Die Treppe ist ein Prisma, dessen Grundfläche sich aus zehn Dreiecken und einem Parallelogramm zusammensetzt.
$V = G \cdot h = \left(10 \cdot \frac{1}{2} \cdot 0{,}16\,m \cdot 0{,}28\,m + 0{,}5\,m \cdot 1{,}6\,m\right) \cdot 1{,}25\,m$
$= 1{,}28\,m^3$
Es werden $1{,}28\,m^3$ Beton benötigt.

15 a) 1. Art:
$G = 3\,m \cdot 3\,m - 4 \cdot \left(\frac{1}{2} \cdot 1\,m \cdot 1\,m\right) = 7\,m^2$
$V = G \cdot h = 7\,m^2 \cdot 20\,m = 140\,m^3$
2. Art:
$G = 2 \cdot \left[\frac{1}{2} \cdot (3\,m + 1\,m) \cdot 1\,m\right] + 3\,m \cdot 1\,m = 7\,m^2$
$V = G \cdot h = 7\,m^2 \cdot 20\,m = 140\,m^3$
b) $M \approx 4 \cdot (1\,m \cdot 20\,m) + 4 \cdot (1{,}4\,m \cdot 20\,m) = 192\,m^2$

16 a) Die Oberfläche des Sees kann z. B. durch ein Rechteck mit den Seitenlängen 3,4 cm und 2,1 cm angenähert werden. Beim Maßstab 1 : 200 000 betragen die Seitenlängen in Wirklichkeit 6,8 km und 4,2 km. Der Oberflächeninhalt beträgt damit etwa $28{,}56\,km^2$.
b) $V = 28{,}56\,km^2 \cdot 1{,}5\,m = 42\,840\,000\,m^3$
c) Im Internet findet man $O = 29{,}12\,km^2$ und $V = 42\,000\,000\,m^3$. Die Schätzungen stimmen mit den tatsächlichen Werten gut überein.
d) Die Einwohnerzahl von Wunstorf beträgt 41 370 (Stand: 17.10.2014)
Der durchschnittliche Trinkwasserverbrauch in Deutschland betrug im Jahr 2014 etwa 120 Liter pro Person und Tag. Entsprechend rechnet man:

Wasserverbrauch der Einwohner von Wunstorf am Tag:
$41370 \cdot 120\,l = 4964000\,l = 4964{,}4\,m^3 \approx 5000\,m^3$
$42000000\,m^3 : 5000\,m^3/\text{Tag} = 8400$ Tage ≈ 23 Jahre
Das Wasservolumen des Steinhuder Meeres würde ausreichen, um Wunstorf über 23 Jahre mit Trinkwasser zu versorgen.

Vertiefen und Vernetzen

Seite 126

1 a) Rechteck

a	21 m	90 cm	**6 m**	**1 m**
b	102 m	**12 m**	0,45 km	12 mm
A	**2142 m²**	10,8 m²	**27 a**	1,2 dm²
U	**246 m**	**25,8 m**	912 m	**2,024 m**

b) Trapez

a	9 cm	21 m	**16,75 cm**	2 dm
c	12,5 cm	15 m	8 cm	**36 cm**
h	4 cm	**3,5 m**	4 cm	12 cm
A	**43 cm²**	63 m²	49,5 cm²	3,36 dm²

c) Dreieck

a	6 cm	**4 cm**	12 m	$\mathbf{\frac{4}{3}\,m}$
h_a	4 cm	3,5 cm	**10 m**	42 m
c	8 cm	7 cm	8 m	**28 m**
h_c	**3 cm**	2 cm	**15 m**	2 m
A	**12 cm²**	**7 cm²**	0,6 a	28 m²

d) Parallelogramm

a	7 cm	2 dm	**2,5 m**	**40 cm**
b	3 cm	10 cm	**3 m**	30 cm
h_a	3 cm	**16 cm**	3 m	18 mm
h_b	**7 cm**	**32 cm**	2,5 m	2,4 cm
A	**21 cm²**	320 cm²	7,5 m²	**72 cm²**

2 a) $A = 6{,}4\,cm \cdot 7{,}1\,cm + \frac{1}{2} \cdot 6{,}4\,cm \cdot 10{,}3\,cm = 78{,}4\,cm^2$
b) Die Höhe des rechten Dreiecks beträgt ca. 3,65 cm (Messung).
$A \approx 4\,cm \cdot 3{,}6\,cm + 3{,}6\,cm \cdot \frac{7{,}4\,cm - 4\,cm}{2} + 7{,}4\,cm \cdot 3{,}9\,cm$
$- 4\,cm \cdot 3{,}9\,cm + \frac{1}{2} \cdot 7{,}4\,cm \cdot 3{,}65\,cm$
$= 47{,}285\,cm^2$

3 $A_{ABC} = \frac{1}{2} \cdot \overline{AB} \cdot \overline{BC}$
$A_{AMC} = \frac{1}{2} \cdot \overline{AM} \cdot \overline{BC}$ mit $\overline{AM} = \frac{1}{2} \cdot \overline{AB}$
Daher ist $A_{AMC} = \frac{1}{2} \cdot A_{ABC} = A_{MBC}$.

4

	U	h	V	G	M	O
a)	24 cm	1,2 dm	**288 cm³**	24 cm²	**288 cm²**	**336 cm²**
b)	4 cm	**0,24 cm**	1,344 cm³	**5,6 cm²**	96 mm²	**12,16 cm²**
c)	**12 cm**	7 cm	**42 cm³**	**6 cm²**	84 cm²	96 cm²
d)	**9 cm**	**7 cm**	371 cm³	0,53 dm²	**63 cm²**	0,0169 m²

5 Stahlträger in H-Form:
$G = 60\,mm \cdot 12\,mm + 36\,mm \cdot 12\,mm + 60\,mm \cdot 12\,mm$
$= 1872\,mm^2$
$V = G \cdot h = 1872\,mm^2 \cdot 2800\,mm = 5241600\,mm^3$
$= 5{,}2416\,dm^3$
$O = 2 \cdot G + M = 2 \cdot 1872\,mm^2 + (12\,mm + 24\,mm + 36\,mm$
$+ 24\,mm + 12\,mm + 60\,mm + 12\,mm + 24\,mm$
$+ 36\,mm + 24\,mm + 12\,mm + 60\,mm) \cdot 2800\,mm$
$= 944544\,mm^2 = 94{,}4544\,dm^2$
Stahlträger in L-Form:
$G = 45\,mm \cdot 12\,mm + 48\,mm \cdot 12\,mm = 1116\,mm^2$
$V = G \cdot h = 1116\,mm^2 \cdot 2800\,mm = 3124800\,mm^3$
$= 3{,}1248\,dm^3$
$O = 2 \cdot G + M = 2 \cdot 1116\,mm^2 + (60\,mm + 45\,mm + 12\,mm$
$+ 33\,mm + 48\,mm + 12\,mm) \cdot 2800\,mm$
$= 590232\,mm^2 = 59{,}0232\,dm^2$

6 Dicke des Stahls: 2 cm
$G = 2 \cdot 30\,cm \cdot 2\,cm + 26\,cm \cdot 2\,cm = 172\,cm^2$
$V = 172\,cm^2 \cdot 310\,cm = 53320\,cm^3$
Masse: $53320\,cm^3 \cdot 7{,}7\,g/cm^3 = 410564\,g = 410{,}564\,kg$

Seite 127

7 a) Die Netze (1), (3) und (4) gehören zu Prismen. (2) dagegen ergibt kein Prisma, da es keine zur Grundfläche parallele und kongruente Deckfläche und außerdem dreieckige (und nicht rechteckige) Seitenflächen aufweist. Stattdessen entsteht eine Pyramide.
b) (1) $V = 240\,cm^3$, $O = 248\,cm^2$
(2) $V = 61{,}2\,cm^3$, $O = 92{,}4\,cm^2$
(3) $V = 20{,}25\,cm^3$, $O = 49{,}8\,cm^2$

8 $\frac{40\,m + 12\,m}{2} \cdot 15{,}2\,m \cdot 250\,m = 98800\,m^3$
Es werden 98 800 m³ Erde bewegt.

9 $100\,m \cdot \left(\frac{22\,m + 35\,m}{2} \cdot 4{,}2\,m + \frac{35\,m + 60\,m}{2} \cdot 4\,m\right)$
$= 30970\,m^3$
Im Kanal befinden sich auf 100 m Länge 30 970 m³ Wasser.

10 a) $V = \frac{9880\,g}{19{,}3\frac{g}{cm^3}} \approx 512\,cm^3$
$V = \frac{1}{2}(a + b)h\,l$, also $l \approx 20{,}5\,cm$
b) Messung: $c \approx 5{,}1\,cm$
$O = 2G + M = 2\frac{1}{2}(a + b)h\,l + 2c\,l + a\,l + b\,l \approx 463{,}6\,cm^3$

11 Fehler im 1. Druck der 1. Auflage: Laut neusten Angaben des chinesischen Amts für Kulturerbe ist die Chinesische Mauer insgesamt 21196 m lang.
a) $\frac{6\,m + 7{,}5\,m}{2} \cdot 8\,m \cdot 21196000\,m = 1144584000\,m^3$
Das Volumen der Mauer beträgt ca. 1,14 km³.
b) $\frac{1144584000\,m^3}{47614000000\,m^2} \approx 0{,}024\,m$
Mit dem zu Staub zermahlenen Baumaterial könnte man Niedersachsen etwa 2,4 cm hoch bedecken.

12 Fehler im 1. Druck der 1. Auflage: Statt 12 m, 6 m und 3 m muss es 11 m, 5 m und 3 m heißen.

a) $\frac{27\,000\,000\,€}{354 \cdot 11\,m \cdot 5\,m \cdot 3\,m} \approx 462{,}25\frac{€}{m^3}$

1 m^3 umbauter Raum kostete damals etwa 462,25 €.

b) $\frac{354 \cdot 11\,m \cdot 5\,m}{158} \approx 123{,}228\,m^2$

Die Wohnfläche einer Wohnung beträgt im Durchschnitt etwa 123,2 m^2.

Exkursion: Flächeninhalt von Gittervielecken durch Abzählen

Seite 128

1 grün: 0 Nägel $A = 1$
gelb: 1 Nagel $A = 2$
orange: 5 Nägel $A = 6$
rot: 4 Nägel $A = 5$
Vermutung: A = Anzahl der Nägel im Innern + 1

2 a) bei den ersten vier Paaren um $+\frac{1}{2}$, bei den letzten beiden Paaren um +1 Flächeninhalt
b) Nein, denn sonst müssten alle Gummi-Vielecke ohne Nägel im Inneren (Anzahl der Nägel $i = 0$) den gleichen Flächeninhalt haben.

Seite 129

3

i	0	0	0	0	0	0
r	4	4	5	6	8	9
A	1	1	1,5	2	3	3,5

4

i	1	1	1	1	1	1
r	4	4	5	6	8	9
A	2	2	2,5	3	4	4,5

Durch die Hinzunahme eines inneren Punktes wurde der Flächeninhalt bei jedem Gittervieleck um 1 vergrößert.

5

i	2	3	3	2	4	25
r	12	8	12	12	8	24
A	7	6	8	7	7	36

6 $A = 24 + \frac{1}{2} \cdot 4 - 1 = 25$, $25\,FE \cdot 0{,}25\frac{cm^2}{FE} = 6{,}25\,cm^2$

$A = 5 + \frac{1}{2} \cdot 7 - 1 = 7{,}5$, $7{,}5\,FE \cdot 0{,}25\frac{cm^2}{FE} = 1{,}875\,cm^2$

$A = 12 + \frac{1}{2} \cdot 18 - 1 = 20$, $20\,FE \cdot 0{,}25\frac{cm^2}{FE} = 5\,cm^2$

7 a) $i = 14$, $r = 16$, also $A = 14 + \frac{1}{2} \cdot 16 - 1 = 21$

$i_1 = 2$, $r_1 = 10$, also $A_1 = 2 + \frac{1}{2} \cdot 10 - 1 = 6$

$A_{Fig.\,1} = A - A_1 = 15$

b) $A_L = i + \frac{1}{2} \cdot r - 1 - \left(i_1 + \frac{1}{2} \cdot r_1 - 1\right) = i - i_1 + \frac{1}{2}(r - r_1)$

c) zwei Löcher:

$A_{2L} = i + \frac{1}{2} \cdot r - 1 - \left(i_1 + \frac{1}{2} \cdot r_1 - 1\right) - \left(i_2 + \frac{1}{2} \cdot r_2 - 1\right)$
$= i - (i_1 + i_2) + \frac{1}{2}[r - (r_1 + r_2)] + 1$

t Löcher:

$A_{tL} = i - (i_1 + i_2 + \ldots + i_t) + \frac{1}{2}[r - (r_1 + r_2 + \ldots + r_t)] + t - 1$

8 Rechteck: $A = ab$
mit Satz von Pick: $i = (a - 1)(b - 1)$, $r = 2a + 2b$
also $A = (a - 1)(b - 1) + \frac{1}{2}(2a + 2b) - 1$
$= ab - a - b + 1 + a + b - 1 = ab$

9 rechtwinkliges Gitterpunktdreieck: $A = \frac{1}{2}ab$

mit Satz von Pick: $i = \frac{1}{2}[(a - 1)(b - 1) - x]$

$r = x + a + b + 1$, also

$A = \frac{1}{2}(a - 1)(b - 1) - \frac{1}{2}x + \frac{1}{2}(x + a + b + 1) - 1$
$= \frac{1}{2}(ab - a - b + 1) - \frac{1}{2}x + \frac{1}{2}x + \frac{1}{2}(a + b) + \frac{1}{2} - 1$
$= \frac{1}{2}ab - \frac{1}{2}a - \frac{1}{2}b + \frac{1}{2} + \frac{1}{2}a + \frac{1}{2}b - \frac{1}{2}$
$= \frac{1}{2}ab$

V Systeme linearer Gleichungen

Lösungshinweise zu den Erkundungen

Seite 134

Was gehört zusammen?
Es ergeben sich folgende Kombinationen:
S1-G2-R4-GR3
S2-G3-R2-GR1
S3-G4-R1-GR4
S4-G1-R3-GR2

Aufgabe S1
Sieben Flaschen Orangenlimonade und acht Flaschen Zitronenlimonade kosten 8,20 €. Sieben Flaschen Zitronenlimonade und acht Flaschen Orangenlimonade kosten 8,30 €. Wie viel kostet eine Flasche Zitronenlimonade, wie viel eine Flasche Orangenlimonade?
Lösung: Orangenlimonade 60 Cent, Zitronenlimonade 50 Cent

Aufgabe S2
In einem Sparschwein befinden sich 24 € in 20- und 50-Cent-Stücken. Gib vier verschiedene Möglichkeiten an, wie viele 20- und wie viele 50-Cent-Stücke in dem Sparschwein sein können.
Lösung:

20 Cent	0	20	40	60
50 Cent	48	40	32	24

Aufgabe S3
Es gibt kleine Postkarten zu 1,50 € je Stück und große Postkarten zu 2 € je Stück. Wie viele Postkarten kann man für 18 € kaufen? Gib verschiedene Möglichkeiten an.
Lösung:

kleine	0	4	8
große	9	6	3

Aufgabe S4
9 Lkw mit insgesamt 24 t verließen gestern die Hauptstadt. Sie haben 2 bzw. 4 t geladen. Wie viele Lkw haben 4 t geladen, wie viele 2 t?
Lösung: Es sind 3 Lkw mit 4 t und 6 Lkw mit 2 t.

Seite 135

Knackt die Box
Forschungsauftrag 1:
Boxen knacken
- (1) Blau: 3, Rot: 2
  (2) Blau: 4; Rot: 1
  (3) Blau: 3; Rot: 2
  individuelle Lösungswege, zum Beispiel:
  zu (1): Eine blaue Box und drei Hölzchen entsprechen drei roten Boxen, das gleiche ist auch bei zwei blauen Boxen der Fall. Eine blaue Box und drei Hölzchen enthalten also genauso viele Hölzchen wie zwei blaue Boxen.
  Also gilt für die blauen Boxen:
  ■ ||| = ■■
  Wenn man eine blaue Box auf beiden Seiten entfernt, so sieht man, dass eine blaue Box drei Hölzchen enthält. Aus einer der Gleichungen, z. B. der ersten, erhält man anschließend, dass drei rote Boxen sechs Hölzchen enthalten, also enthält eine rote Box zwei Hölzchen.
  zu (2): Eine blaue Box enthält so viele Hölzchen wie vier rote Boxen (1. Gleichung). Man ersetzt deshalb in der 2. Gleichung eine blaue Box durch vier rote. Dann gilt für die roten Boxen:
  ■■■■■ = |||||
  Daraus folgt, dass eine rote Box ein Hölzchen enthält. Aus der 1. Gleichung erhält man damit, dass eine blaue Box vier Hölzchen enthält.
  zu (3): Zuerst wird die 1. Gleichung vereinfacht. Auf jeder Seite werden je eine blaue Box und je zwei rote Boxen entfernt. Man erhält die vereinfachte Gleichung: 2 blaue Boxen entsprechen 3 roten Boxen. Nun ersetzt man die drei roten Boxen in der 2. Gleichung durch zwei blaue Boxen.
  Für die blauen Boxen gilt somit die Gleichung:
  ■ ||| = ■■
  Entfernt man auf beiden Seiten eine blaue Box, so sieht man, dass eine blaue Box drei Hölzchen enthält. Aus der vereinfachten Gleichung oben erhält man nun, dass drei rote Boxen $2 \cdot 3 = 6$ Hölzchen enthalten; also enthält eine rote Box $6 : 3 = 2$ Hölzchen.
- individuelle Lösung

Forschungsauftrag 2:
Boxengleichungen zusammenwerfen
- 4. Schritt: Es wird durch 2 geteilt.
  Ergebnis: Eine rote Box enthält 2 Hölzchen.
  5. Schritt: Ersetzen in der 1. Gleichung der Ausgangssituation der zwei roten Kästchen durch 4 Hölzchen.
  Gleichung der blauen Boxen:
  |||||| = ■■■
  6. Schritt: Es wird durch 3 geteilt.
  Ergebnis: Eine blaue Box enthält 2 Hölzchen.
  Es gilt also insgesamt:
  Rot: 2, Blau: 2
  Im ersten Schritt hat man Boxen und Hölzer auf den linken und rechten Seiten jeweils zusammengefasst.
  Im zweiten Schritt hat man auf beiden Seiten die drei blauen Boxen entfernt.
  Im dritten Schritt hat man noch auf beiden Seiten zwei rote Boxen weggenommen.
- Maximilian kann nur die Boxengleichung (2) mit seinem Trick lösen; allerdings nur, nachdem er in der 2. Gleichung die Seiten getauscht hat. Er erhält dann:
  [blaue Box] + |||||
  = 4 [rote Boxen] + [rote Box] + [blaue Box]
  Auf beiden Seiten kann nun die blaue Box entfernt werden, dann erhält man eine Gleichung für die roten Boxen.

Dieser Trick kann nur angewandt werden, wenn durch das Zusammenfassen die gleiche Anzahl von Boxen einer Farbe auf beiden Seiten der Boxengleichung steht. Diese Boxen können entfernt werden und damit entsteht eine Boxengleichung in einer Farbe, die dann mit den bekannten Mitteln „geknackt" werden kann.

1 Lineare Gleichungen mit zwei Variablen

Seite 136

Einstiegsaufgabe

x: Anzahl der Vierbeiner (Tiere);
y: Anzahl der Zweibeiner (Menschen)
Die Vierbeiner haben 4x und die Zweibeiner 2y Beine.
Es gilt also: $4x + 2y = 100$.

Seite 138

1

	Punkt	Kontrollrechnung	Gleichung erfüllt?
a)	$(7\|2)$	$3\cdot7-8\cdot2=5$	ja
b)	$(-3\|-2)$	$3\cdot(-3)-8\cdot(-2)=7$	nein
c)	$\left(\frac{1}{3}\middle\|-\frac{1}{2}\right)$	$3\cdot\frac{1}{3}-8\cdot\left(-\frac{1}{2}\right)=5$	ja
d)	$(0\|-0{,}625)$	$3\cdot0-8\cdot(-0{,}625)=5$	ja

2 a) zum Beispiel $(0|2)$; $(1{,}5|0)$; $(3|-2)$

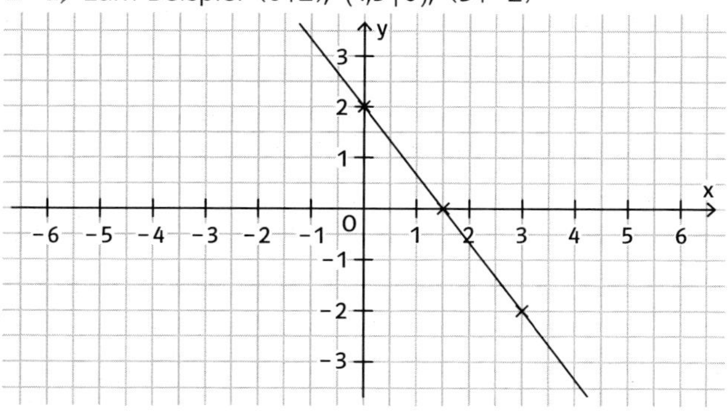

b) zum Beispiel $(0|0{,}2)$; $(-0{,}5|0)$; $(2|1)$

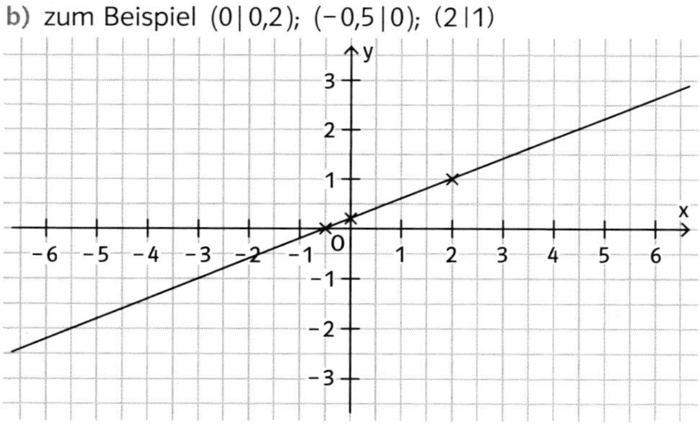

c) zum Beispiel $(0|2)$; $(-4|0)$; $(2|3)$

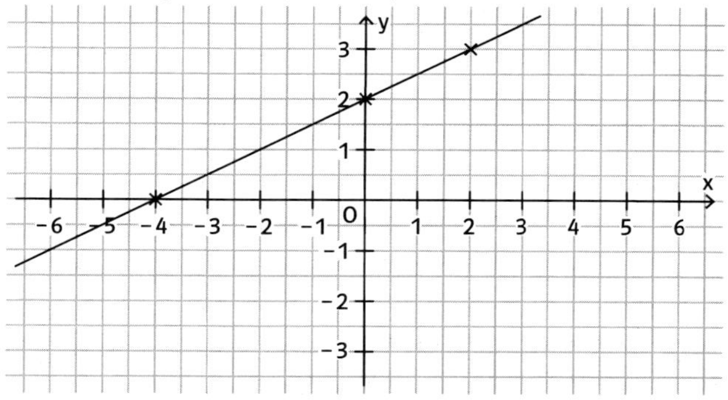

d) zum Beispiel $(0|-3)$; $(1{,}5|0)$; $(2|1)$

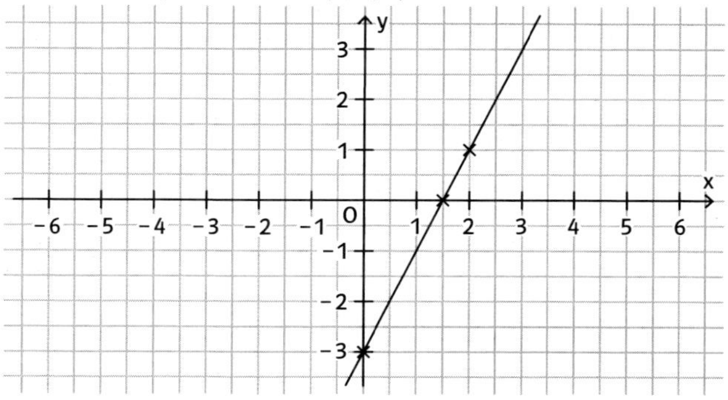

3 a)

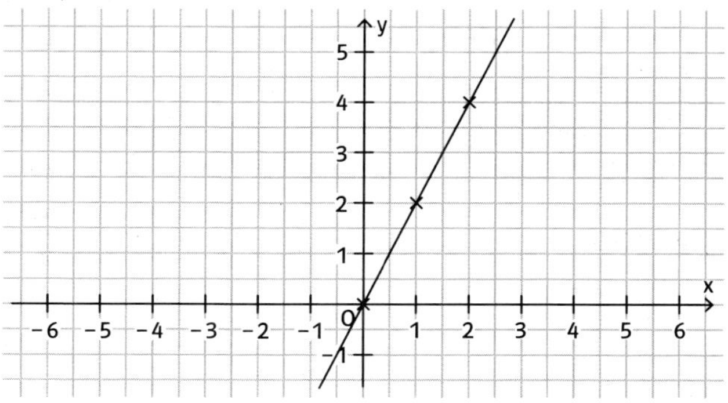

mögliche Lösung	Kontrollrechnung
$(0\|0)$	$2\cdot0-0=0$
$(1\|2)$	$2\cdot1-2=0$
$(2\|4)$	$2\cdot2-4=0$

b)

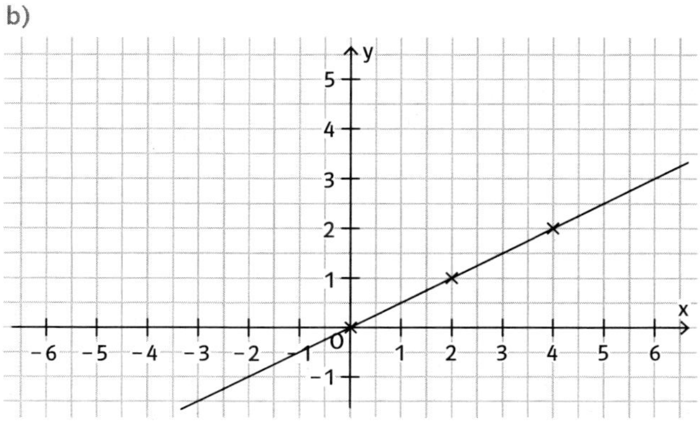

mögliche Lösung	Kontrollrechnung
(0 | 0)	$0 - 2 \cdot 0 = 0$
(2 | 1)	$2 - 2 \cdot 1 = 0$
(4 | 2)	$4 - 2 \cdot 2 = 0$

c)

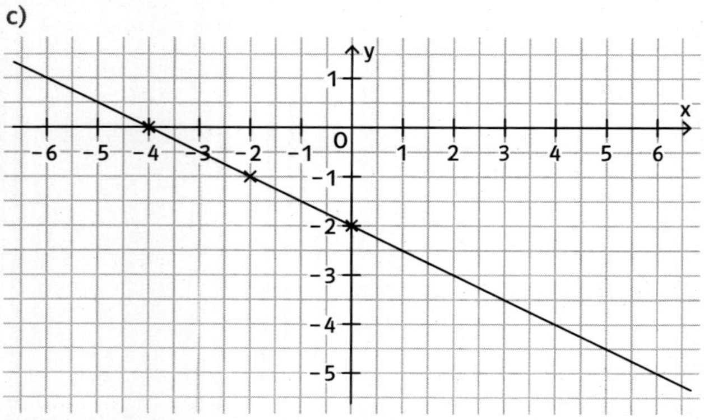

mögliche Lösung	Kontrollrechnung
(−4 | 0)	$2 \cdot (-4) + 4 \cdot 0 = -8$
(−2 | −1)	$2 \cdot (-2) + 4 \cdot (-1) = -8$
(0 | −2)	$2 \cdot 0 + 4 \cdot (-2) = -8$

d)

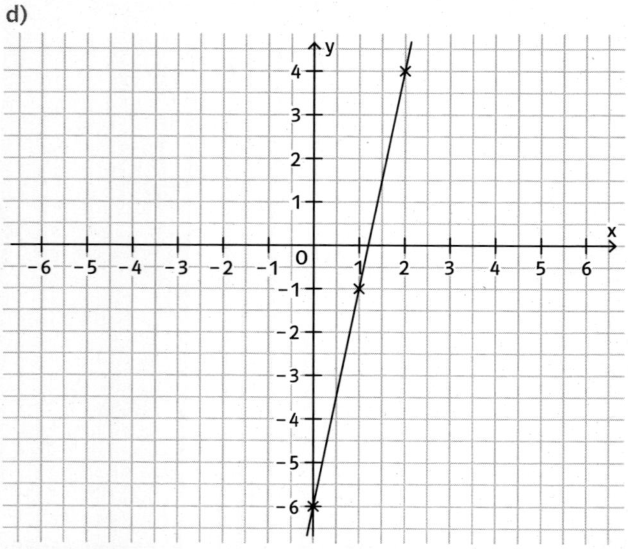

mögliche Lösung	Kontrollrechnung
(0 | −6)	$2{,}5 \cdot 0 - 0{,}5 \cdot (-6) = 3$
(1 | −1)	$2{,}5 \cdot 1 - 0{,}5 \cdot (-1) = 3$
(2 | 4)	$2{,}5 \cdot 2 - 0{,}5 \cdot 4 = 3$

4 a) z.B. $2x + y = 0$ b) z.B. $x - y = -1$
c) z.B. $x + 3y = 8$ d) z.B. $10x + 15y = 2$

6 Nein, denn für (1 | 1) und (3 | 3) gilt $y = x$ und für (2 | 4) $y = 4 \neq 2 = x$.

7 individuelle Lösung, zum Beispiel:
a) $1 \cdot x + 0 \cdot y = 3$ bzw. $x = 3$
$(1 \cdot x + 0 \cdot y = -4{,}7)$ bzw. $x = -4{,}7$
b) $0 \cdot x + 1 \cdot y = 2$ bzw. $y = 2$
$(0 \cdot x + 1 \cdot y = -3{,}3)$ bzw. $y = -3{,}3$
c) $1 \cdot x - 2 \cdot y = 0$ bzw. $x - 2y = 0$

8 individuelle Lösung, zum Beispiel:
g: $y = \frac{1}{4}x + 2$ h: $y = -\frac{3}{4}x + 3$
k: $0 \cdot x + y = -2$ l: $x + 0 \cdot y = -1$

9 Ist x die Anzahl der 2-Cent-Stücke und ist y die Anzahl der 5-Cent-Stücke, so gilt:
$3x + 4y = 630 - 150$ also $3x + 4y = 480$ und somit
$y = 120 - 0{,}75x$.
Tobias kann nicht sicher sein, dass das Geld reicht, denn (40 | 90) ist eine Lösung der obigen Gleichungen und $40 \cdot 2$ Cent $+ 90 \cdot 5$ Cent $= 530$ Cent.
Falls das Geld reicht, kann er nicht so bezahlen, dass er kein Wechselgeld zurückerhält, dies verdeutlicht die Tabelle:

x	4	8	12	0
$y = 120 - 0{,}75x$	117	114	111	120
Gesamtbetrag in Cent $x \cdot 2 + y \cdot 5$	593	586	579	600

2 Lineare Gleichungssysteme – grafisches Lösen

Seite 139

Einstiegsaufgabe
x: Anzahl der Mohnbrötchen; y: Anzahl der Käsebrötchen
Preis für die Mohnbrötchen: $0{,}4x$;
Preis für die Käsebrötchen: $0{,}8x$
Man kann folgendes Gleichungssystem aufstellen:
(I) $x + y = 10$
(II) $0{,}4x + 0{,}8y = 5{,}6$
Aus Gleichung (I) folgt: $x = 10 - y$;
Einsetzen in (II) liefert die Gleichung:

$$
\begin{aligned}
0{,}4 \cdot (10 - y) + 0{,}8y &= 5{,}6 \\
4 - 0{,}4y + 0{,}8y &= 5{,}6 \\
4 + 0{,}4y &= 5{,}6 \quad | -4 \\
0{,}4y &= 1{,}6 \quad | :0{,}4 \\
y &= 4
\end{aligned}
$$

Aus (I) ergibt sich nun: $x = 6$
Sarah hat 6 Mohn- und 4 Käsebrötchen gekauft.

Seite 141

1 a) ja b) nein c) nein d) ja

2 a) (2 | 6)

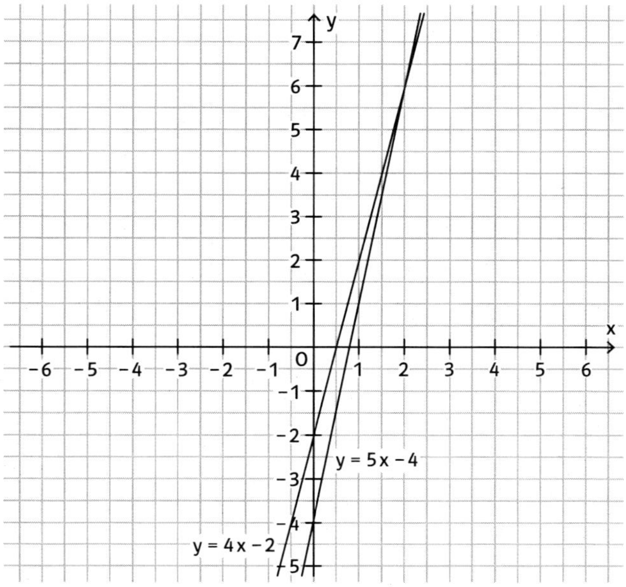

b) (10 | 3)

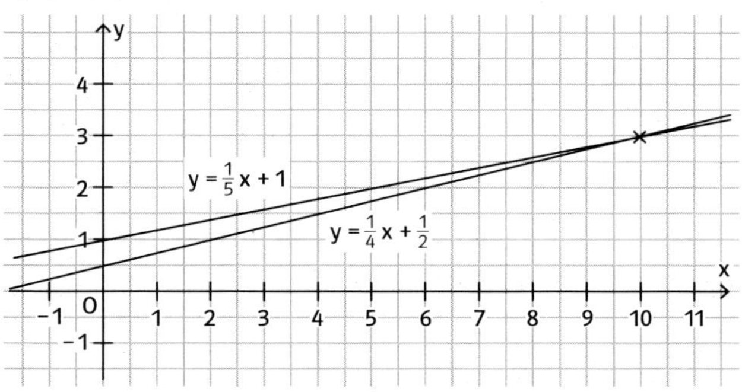

c) (4 | 1)

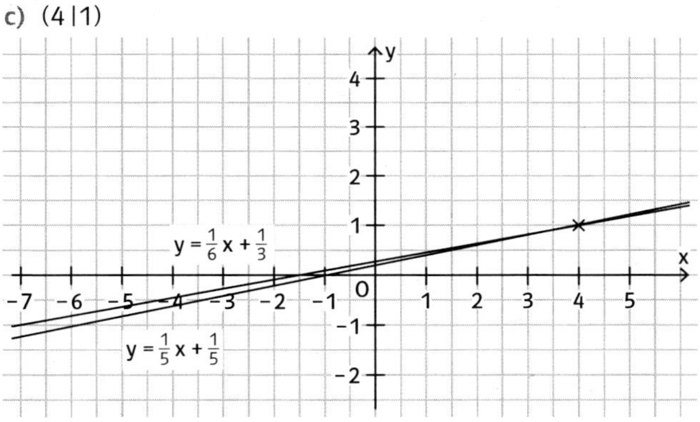

d) (−2 | −3)

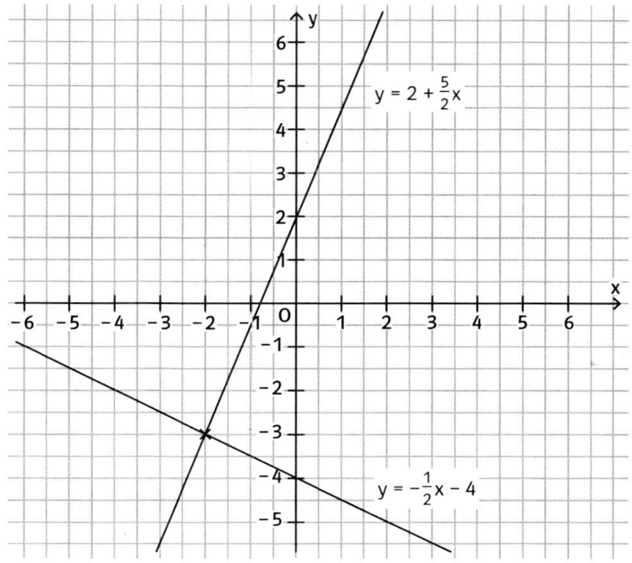

3 individuelle Lösung, zum Beispiel:

a) $2x + y = 11$
$\frac{1}{2}x + 2y = 15$

b) $3x + y = 12$
$2x - 2y = 16$

c) $2x - 3y = -1{,}7$
$4x + \frac{1}{2}y = 7{,}65$

d) $2x - 3y = 1{,}7$
$3x + 2y = -8{,}5$

5 Erste Zahl: y
Zweite Zahl: x
Gleichungssystem: I: $y = 1{,}5x$; II: $y = 5 - x$
Lösung: Die erste Zahl ist 3, die zweite 2.
Weitere Zahlenrätsel individuell.

6 a) Preis je Neonfisch: x €,
Preis je Panzerwels: y €
Ralfs Einkauf: $8x + 2y = 12$,
Paulines Einkauf: $6x + 4y = 15$

b) Die Geraden schneiden sich im Punkt (0,9 | 2,4).

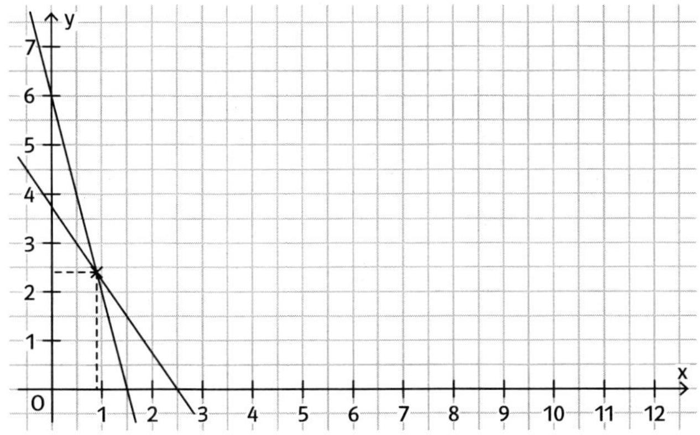

7 Das lineare Gleichungssystem besteht aus zwei Gleichungen. Die Lösungsmenge jeder der Gleichungen wird durch eine Gerade dargestellt. Hätte das lineare Gleichungssystem genau vier Lösungen, so würde dies bedeuten, dass die zwei Geraden genau vier gemeinsame Punkte hätten, denn jeder gemeinsame Punkt ist Lösung für beide Gleichungen. Dies ist aber nicht möglich, denn zwei Geraden können
- einen Schnittpunkt $(x \mid y)$ haben,
- keinen Schnittpunkt haben, also parallel zueinander sein,
- komplett übereinstimmen (und somit unendlich viele gemeinsame Punkte haben).

8 a) Keine Lösung: z. B. $y = x - 2$;
Mehr als eine Lösung: z. B. $3y - 3x + 3 = 0$
Im 2. Fall hat das Gleichungssystem unendlich viele Lösungen, da die Lösungsmengen der zwei Gleichungen komplett übereinstimmen.

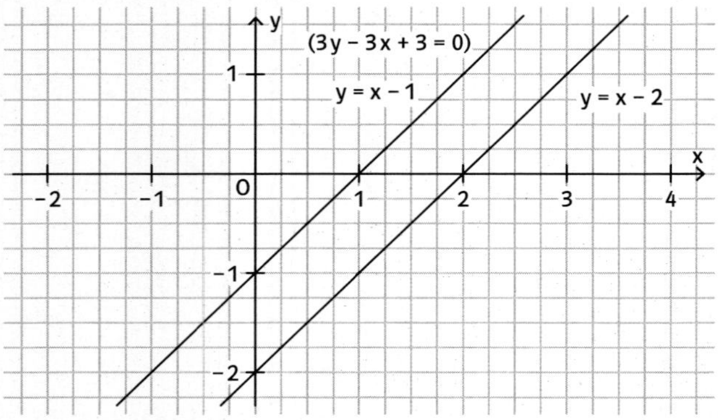

b) Keine Lösung: z. B. $x + y = 3$;
Mehr als eine Lösung (also unendlich viele Lösungen): z. B. $2y = 10 - 2x$

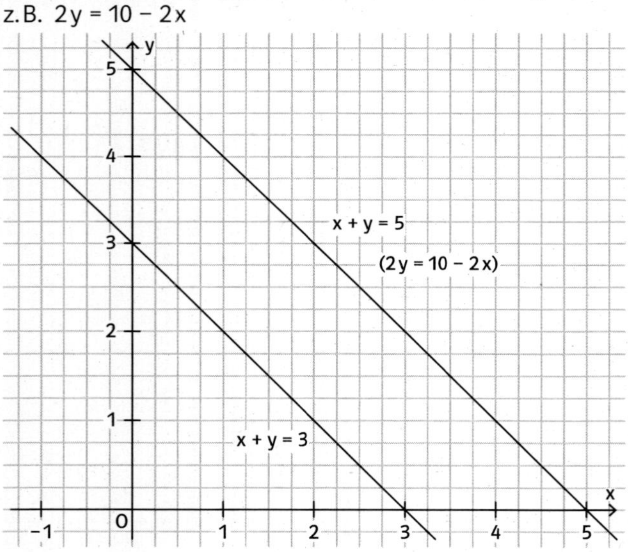

c) Keine Lösung: z. B. $x + 3y = 0$;
Mehr als eine Lösung (also unendlich viele Lösungen): z. B. $x + 3y = 6$

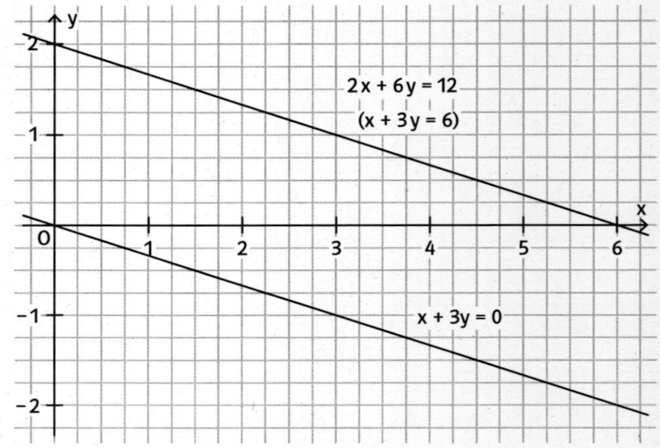

d) Keine Lösung: z. B. $2x + 0y = 5$;
Mehr als eine Lösung (also unendlich viele Lösungen): z. B. $x = 4{,}5 - 0y$

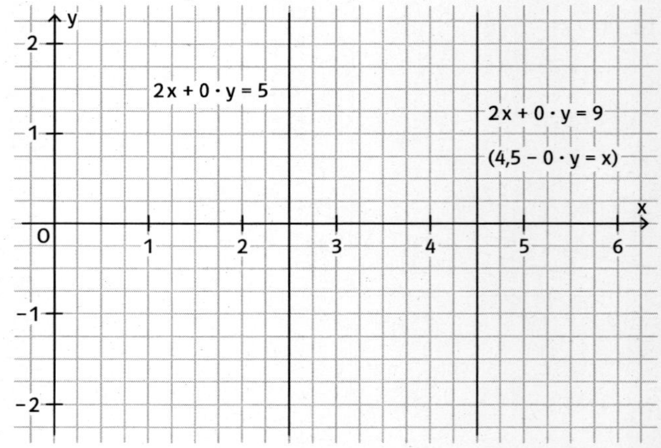

3 Gleichsetzungsverfahren und Einsetzungsverfahren

Seite 142

Einstiegsaufgabe
g: Gewicht einer grünen Dose (in g);
o: Gewicht einer orange Dose (in g)
Aus den Waagen kann man sehen:
links: (I) $3g = 3o + 3 \cdot 100$
rechts: (II) $3g + 100 = 5o + 2 \cdot 100$
Gleichung (I) kann durch 3 geteilt werden:
(I)′ $g = o + 100$
Einsetzen in (II) ergibt:

$$
\begin{aligned}
3(o + 100) + 100 &= 5o + 200 \\
3o + 300 + 100 &= 5o + 200 \quad &|-200 \\
3o + 200 &= 5o \quad &|-3o \\
200 &= 2o \quad &|:2 \\
100 &= o
\end{aligned}
$$

Einsetzen in (I)′ ergibt: $g = 200$
Eine grüne Dose wiegt 200 g, eine orange 100 g.

Seite 144

1 a) $(-13\,|\,-45)$ b) keine Lösung
c) $(7\,|\,0)$ d) $(-15\,|\,-1)$
e) $(16\,|\,0)$ f) $\left(-\frac{1}{3}\,\middle|\,2\right)$
g) $\left(\frac{21}{5}\,\middle|\,\frac{6}{5}\right)$ h) $\left(-\frac{31}{44}\,\middle|\,-\frac{9}{22}\right)$

2 a) $(1\,|\,11)$ b) $(1\,|\,1{,}5)$
c) $(4\,|\,-2)$ d) $\left(\frac{10}{3}\,\middle|\,8\right)$
e) $\left(-\frac{61}{297}\,\middle|\,\frac{21}{22}\right)$ f) $\left(\frac{1}{15}\,\middle|\,\frac{7}{75}\right)$
g) $\left(\frac{41}{9}\,\middle|\,\frac{11}{9}\right)$ h) $\left(\frac{1}{3}\,\middle|\,-\frac{2}{9}\right)$

3 a) $(-10\,|\,-23)$ b) $(6\,|\,5)$
c) $(0\,|\,4)$ d) $(-1\,|\,0)$
e) $\left(\frac{44}{27}\,\middle|\,0\right)$ f) $(3\,|\,2)$
g) $\left(\frac{533}{64}\,\middle|\,\frac{147}{8}\right)$ h) $(0{,}5\,|\,20)$

6 a) Grün: $y = 3x + 3$; Blau: $y = -3x + 6$;
Lösung: $(0{,}5\,|\,4{,}5)$
b) Grün: $y = -2x - 2$; Blau: $y = 2x + 4$; Lösung: $(-1{,}5\,|\,1)$
c) Grün: $y = 2x - 2$; Blau: $y = \frac{1}{2}x + 2$; Lösung: $\left(2\frac{2}{3}\,\middle|\,3\frac{1}{3}\right)$
d) Grün: $y = 2x - 1$; Blau: $y = -2x + 4$; Lösung: $(1{,}25\,|\,1{,}5)$

7 individuelle Lösung

8 individuelle Lösung

Seite 145

9 a) $\left(-\frac{29}{7}\,\middle|\,-\frac{22}{7}\right)$ b) keine Lösung
c) $\left(-\frac{1}{5}\,\middle|\,\frac{6}{5}\right)$ d) $\left(\frac{54}{17}\,\middle|\,\frac{186}{17}\right)$

10 Einsetzungsverfahren:
(I) $2{,}7x + 3{,}2y = 2{,}5$ (I) $x = 5y - \frac{2}{5}$
(II) $2{,}7x = y + 0{,}4$ (II) $5y = 2x + \frac{1}{3}$
Lösung: $\left(\frac{1}{3}\,\middle|\,\frac{1}{2}\right)$ Lösung: $\left(\frac{1}{15}\,\middle|\,\frac{7}{75}\right)$
Gleichsetzungsverfahren:
(I) $y = x - 16$ (I) $x + 11 = 11y$
(II) $y = 16 - x$ (II) $x + 22 = 33y$
Lösung: $(16\,|\,0)$ Lösung: $\left(-\frac{11}{2}\,\middle|\,\frac{1}{2}\right)$

11 a) (1) Die linke Seite der oberen und die rechte Seite der unteren Gleichung sind gleich. Man setzt die linke Seite der unteren Gleichung mit der rechten Seite der oberen Gleichung gleich. Die Boxengleichung für blaue Boxen lautet:
▢▢▢ = ▢ ||||||
(2) Man ersetzt in der unteren Gleichung die rote Box durch zwei blaue Boxen und 3 Hölzchen. Man erhält die Boxengleichung für blaue Boxen:
▢▢ ||| ▢ | = ▢▢▢▢
(3) Man ersetzt in der unteren Gleichung eine blaue Box durch jeweils eine rote Box und 2 Hölzchen. Man erhält die Boxengleichung für rote Boxen:
▢ || ▢ || ||| = ▢▢▢ |
(4) Die linken Seiten der Gleichungen sind gleich. Die rechten Seiten können also gleichgesetzt werden. Man erhält folgende Gleichung für blaue Boxen:
▢▢▢ = ▢ ||
(5) Hier sind die linke Seite der oberen und die rechte Seite der unteren Gleichung gleich. Es ist aber nicht sinnvoll, die zwei anderen Seiten gleichzusetzen, da man dadurch keine Gleichung in einer Farbe erhält. Zuerst wird die untere Gleichung vereinfacht, indem je eine rote Box und 2 Hölzchen auf beiden Seiten entfernt werden.
Man erhält:
[rote Box] + 2 Hölzchen = [blaue Box] + [blaue Box]
Nun werden in der oberen Gleichung eine rote Box und 2 Hölzchen entsprechend ersetzt. Man erhält folgende Boxengleichung für blaue Boxen:
▢▢▢▢ = ▢▢▢ |||
(6) Die beiden blauen Boxen in der oberen Gleichung werden durch zwei rote Boxen und zwei Hölzchen ersetzt. Man erhält die Boxengleichung für rote Boxen:
| ▢▢▢ | = ▢▢ || ▢
b) x: blaue Box; y: rote Box
Man erhält jeweils die Gleichungssysteme:
(1) $\left|\begin{array}{l} 2y + 1 = x + 6 \\ 3x = 2y + 1 \end{array}\right|$ Lösung: $(3\,|\,4)$
→ blaue Box: 3; rote Box: 4
(2) $\left|\begin{array}{l} y = 2x + 3 \\ y + x + 1 = 4x \end{array}\right|$ Lösung: $(43\,|\,11)$
→ blaue Box: 4; rote Box: 11
(3) $\left|\begin{array}{l} y + 2 = x \\ 2x + 3 = 3y + 1 \end{array}\right|$ Lösung: $(83\,|\,6)$
→ blaue Box: 8; rote Box: 6
(4) $\left|\begin{array}{l} y + x + 1 = 3x \\ x + y + 1 = x + 2 \end{array}\right|$ Lösung: $(13\,|\,1)$
→ blaue Box: 1; rote Box: 1
(5) $\left|\begin{array}{l} 2x + y + 2 = 3x + 3 \\ 2y + 4 = 2x + y + 2 \end{array}\right|$ Lösung: $(33\,|\,4)$
→ blaue Box: 3; rote Box: 4
(6) $\left|\begin{array}{l} 3y + 2 = y + 2x \\ 2x = 2y + 2 \end{array}\right|$ Lösung: unendlich viele Lösungen mit $x = y + 1$
Also muss in der blauen Box ein Hölzchen mehr als in der roten sein.

12 a) $\left|\begin{array}{l} x - 2y = 1 \\ 2x - 3y = 1 \end{array}\right|$ Lösung: $(-1\,|\,-1)$
b) $\left|\begin{array}{l} x - 2y = 3 \\ 2x - 3y = 3 \end{array}\right|$ Lösung: $(-3\,|\,-3)$
c) $\left|\begin{array}{l} x - 2y = a \\ 2x - 3y = a \end{array}\right|$ Lösung: $(-a\,|\,-a)$

4 Additionsverfahren

Seite 146

Einstiegsaufgabe
Tisch 1 + Tisch 2:
10 × Pizza + 11 × Cola = 66,30 €
Tisch 3 + Tisch 4:
10 × Pizza + 12 × Cola = 68,60 €
Preis für Pizza: p; Preis für Cola: c
Gleichungssystem:
(I) $10p + 11c = 66{,}3$
(II) $10p + 12c = 68{,}6$
(II) − (I) ergibt:
$c = 68{,}6 - 66{,}3 \Rightarrow c = 2{,}3$
Einsetzen in (I): $10p + 25{,}3 = 66{,}3 \Rightarrow c = 4{,}1$
Eine Pizza kostet 4,10 €, eine Cola 2,30 €.

Seite 148

1 a) (5 | 2) b) (1 | 3) c) (0,5 | 2) d) (2 | −5)

2 a) (5 | −1) b) (−2 | −9)
c) $\left(\frac{1}{7} \middle| -2\right)$ d) (−1 | 2)
e) $\left(-\frac{23}{3} \middle| \frac{23}{3}\right)$ f) $\left(1 \middle| -\frac{5}{3}\right)$
g) $\left(15\frac{15}{26} \middle| -14\frac{1}{2}\right)$ h) (0,8 | −0,4)

3 Lara: $20x + 100y = 20{,}8$
Katharina: $40x + 70y = 16{,}9$
SMS: 9 ct, Minute: 19 ct

4 a) (1) Blau: 2, Rot: 2 (2) Blau: 0, Rot: 1
(3) Blau: 2, Rot: 4 (4) Blau: 3, Rot: 1
b) x: blaue Box; y: rote Box
Man erhält jeweils die Gleichungssysteme:
(1) $\left|\begin{array}{l} 2y + x = y + 4 \\ y + x + 3 = 2x + 3 \end{array}\right|$
$\Leftrightarrow \left|\begin{array}{l} y + x = 4 \\ y - x = 0 \end{array}\right| \Leftrightarrow \left|\begin{array}{l} 2y = 4 \\ y - x = 0 \end{array}\right| \Leftrightarrow \left|\begin{array}{l} y = 2 \\ x = 2 \end{array}\right|$
Lösung: (2 | 2)
(2) $\left|\begin{array}{l} y + x + 3 = 2y + 2x + 2 \\ y + 2x + 3 = 4y + x \end{array}\right|$
$\Leftrightarrow \left|\begin{array}{l} 1 = y + x \\ 3 = 3y - x \end{array}\right| \Leftrightarrow \left|\begin{array}{l} 1 = y + x \\ 4 = 4y \end{array}\right| \Leftrightarrow \left|\begin{array}{l} x = 0 \\ y = 1 \end{array}\right|$
Lösung: (0 | 1)
(3) $\left|\begin{array}{l} 2y + x = y + 6 \\ 2y + x + 1 = 2x + y + 3 \end{array}\right|$
$\Leftrightarrow \left|\begin{array}{l} y + x = 6 \\ y - x = 2 \end{array}\right| \Leftrightarrow \left|\begin{array}{l} 2y = 8 \\ y - 2 = x \end{array}\right| \Leftrightarrow \left|\begin{array}{l} y = 4 \\ x = 2 \end{array}\right|$
Lösung: (2 | 4)
(4) $\left|\begin{array}{l} 2y + x = y + 4 \\ y + x + 2 = 2y + 4 \end{array}\right|$
$\Leftrightarrow \left|\begin{array}{l} y + x = 4 \\ -y + x = 2 \end{array}\right| \Leftrightarrow \left|\begin{array}{l} y = 4 - x \\ 2x = 6 \end{array}\right| \Leftrightarrow \left|\begin{array}{l} y = 1 \\ x = 3 \end{array}\right|$
Lösung: (3 | 1)

5 (I) $x + y = 7$ (I) $2x + 5y = 3$
(II) $x - y = 3$ (II) $x - 5y = 9$
Lösung: (5 | 2) Lösung: (4 | −1)
(I) $6x + 2y = 7$ (I) $y - 2x = 1$
(II) $-6x + 7y = 11$ (II) $y + 2x = 5$
Lösung: (0,5 | 2) Lösung: (1 | 3)

8 individuelle Lösung

Seite 150

9 a) gegebene Gleichungen: (I) und (II)
1. Schritt: (I)′ = 3 · (I) und
(II)′ = (−2) · (II)
2. Schritt: (I)″ = (I) + (II)
(II)″ = (I)′ + (II)′
b) individuelle Lösung
c) individuelle Lösung

10 a) $2x + 5y = 10$
$3x + y = 4$
b) $0x + 2y = 4$
$3x + y = 8$
c) $x + 0y = 5$
$0x + y = 2$
d) $2x + y = 4$
$0x + 0y = 0$

11 a) $\begin{pmatrix} 3 & 4 & 7 \\ 2 & -5 & 19 \end{pmatrix}$ b) $\begin{pmatrix} 3 & 4 & 7 \\ -1 & 1 & 1 \end{pmatrix}$
c) $\begin{pmatrix} 3 & 0 & 6 \\ 1 & 4 & 2 \end{pmatrix}$ d) $\begin{pmatrix} 1 & -2 & -3 \\ -5 & -1 & 10 \end{pmatrix}$

12 a) (1) $\begin{pmatrix} 4 & 2 & 12 \\ 2 & -1 & 4 \end{pmatrix} \Leftrightarrow \begin{pmatrix} 4 & 2 & 12 \\ 4 & -2 & 8 \end{pmatrix} \Leftrightarrow \begin{pmatrix} 8 & 0 & 20 \\ 4 & -2 & 8 \end{pmatrix}$
$\Leftrightarrow \begin{pmatrix} 8 & 0 & 20 \\ 0 & 4 & 4 \end{pmatrix} \Leftrightarrow \begin{pmatrix} 1 & 0 & 2{,}5 \\ 0 & 4 & 4 \end{pmatrix} \Leftrightarrow \begin{pmatrix} 1 & 0 & 2{,}5 \\ 0 & 1 & 1 \end{pmatrix}$
Lösung: (2,5 | 1)
Entsprechend gilt:
(2) $\begin{pmatrix} -3 & 2 & 10 \\ 1 & 6 & 0 \end{pmatrix}$; Lösung: (−3 | 0,5)
(3) $\begin{pmatrix} 1 & 1 & 1 \\ 4 & 0 & -6 \end{pmatrix}$; Lösung: (−1,5 | 2,5)
(4) $\begin{pmatrix} 0 & 2 & 0 \\ 1 & 1 & 12 \end{pmatrix}$; Lösung: (12 | 0)
b) individuelle Lösung

13 a) $\begin{pmatrix} 2 & 5 & 1 \\ 3 & -5 & 4 \end{pmatrix} \Leftrightarrow \begin{pmatrix} 2 & 5 & 1 \\ 6 & 0 & 5 \end{pmatrix}$
b) $\begin{pmatrix} 2 & 5 & 24 \\ 3 & -0{,}5 & 4 \end{pmatrix} \Leftrightarrow \begin{pmatrix} 1 & 0 & 2 \\ 0 & 1 & 4 \end{pmatrix}$

5 Eine Lösung, keine Lösung, mehr als eine Lösung

Seite 151

Einstiegsaufgabe
g: Gewicht einer grünen Dose (in kg);
o: Gewicht einer orangen Dose (in kg)
linke Waage: $3g + 3o = 3$
rechte Waage: $2g + 3o = o + 2$
Daraus folgt:
$g + o = 1$
$g + o = 1$
Das Gleichungssystem hat mehr als eine Lösung, genau genommen unendlich viele Lösungen. Lösungen sind alle Zahlenpaare, deren Summe eins ergibt.

Simon hat also nicht recht: Eine grüne Dose und eine orange Dose sind nicht gleich schwer, sondern wiegen zusammen 1kg.

Seite 152

1 a) keine Lösung

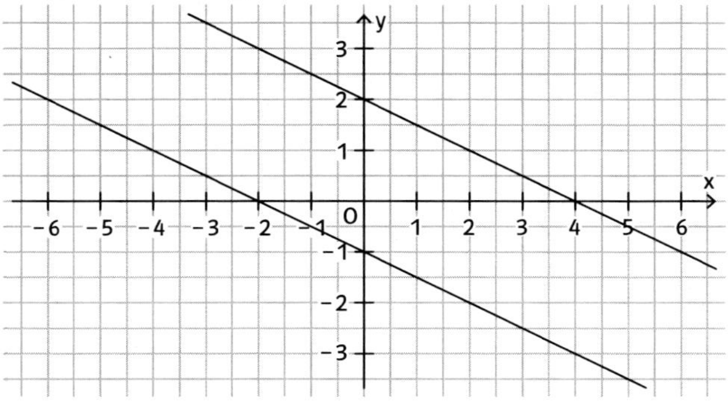

b) unendlich viele Lösungen, z.B. (−4 | −3), (0 | −2), (4 | −1)

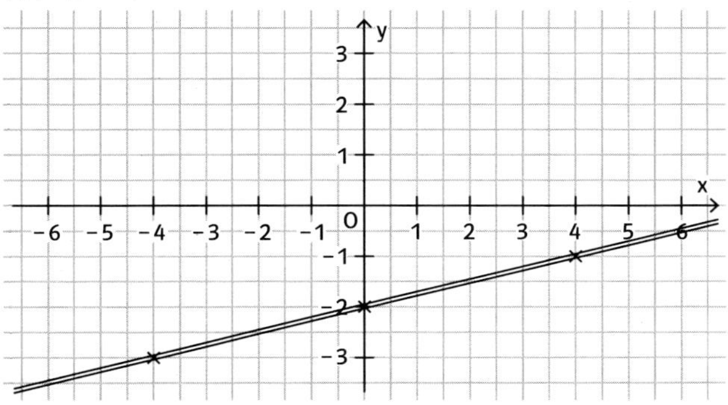

c) keine Lösung

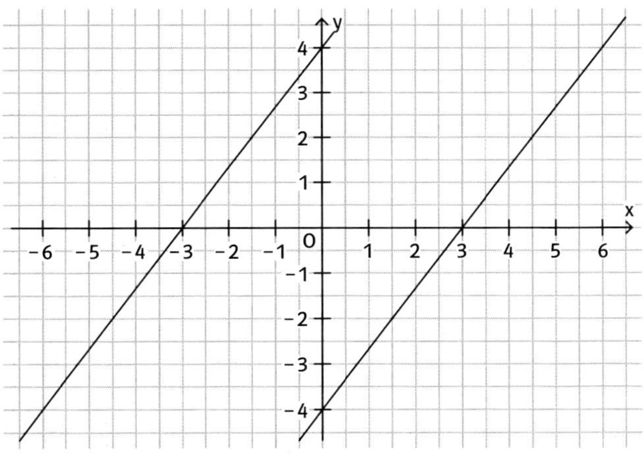

d) Lösung: (−2 | −3)

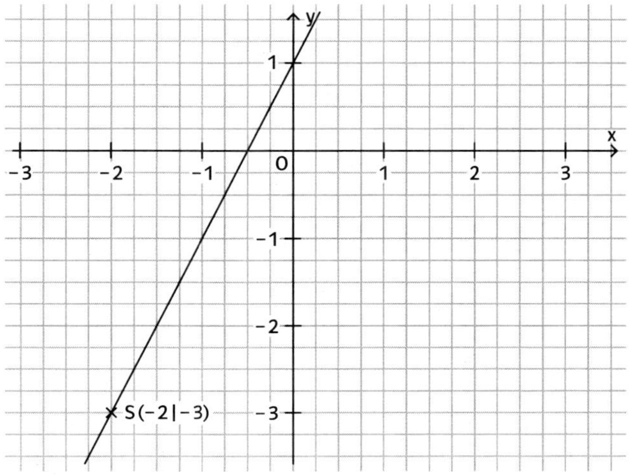

Seite 153

2 a) Gleichsetzungsverfahren:
Die Gleichung $-0{,}5x + 2 = -0{,}5x - 1$ führt auf eine falsche Aussage, z.B. auf $2 = -1$.
Das Gleichungssystem hat somit keine Lösung.
b) Einsetzungsverfahren:
Die Gleichung $x - 4(0{,}25x - 2) = 8$ führt auf eine allgemeingültige Aussage, z.B. auf $8 = 8$.
Das Gleichungssystem hat unendlich viele Lösungen.
Beide Gleichungen des Systems stellen ein und dieselbe Gerade dar (vgl. Aufgabe 1 b)). Jedes Zahlenpaar, das die erste Gleichung erfüllt, erfüllt auch die zweite Gleichung und ist damit Lösung des Systems.
c) Additionsverfahren:
Addiert man das 4-Fache der zweiten Gleichung zur ersten Gleichung, so ergibt sich die falsche Aussage $-24 = 0$. Das Gleichungssystem hat somit keine Lösung.
d) Einsetzungsverfahren:
Die erste Gleichung wird nach x aufgelöst: $x = -2$
Einsetzen von $x = -2$ in die zweite Gleichung ergibt:
$y = 2 \cdot (-2) + 1 = -3$.
Das Gleichungssystem hat die Lösung (−2 | −3).

3 individuelle Lösung, zum Beispiel:

a) $x - y = 1$
$-x + y = 1$

b) $x - y = 1$
$-x + y = -1$

Zu Teilaufgabe c) und Teilaufgabe d): Hat ein Gleichungssystem zwei Lösungen, so muss es unendlich viele weitere Lösungen besitzen. Die Lösungen erfüllen die Gleichung der Geraden, die durch die beiden gegebenen Zahlenpaare bestimmt ist.

c) $y = x - 1$
$x - y = 1$

d) $y = 0x + 2$
$2 - y = 0$

6 Ein Gleichungssystem mit drei Gleichungen und zwei Variablen besitzt nur dann eine Lösung, wenn sich die zugehörigen Geraden in einem Punkt schneiden.
a) (3 | 2) erfüllt alle drei Gleichungen, ist also Lösung des Systems
b) keine Lösung
Die Geraden, die zur zweiten und zur dritten Gleichung gehören, verlaufen parallel zueinander.

c) keine Lösung
Je zwei der zugehörigen Geraden schneiden sich in einem Punkt, die Schnittpunkte sind voneinander verschieden: $(0\,|\,4)$, $(-2\,|\,0)$, $(3\,|\,-1)$.
d) keine Lösung
Die Geraden, die zu den drei Gleichungen gehören, verlaufen parallel zueinander.

7 a) $\left|\begin{array}{l} -2x + 3y = 6 \\ x = 1{,}5y + 12 \end{array}\right| \Leftrightarrow \left|\begin{array}{l} 3y = 2x + 6 \\ x - 12 = 1{,}5y \end{array}\right| \Leftrightarrow \left|\begin{array}{l} y = \frac{2}{3}x + 2 \\ y = \frac{2}{3}x - 8 \end{array}\right|$

Die zugehörigen Geraden sind parallel zueinander, daher hat das Gleichungssystem keine Lösung.

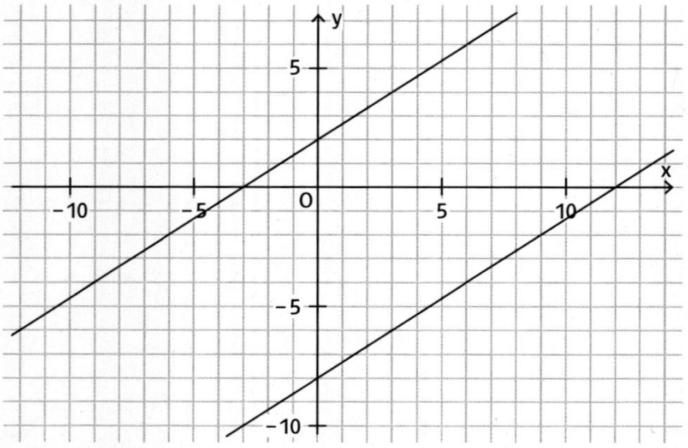

b) 2. Gleichung: $x = 1{,}5y - 3$
Die zugehörigen Geraden sind nun identisch, daher hat das Gleichungssystem unendlich viele Lösungen.

8 a) unendlich viele Lösungen, für $a = -10$;
genau eine Lösung, für $a \neq -10$ (jeweils verschieden, abhängig von a)
Es gibt keinen Wert von a, für den das Gleichungssystem keine Lösungen hat.
b) unendlich viele Lösungen, für $a = -30$;
keine Lösung, für $a \neq -30$
Es gibt keinen Wert von a, für den das Gleichungssystem genau eine Lösung hat.
c) unendlich viele Lösungen, für $a = 0$;
genau eine Lösung, für $a \neq 0$; und zwar immer die Lösung $(0{,}5\,|\,-0{,}5)$
d) unendlich viele Lösungen, für $a = 4$;
keine Lösung, für $a \neq 4$
Es gibt keinen Wert von a, für den das Gleichungssystem genau eine Lösung hat.

9 individuelle Lösung
Beispiel: $x + 2y = 1$
$y = x + 5$
Lösung: $(-3\,|\,2)$
zu a): $x + (-1)y = 1$
$y = x + 5$
keine Lösung
zu b): $x - y = 1$
$y = x + (-1)$
unendlich viele Lösungen, z. B. $(1\,|\,0)$; $(2\,|\,1)$; $(3\,|\,2)$

Vertiefen und Vernetzen

Seite 154

1 Mit x für die erste, y für die zweite Zahl ergibt sich das Gleichungssystem
$x = 2y$
$y + 3x = 14$
mit der Lösung $(4\,|\,2)$.
Die gesuchten Zahlen sind 4 und 2.

2 a) Mit x für die eine und y für die andere Zahl ergibt sich das Gleichungssystem
$\left|\begin{array}{l} 2x + 3y = 23 \\ 3x + 2y = 34 \end{array}\right|$
mit der Lösung $(11{,}2\,|\,0{,}2)$.
Die gesuchten Zahlen sind 11,2 und 0,2.
b) Man erhält das Gleichungssystem:
$\left|\begin{array}{l} 3x + \frac{1}{2}y = 5 \\ \frac{1}{2} \cdot (x + y) = 4{,}75 \end{array}\right|$
mit der Lösung $(0{,}1\,|\,9{,}4)$.
Die gesuchten Zahlen sind 0,1 und 9,4.

3 Preis je Zitrone: x Geldstücke;
Preis je Holzapfel: y Geldstücke
Das Gleichungssystem
$\left|\begin{array}{l} 9x + 7y = 107 \\ 7x + 9y = 101 \end{array}\right|$
hat die Lösung $(8\,|\,5)$.
Eine Zitrone kostet 8 Geldstücke, ein Holzapfel kostet 5 Geldstücke.

4 a) Addiert man zum Dreifachen der ersten Zahl das Vierfache der zweiten Zahl, so erhält man 2. Subtrahiert man vom Doppelten der zweiten Zahl die erste Zahl, so erhält man 8.
Erste Zahl: $-\frac{14}{5}$, zweite Zahl: $\frac{13}{5}$
b) Addiert man zum Doppelten der ersten Zahl das Dreifache der zweiten Zahl, so erhält man –5. Wenn man von der zweiten Zahl die erst abzieht, erhält man 8.
Erste Zahl: $-\frac{29}{5}$, zweite Zahl: $\frac{11}{5}$
c) Addiert man zum Fünffachen der ersten Zahl das Siebenfache der zweiten Zahl, so erhält man –9. Subtrahiert man von der ersten Zahl das Doppelte der zweiten Zahl, dann erhält man 0.
Erste Zahl: $-\frac{18}{17}$, zweite Zahl: $-\frac{9}{17}$
d) Subtrahiert man vom Doppelten der ersten Zahl das Dreifache der zweiten Zahl, so erhält man 30. Subtrahiert man vom Dreifachen der ersten Zahl das Vierfache der zweiten Zahl, so erhält man 41,5.
Erste Zahl: 4,5; zweite Zahl: –7

5 individuelle Lösung
Bei den Rätseln sollen zwei „verschlüsselt" angegebene Zahlen erraten werden. Die Aufgabenstellungen können sich an Aufgabe 4 orientieren. Es sollten „Verschlüsselungen" gewählt werden, die auf zwei lineare Gleichungen mit zwei Variablen führen.

6 Die Stäbe sind 12 cm und 5 cm lang. Sie wiegen 112 g und 108 g.

Seite 155

7 Eine Rose kostet 1,50 Euro, eine Lilie 2,50 Euro. Der Vater bezahlt 25,50 Euro.

8 Mit e für die Einerziffer und z für die Zehnerziffer ergibt sich das Gleichungssystem

$$\left|\begin{array}{l} 10z + e = 8(z + e) \\ 10e + z = 10z + e - 45 \end{array}\right|$$

mit der Lösung $e = 2$; $z = 7$.
Die gesuchte zweiziffrige Zahl ist 72.

9 Geradengleichungen: $y = 2x + 4$ und $y = -x + 2$
Der Schnittpunkt liegt bei $\left(-\frac{2}{3} \middle| \frac{8}{3}\right)$.

10 heutiges Alter von Frau Schulz: x Jahre;
heutiges Alter des Sohnes Martin: y Jahre
Das Gleichungssystem

$$\left|\begin{array}{l} x - 4 = 13(y - 4) \\ x + 6 = 3(y + 6) \end{array}\right|$$

hat die Lösung (30 | 6).
Frau Schulz ist heute 30 Jahre alt, Martin 6 Jahre alt.

11 Geldbetrag der einen Person: x Rubel;
Geldbetrag der anderen Person: y Rubel
Das Gleichungssystem

$$\left|\begin{array}{l} x + \frac{2}{3}y = 29 \\ \frac{3}{4}x + y = 29 \end{array}\right|$$

hat die Lösung $\left(\frac{58}{3} \middle| \frac{29}{2}\right)$.
Die eine Person hat $\frac{58}{3}$ Rubel, die andere $\frac{29}{2}$ Rubel.

12 Geldbetrag in der einen Geldbörse: x €;
Geldbetrag in der anderen Geldbörse: y €
Das Gleichungssystem

$$\left|\begin{array}{r} x + y = 30 \\ x = 1{,}5y \end{array}\right|$$

hat die Lösung (18 | 12).
In einer Geldbörse waren 18 €, in der anderen 12 €.

13 a) heutiges Alter des Jungen: x Jahre;
heutiges Alter des Vaters: y Jahre
Das Gleichungssystem

$$\left|\begin{array}{l} x - 7 = \frac{1}{7}(y - 7) \\ x + 3 = \frac{1}{3}(y + 3) \end{array}\right|$$

hat die Lösung (12 | 42).
Der Junge ist heute 12 Jahre alt, der Vater 42 Jahre alt.
b) heutiges Alter von Charlotte: x Jahre;
heutiges Alter von Jens: y Jahre
Das Gleichungssystem

$$\left|\begin{array}{l} x - 1 = 2(y - 1) \\ x + 2 = 1{,}5(y + 2) \end{array}\right|$$

hat die Lösung (7 | 4).
Charlotte ist heute 7 Jahre alt, Jens 4 Jahre alt.

14 a) Mit z für die Zehnerziffer und e für die Einerziffer ergibt sich das Gleichungssystem:

$$\left|\begin{array}{l} 10z + e = 2 \cdot 6z \\ 10z + e = 18 + z + e \end{array}\right|$$

mit der Lösung (2 | 4).
Die gesuchte Zahl ist 24.
b) z: Zehnerziffer; e: Einerziffer
Man erhält das Gleichungssystem:

$$\left|\begin{array}{r} 10z + e + 3 \cdot (z + e) = 99 \\ (10e + z) : (z + e) = 3 \end{array}\right|$$

mit der Lösung (7 | 2).
Die gesuchte Zahl ist 72.

Seite 156

15 a)

$$\begin{array}{lrcl} \text{(I a)} & 8x + 12y &=& 36 \\ \text{(II a)} & -8x - 6y &=& -30 \\ \hline & 6y &=& 6 \end{array}$$

b)

$$\begin{array}{lrcl} \text{(I)} & 2x + 3y &=& 9 \\ \text{(II b)} & -4x - 3y &=& -15 \\ \hline & -2x &=& -6 \end{array}$$

c) In (3) sind die Geraden eingezeichnet, die zu den beiden Ausgangsgleichungen gehören. Die grüne Gerade stellt die Lösungsmenge der ersten Gleichung, die blaue Gerade diejenige der zweiten Gleichung dar.
In (1) ist die Gerade eingezeichnet, die sich nach Addition von (I a) und (II a) (Teilaufgabe a)) ergibt und die zu erster Gleichung gehörende Gerade.
In (2) ist die Gerade eingezeichnet, die sich aus Teilaufgabe b) ergibt (I + II b) und die zu zweiter Gleichung gehörende Gerade.
d) In (1) und (2) ist jeweils eine Gerade parallel zu einer Koordinatenachse (weil x bzw. y weggefallen ist). In allen drei Abbildungen ist der Schnittpunkt gleich geblieben. Die Koordinaten des Schnittpunktes entsprechen der Lösung des Gleichungssystems.

16 a) Die Messungen wurden um 9:00 begonnen. Zu diesem Zeitpunkt betrug der Wasserstand in Behälter A bereits 20 cm. Behälter B war leer. Das Wasser in Behälter B steigt schneller. Um 9:26 Uhr steht das Wasser in den Behältern gleich hoch. Um 9:40 Uhr hört das Wasser auf, in Behälter B zu steigen; bei Behälter A ist dies um 9:43 Uhr der Fall.
b) Der Schnittpunkt zeigt, wann das Wasser in beiden Behältern gleich hoch steht und wie hoch der Wasserstand ist. (Um 9:26 Uhr beträgt der Wasserstand in beiden Behältern 44 cm.)
c) Die Knickstellen zeigen, ab wann das Wasser nicht mehr steigt. Dies könnte daran liegen, dass das Wasser abgestellt wurde oder daran, dass die Behälter jeweils voll wurden.
d) Behälter B ist schmaler als A, daher steigt auch das Wasser im Behälter B schneller.

17 Die Klasse 8 b hat 28 Schülerinnen und Schüler.
2 essen Super-Hamburger für 1,70 €.
8 essen Super-Hamburger mit extra Mayo für 2 €.
12 essen Turbo-Hamburger für 2,20 €.
6 essen Turbo-Hamburger mit extra Mayo für 2,50 €.

Seite 157

18 Wenn man Gleichungen aufstellt für die Höhe der Kerzen in Abhängigkeit von der Brenndauer t und diese gleichsetzt, so stellt man fest, dass die Kerzen nach $t \approx 11\,h$ die gleiche Höhe besitzen. Da die Kerzen aber bereits vorher abgebrannt sind, besitzen sie gleiche Höhe sobald beide Kerzen abgebrannt sind (nach 10 Stunden).

19 a) f: Motorengeschwindigkeit des Flugzeugs in km/h;
w: Windgeschwindigkeit in km/h
Das Gleichungssystem

$$\left| \begin{array}{l} f + w = 760 \\ f - w = 690 \end{array} \right|$$

hat die Lösung (725 | 35).
Das Flugzeug käme in einer Stunde bei Windstille 725 km weit.
b) Die Windgeschwindigkeit beträgt 35 km/h.
c) Für die Gesamtflugzeit macht es keinen Unterschied, denn die in der einen Richtung gewonnene Zeit geht wieder bei der Rückreise verloren.
Für die Gesamtstrecke bei gleichbleibendem Wind gilt: In 1 h Hin- und Rückflug legt das Flugzeug im Schnitt (760 km + 690 km) : 2 = 725 km. Dies entspricht der Geschwindigkeit des Flugzeugs bei Windstille.

20 a) x: Menge der 35-%-Säure in der Mischung (in l);
x: Menge der 20-%-Säure in der Mischung (in l)
Das Gleichungssystem

$$\left| \begin{array}{c} x + y = 5 \\ 0{,}35 \cdot x + 0{,}2 \cdot y = 0{,}3 \cdot 5 \end{array} \right|$$

hat die Lösung $\left(3\tfrac{1}{3} \middle| 1\tfrac{2}{3}\right)$.
Man muss $3\frac{1}{3}$ Liter der 35-%-Säure mit $1\frac{2}{3}$ Liter der 20-%-Säure mischen.

21 Die Ziffer auf Karte A ist 1, die auf Karte B ist 2.

22 Die meisten Systeme werden genau eine Lösung besitzen. Keine oder unendlich viele Lösungen bedeutet, dass man Gleichungen würfelt, die zu parallelen oder genau der gleichen Geraden gehören. Die Wahrscheinlichkeit hierfür ist eher niedrig.

23 Von drei einstelligen Zahlen x, y und z sei x die kleinste, z die größte: $x \leq y \leq z$. Für x und y kommt die Ziffer 0 nicht in Betracht, weil sich dann gegebenenfalls keine dreistelligen Zahlen ergeben.
In dem Gleichungssystem

$$\left| \begin{array}{c} x + y + z = 15 \\ 100z + 10y + x = 100x + 10y + z + 396 \end{array} \right|$$

ergibt sich aus der zweiten Gleichung $z - x = 4$.
Durch gezieltes Probieren ergeben sich fünf Möglichkeiten für x und z und durch Ergänzen der Summe $x + z$ zu 15 der zugehörige Wert für y:

x	1	2	3	4	5
z	5	6	7	8	9
y	9	7	5	3	1

Von den fünf möglichen Zahlentripeln erfüllt nur (3 | 5 | 7) die Bedingung $x \leq y \leq z$. Die größte aus 3, 5 und 7 zu bildende dreistellige Zahl ist 753, die kleinste 357 (Kontrolle: 753 − 357 = 396).

Exkursion: Drei Gleichungen, drei Variablen – das geht auch

Seite 158

1 Im oberen Gleichungssystem treten in der zweiten Gleichung nur zwei der drei Variablen auf, in der dritten tritt nur eine auf (Dreiecksform).
Setzt man $z = 1$ in die zweite Gleichung ein, so erhält man $y = 2$.
Setzt man dann $z = 1$ und $y = 2$ in die erste Gleichung ein, so erhält man $x = 3$.

Seite 159

2 a)

$$\left| \begin{array}{r} x + y + z = 9 \\ x - y + z = 3 \\ x + y - z = 1 \end{array} \right| \Leftrightarrow \left| \begin{array}{r} x + y + z = 9 \\ 2y = 6 \\ 2z = 8 \end{array} \right| \Leftrightarrow \left| \begin{array}{r} x + y + z = 9 \\ y = 3 \\ z = 4 \end{array} \right|$$

$$\Leftrightarrow \left| \begin{array}{r} x + 3 + 4 = 9 \\ y = 3 \\ z = 4 \end{array} \right| \Leftrightarrow \left| \begin{array}{l} x = 2 \\ y = 3 \\ z = 4 \end{array} \right|$$

Lösung (2 | 3 | 4)

b)

$$\left| \begin{array}{r} x + y - z = 7 \\ 2x - y + z = 8 \\ 3x + 2y - z = 20 \end{array} \right| \Leftrightarrow \left| \begin{array}{r} x + y - z = 7 \\ -3y + 3z = -6 \\ 2y - z = 5 \end{array} \right|$$

$$\Leftrightarrow \left| \begin{array}{r} x + y - z = 7 \\ -3y + 3z = -6 \\ 3z = 3 \end{array} \right| \Leftrightarrow \left| \begin{array}{r} x + y - z = 7 \\ -3y + 3z = -6 \\ z = 1 \end{array} \right|$$

$$\Leftrightarrow \left| \begin{array}{r} x + y - z = 7 \\ -3y + 3 \cdot 1 = -6 \\ z = 1 \end{array} \right| \Leftrightarrow \left| \begin{array}{r} x + y - z = 7 \\ y = 3 \\ z = 1 \end{array} \right|$$

$$\Leftrightarrow \left| \begin{array}{r} x + 3 - 1 = 7 \\ y = 3 \\ z = 1 \end{array} \right| \Leftrightarrow \left| \begin{array}{l} x = 5 \\ y = 3 \\ z = 1 \end{array} \right|$$

Lösung (5 | 3 | 1)
c) durch entsprechende Umformungen:
Lösung (0,3 | − 0,4 | 0,5)

3 a) Mit x, y und z für die gesuchten drei Zahlen ergibt sich das Gleichungssystem

$$\left| \begin{array}{l} x + y = 10 \\ x \quad + z = 11 \\ \quad y + z = 12 \end{array} \right|$$

mit der Lösung (4,5 | 5,5 | 6,5).
Die gesuchten Zahlen sind 4,5; 5,5 und 6,5.
b) Das Gleichungssystem

$$\left| \begin{array}{l} \frac{x + y}{2} = 10 \\ \frac{x + z}{2} = 10 \\ \frac{y + z}{2} = 10 \end{array} \right|$$

hat die Lösung (10 | 10 | 10).
Haben je zwei der drei Zahlen den gleichen Mittelwert, so müssen alle drei Zahlen genau so groß sein wie der gemeinsame Mittelwert. Sie können nicht voneinander verschieden sein.

4 a) Mit x, y und z für die gesuchten drei Zahlen ergibt sich das Gleichungssystem

$$\left|\begin{array}{l} x + y = z + 12 \\ x \quad + z = y + 14 \\ \quad y + z = x + 16 \end{array}\right|$$

mit der Lösung (13 | 14 | 15).
Die gesuchten Zahlen sind 13, 14 und 15.

b) Mit x, y und z für die gesuchten drei Zahlen ergibt sich das Gleichungssystem

$$\left|\begin{array}{l} x + y = 3z - 13 \\ x \quad + z = 3y - 25 \\ \quad y + z = 3x - 37 \end{array}\right|$$

mit der Lösung (28 | 25 | 22).
Die gesuchten Zahlen sind 28, 25 und 22.

5 Stückpreise je Landschoko: x €;
je Lomo-Limo: y €;
je Packung Kiko-Kekse: z €
Das Gleichungssystem

$$\left|\begin{array}{l} 5x + 3y + 2z = 10{,}6 \\ 3x + 2y + 4z = 9{,}7 \\ 4x + 4y + \quad z = 9{,}9 \end{array}\right|$$

hat die Lösung (0,9 | 1,3 | 1,1).
Eine Landschoko kostet 0,90 €, eine Lomo-Limo 1,30 € und eine Packung Kiko-Kekse 1,10 €.

6 Das Gaußverfahren führt jeweils auf eine Gleichung, in der alle Variablen den Vorfaktor null haben.

a)

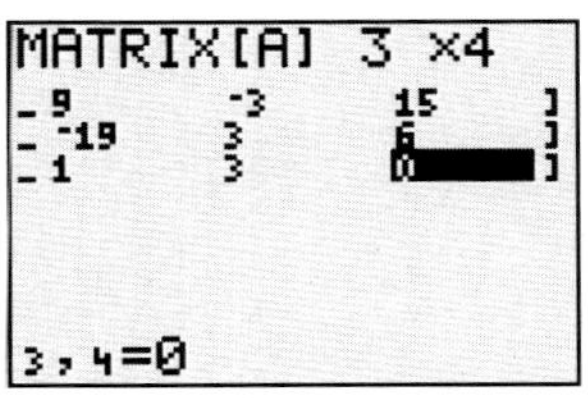

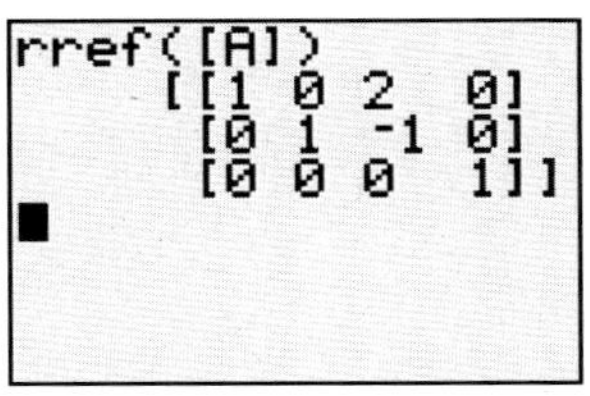

Die dritte Gleichung des umgeformten Systems wird von keinem Zahlentripel erfüllt. Das Gleichungssystem besitzt keine Lösung.

b)

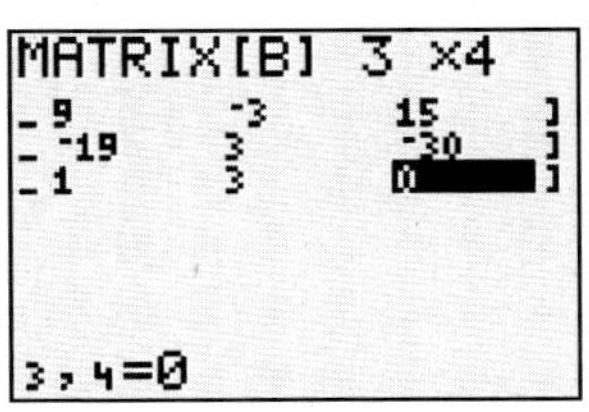

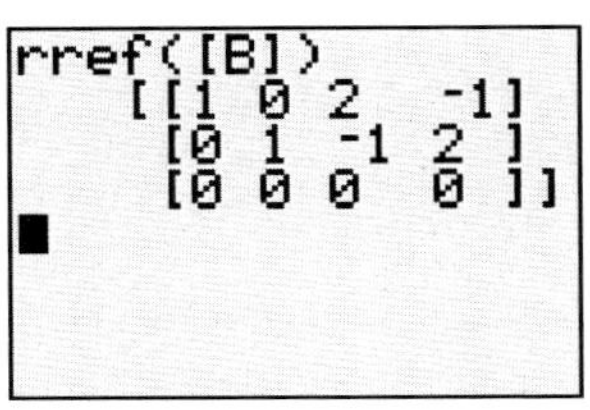

Die dritte Gleichung des umgeformten Systems wird von allen Zahlentripeln erfüllt. Eine der Variablen ist frei wählbar, z. B. z. Aus der zweiten umgeformten Gleichung folgt $y = 2 + z$, aus der ersten $x = -1 - 2z$. Mögliche der unendlich vielen Lösungen ergeben sich durch Vorgabe von z:

z	0	1	2	−1	0,5	…
x	−1	−3	−5	1	−2	…
y	2	3	4	1	2,5	…

c)

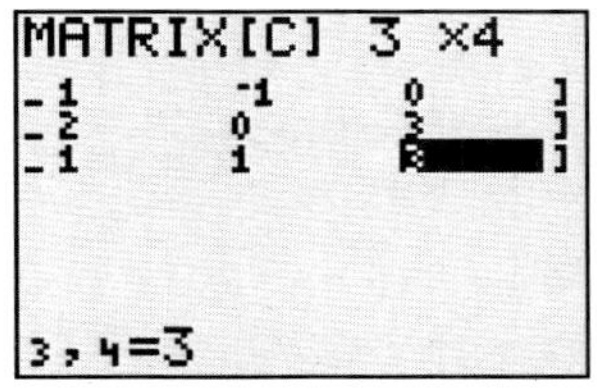

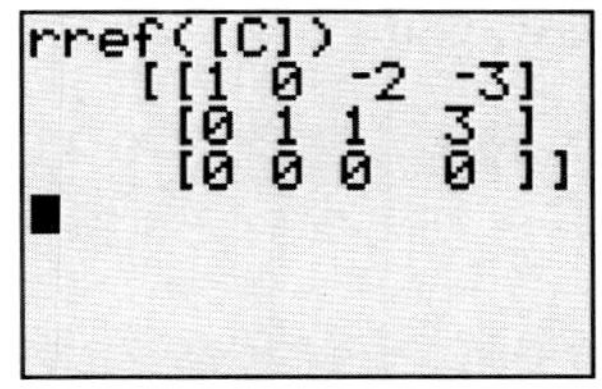

Die dritte Gleichung des umgeformten Systems wird von allen Zahlentripeln erfüllt. Eine der Variablen ist frei wählbar, z. B. z. Aus der zweiten umgeformten Gleichung folgt $y = 3 - z$, aus der ersten $x = -3 + 2z$. Mögliche der unendlich vielen Lösungen ergeben sich durch Vorgabe von z:

z	−2	−1	0	1	3,2	…
x	−7	−5	−3	−1	3,4	…
y	5	4	3	2	−0,2	…

7 a) Lösung: (1 | 0,5 | −2 | 3)

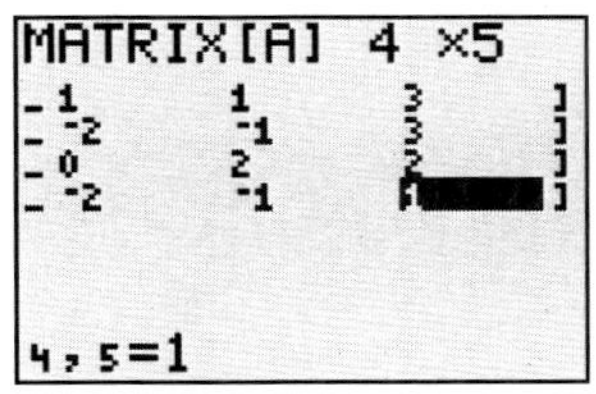

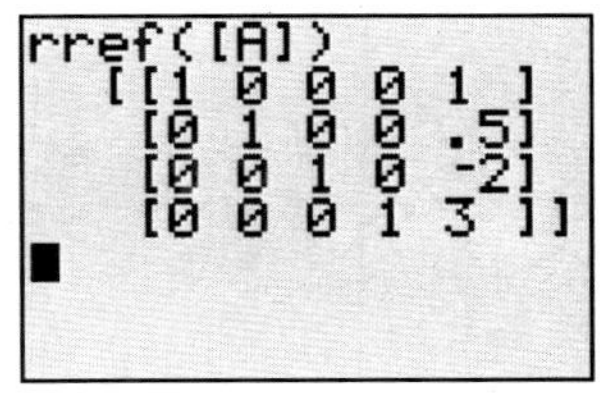

b) Lösung: (−1 | 0 | 2 | 1)

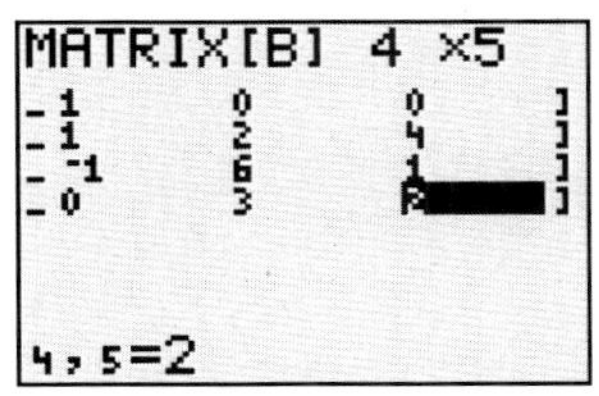

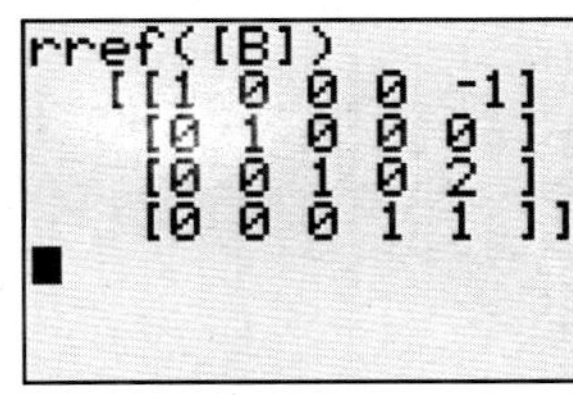

c) Lösung: (2 | −1 | 0 | 0,5)

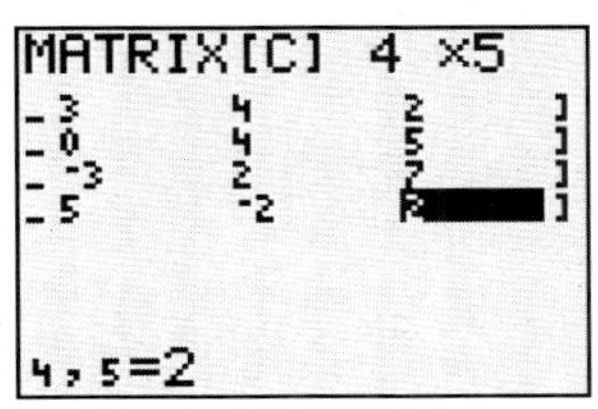

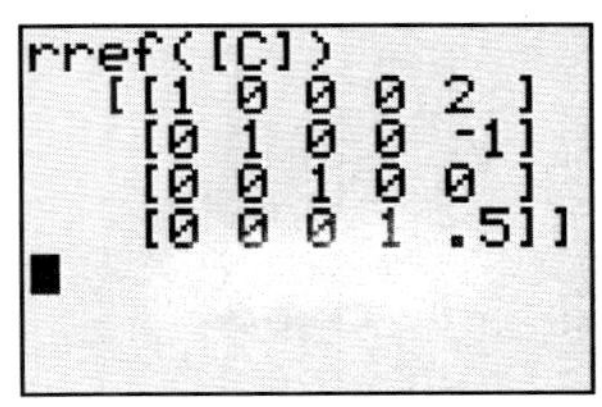